城乡规划与建筑数字技术研究前沿丛书

曾　坚/主编

自然形态的城市设计
基于数字技术的前瞻性方法

苏　毅　著

东南大学出版社
SOUTHEAST UNIVERSITY PRESS

南京·2015

内容提要

本书首先对中外历史中曾出现的自然形态的城市设计案例做了分类与归纳；然后对国内外相关的城市设计理论做了讨论与评价；继而，在引进当今流行的 GIS、计算机模拟和参数化设计等辅助设计方法基础上，提出了几种结合了数字技术的城市设计创新方法；最后以青岛理工大学校园规划和映秀镇居民参与社区规划等实验项目为例，较完整地讲解了这些新方法的具体运用。

本书适合：(1)职业建筑师或规划师，开拓思路，改进方法；(2)城市规划专业研究生，作为"城市设计方法"课程教学辅导用书；(3)本科高年级和报考城市规划专业研究生者，作为学习和提高城市设计水平的读物。

图书在版编目(CIP)数据

自然形态的城市设计：基于数字技术的前瞻性方法/苏
毅著. —南京：东南大学出版社，2015.1
(城乡规划与建筑数字技术研究前沿丛书/曾坚主编)
ISBN 978 - 7 - 5641 - 5320 - 5

Ⅰ.①自… Ⅱ.①苏… Ⅲ.①数字技术—应用—城市
规划—建筑设计 Ⅳ.①TU984-39

中国版本图书馆 CIP 数据核字(2014)第 263452 号

书 名：自然形态的城市设计：基于数字技术的前瞻性方法	
著 者：苏 毅	
责任编辑：孙惠玉	编辑邮箱：894456253@qq.com
文字编辑：李 贤	

出版发行：东南大学出版社
社 址：南京市四牌楼 2 号 邮 编：210096
网 址：http://www.seupress.com
出 版 人：江建中

印 刷：兴化印刷有限责任公司
排 版：南京新翰博图文制作有限公司
开 本：787mm×1092mm 1/16 印张：18.25 字数：400 千
版 次：2015 年 1 月第 1 版 2015 年 1 月第 1 次印刷
书 号：ISBN 978 - 7 - 5641 - 5320 - 5
定 价：45.00 元

经 销：全国各地新华书店
发行热线：025 - 83790519 83791830

前言

城市设计中的造型，是一项设计师用"图形"语言来传达对未来城市物质空间组织安排设想的必不可少的工作。现实中的城市设计造型常遵循简单、清晰、自上而下的原则，采用强调中心、格网、轴线、等级制和显性秩序的机械式造型方法，但城市本身并不如此简单，机械式城市造型方法可能是导致新建城市缺乏活力的原因之一。可持续发展的城市设计需要一种倡导生机、多样性、复杂性、平等和隐含秩序的新的形态。

事实上，不少长期形成的传统城市具有优美且合理的自然形式，而许多建筑师也在城市自然造型方面进行了尝试。自然城市形态的主导因素，可能来源于多个方面——如城市建设与改造所离不开的天然地形，城市居民的不同方向选择的冲突与协调，甚至于城市设计师的仿生构思。历史回顾展现给我们的是：城市本身是复杂的，城市设计中的自然形态是丰富的，塑造这些形态的技术是多样的。

这些多样化的方法，又有共通性的几何基础——从分形几何、拓扑几何角度出发分析，不同形态的意义变得更清晰，变量得以定义。非均匀有理 B 样条曲线（Non-Uniform Rational B-Splines，NURBS）的引进，使彼此完全不同的自然形态的施工放线问题都能得以解决。

在前面历史回顾与共通性几何研究的基础上，本书后半段引进了几种数字化设计技术，特别是关联参数化设计方法。"参数化设计"方法是由盖里和格雷姆肖等建筑师，于20 世纪 90 年代引进建筑行业，随后扩展到城市设计领域。

本书结合作者亲身参与的实验性案例，阐述了几种前瞻性的城市设计数字化方法在自然形态城市设计中的运用：

在《传统设计方式与参数化设计方式的结合》部分，结合 Photomodeler 软件应用案例，阐述了如何在传统城市设计工作程序中引入三维扫描、近景摄影测量与快速成型。

在《结合地形的城市设计及地形数字化表达与分析》部分，结合青岛理工大学黄岛山区新校区阐述了如何用地理信息系统（Geographic Information System，GIS）辅助自然地形环境中的城市设计造型。

在《基于分析和模拟的城市自然形态优化》部分，结合海河下游 Holcim 竞赛案例，阐释了计算机分析与模拟在自然形态城市设计中应用的经验与限制。

在《针对居民参与的多选择造型》部分，结合映秀镇重建项目，阐释了如何采用参数化方法为众多居民参与的社区做造型。

未来，城市设计的艺术与技术的结合会更加紧密，人们对自然形态本质的认识会更加丰富而深刻；城市自然形态设计中的这些前瞻性数字化技术方法，值得被谨慎而乐观地加以实验、运用。

本书由北京建筑大学研究生教材教参项目资助出版。

目录

1 绪论

1.1 研究背景

在城市设计过程中,设计师常采用"图形"语言来传达对未来城市物质空间组织的安排设想。"图形",虽然也可以以传统的草图、尺规图、手工模型为载体,但在今天的职业实践中,正日益转化为以数字文件作为载体。以"图形"为媒介来研究城市问题,可归入"城市形态学"(Urban Morphology/Urban Form)理论的研究范畴。

20世纪的一百年间,世界城市人口由2.2亿增长至28亿,发达国家走过城市化快速发展时期,积累了许多经典城市设计方案,如勒·柯布西耶(Le Corbusier)的光辉城市(1935年)、路易·康(Louis Kahn)的费城中心(1956年)、丹下健三(Kenzo Tange)的海上东京(1960年)等(图1-1)。

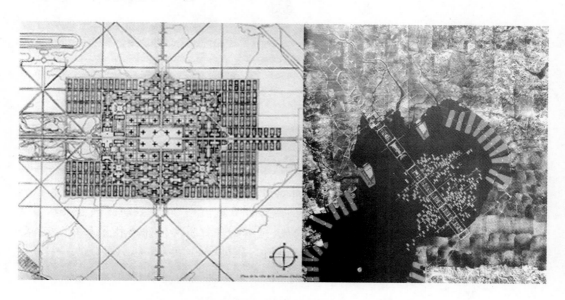

图 1-1 20世纪以直线和圆为主要构图的城市设计方案

注:(左)勒·柯布西耶的光辉城市;(右)丹下健三的海上东京。

然而,上面这些以明晰的圆和直线作为主要构图要素的经典设计方案,多数没能实施。而哈罗、昌迪加尔、巴西利亚这些实际建成的新城,情况并不令人满意。在20世纪60年代以来对现代主义城市设计方法反思的浪潮中,亚历山大(Christopher Alexander)在论文《城市并非树形》中尖锐地指出,"一些本质性的成分在人工城市中已经失去了"①。雅各布斯(Jane Jacobs)在《美国大城市的生与死》中批评道:"城市是人们生活的区域,是自然生长的……如同牡蛎在海底生长一般自然。"②

这种观点带给 20 世纪 70 年代以后有着强烈的职业抱负,仍然寄希望于以"图形"为中介塑造良好城市环境的建筑师以很大的冲击。1969 年毕业于苏黎世联邦理工学院的屈米(Bernard Tschumi)在 1975 年发表的《建筑中的矛盾》里用"幻灭"一词形容当时有追求的年轻建筑师普遍的感受③。同时期,阿格莱斯特(Diana Agrest)发表了多少带有一点虚无主义意味的《通过不做设计来设计》④。20 年之后,库哈斯(Rem Koolhaas)在"S,M,L,XL"前言中仍然以特别严厉而萧索的笔调写道:"建筑是全能与无能的混合物……建筑是不切实际的乌托邦事业。"⑤(图 1-2)

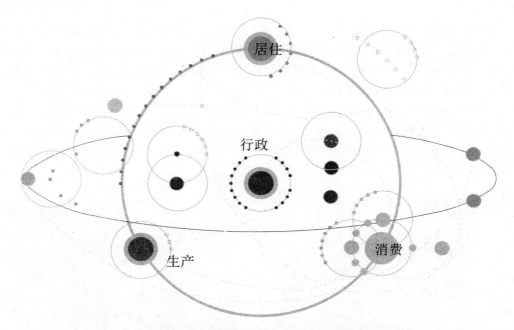

图 1-2　大都会建筑事务所对城市复杂功能关系的简化图解

西方的教训似乎表明,虽然巴黎美院体系以欧几里得几何学和蒙日透视画法为基础的真实感水彩渲染(延续到光能传递和光线跟踪计算机渲染)和包豪斯体系将人本主义艺术观和现代大规模生产相结合的立体构成(延续到计算机实体建模技术和布尔运算)都是城市设计师职业训练所不可缺少的技术,但仅仅掌握这些,却是不充分的——城市物质空间是多层次的、开放的复杂系统,不仅包括建筑,也包括道路、基础设施、地形与景

　　① 亚历山大.1986.城市并非树形[J].严小婴,译.建筑师,(24):72-76.

　　② 简·雅各布斯.2006.美国大城市的生与死[M].金衡山,译.北京:译林出版社.

　　③ Bernard T. 2000. The architectural paradox[M]// Michael K H. Architecture Theory since 1968. Cambridge:The MIT Press.

　　④ Diana A. 2000. Design versus non-design[M]// Michael K H. Architecture Theory since 1968. Cambridge:The MIT Press.

　　⑤ Rem K, Bruce M. 1998. S, M, L, XL[M]. New York:Monacelli Press.

观;城市空间系统与地球自然环境系统,城市功能组织和人类生产和社会组织系统都密不可分。城市的开发与再开发过程,处在经济环境的潮起潮落之间——良好的城市设计造型需要考虑的因素不仅为数众多、相互影响,而且是因地、因时而变的。积极的城市活动空间(Urban Active Space)不仅要以善解人意的态度服务于子民,而且应直接听取众多子民的看法和见解——东京23区有1 300万人,上海有1 540万人,巴西利亚则有超过2 000万人——在这样的背景下,那种过于明晰、单调、理想化的机械式造型思路是欠妥的。

自布伦特兰报告(Brundtland Report)发表以来,走可持续发展的城市建设之路已成为世界大多数国家的共识。但可持续发展城市设计的造型究竟是怎样的?既然关于城市的一切思想终究要化归为"图形"才能指导施工,"造型"始终是城市设计所无法回避的问题,那么我们应采用怎样的形式(以及生成此种形式的造型方法和工作流程),以促进城市可持续发展目标的实现?

可持续发展,既包括环境意义上的可持续性,又包括经济和社会意义上的可持续性——可是,城市设计师有没有能力提出切实的解决方案?特别是在我国目前的城市化发展中,大至几十平方千米的城市区域设计方案在几个月间就必须成形的情况并不鲜见。这种高压力下的"可持续性"城市"造型",是否会如卡尔维诺(Italo Calvino)《看不见的城市》里的佐拉(Zora)①那样,因为包袱太重而不能挪动半步,最终走向枯萎?

司马迁在《史记》中说"人穷则反本"可谓是设计艺术之源,其最为经济、高效而灵活,符合可持续发展目标的形式仍蕴藏于大自然之中,等待被发现(图1-3)。

图1-3 自然界中丰富多彩的形式

同样具有参考价值的,可能也包括"自然城市",如西塘、周庄、同里、角直、朱家角等江南古镇——其空间布局是由局部而至整体,以缓慢自发的"拼图"式方式逐渐形成的(图1-4)。

---

① 伊塔洛·卡尔维诺.2006.看不见的城市[M].张宓,译.南京:译林出版社.

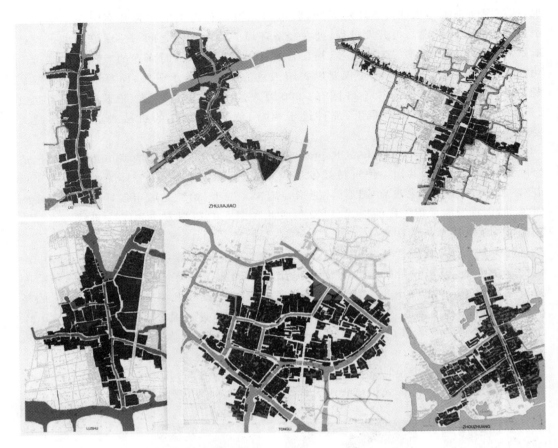

图 1-4 江南水乡平面图

从商周时期到现在,大自然的本质规律未尝有所变化,而人类认识自然的工具自 1666 年以来,却有了逐步加速的发展——例如,从理论上说,由贝兹(Pierre Bezier)和卡斯特里奥(Paul de Casteljau)分别提出的计算机样条曲线方法和由曼德勃罗(Benoit B. Mandelbrot)"重新"发现的分形几何为描述自然形式提供了有力的几何工具;从技术上说,三维扫描(3D Scanner)和计算机辅助近景摄影测量术(Computer Aided Close-Range Photogrammetry)为城市设计中精细地采撷自然形式提供了可能性,三维地理信息系统(3D GIS)为自然地形的分析、设计和模拟提供了可依凭的数据平台,虚拟(Virtual Reality)和模拟(Simulation)技术有希望对曲面城市设计方案的人文和自然环境表现做出粗略的评价,图形通用计算(GPGPU)使一些工作的计算效率得以成倍提高。从航空工业和电影领域引进的,与树形历史纪录(History Tree)、几何约束(Geometric Constraint)和用户代码(Script)相结合的关联参数化绘图软件,为自然形的表达提供了不同于以往的绘图思路和强大的数据平台。

在这些理论和技术支持下,建筑师的思维习惯得以从"模数"、"柱距"、"格网"为标志的笛卡尔机械坐标网格,进步到柔性、连续的自然非结构性网格(图 1-5),现在已涌现出一批新颖的自然形城市设计方案:如由伊东丰雄(Toyo Ito)设计的新加坡保那·比斯塔

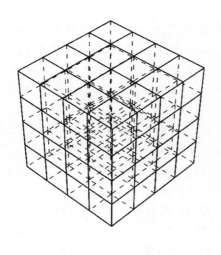
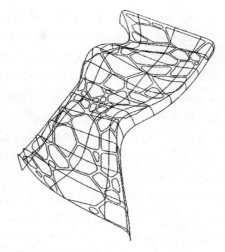

图1-5 从笛卡尔坐标网格到非结构性网格的转变

新城(2000年)(图1-6)、SOM设计的卡塔尔石油综合区、哈迪德(Zaha Hadid)设计的土耳其伊斯坦布尔的卡特尔—彭迪克区总体规划、艾森曼(Peter Eisenman)设计的纽约克林顿地区(别名"地狱厨房地区")城市设计、大野秀敏(Ohno Hidotoshi)设计的东京都市圈2050年"多纤维城市"(Fiber City)规划(2006年)、柯拉尼(Luigi Colani)为中国设计的"人性城市"(1999年)等。

图1-6 伊东丰雄设计的以自然曲线造型为主的新加坡保那·比斯塔新城

1.2 现实意义

库哈斯在"S,M,L,XL"中,以及在发表普利兹克获奖感言时曾说过:"建筑师是最不容易被'牛顿苹果'砸到的人","如果建筑师不能及时做出转变,那么传统建筑学的生命不会超过50年。"

目前,城市设计的行业困境表现为三点:设计表面化、工作快速化和身心疲倦化。在这种环境下,设计师在计算机应用方面似乎只可采取简单、消极和不加研究的态度,如矶崎新(Takeo Igarosh)所说:"我惊诧于他们的速度,结果发现他们只是在用 Photoshop 做方案……是将甲方所有想要的东西全堆砌在图上,而不是用软件去发现新形式"。在 "*Architectural Design*"(AD)杂志 2008 年《中国的城市化》专辑中,将目前一部分为开发商服务的城市设计称为"PowerPoint 里的城市"①——它们是均质化的快餐速成城市,是白版(*Tabula Rasa*)上浮现的人工轴线城市。

库哈斯等曾在《大跃进》一书中说:"他们是世界上最重要、最有影响力、最强大的建筑师。中国建筑师在最短的时间以最少的设计费在做最大的工程。中国建筑师人数是美国建筑师的 1/10,每个人却在 1/5 的时间内做 5 倍的项目,获得 1/10 的设计费。这意味着他们的效率是美国建筑师效率的 2 500 倍。"②

金秋野在《读图时代的左手设计》中,用"左手设计"来揭示这 2 500 倍效率的本质。所谓"左手设计",是因为标准键盘的"Ctrl＋C"(复制)和"Ctrl＋V"(粘贴)两个组合键都在左手位置。金秋野说:"'左手设计'是一套完整的工作方法,也是一套标准化(却并未制度化)的建筑生产模式。它的主要特征就是:最大限度地解放工作人员的脑力付出,以空泛的新颖取代原创性,以附会的解释抹除相关性,以图像成果压制图纸成果,以效率牺牲品质。"这种方法导致了设计师职业的变质,他们"成为建筑设计(主要是外部形象和容积率)产品的市场中介,斡旋于业主、评委、电子资源库和劳力公司之间,将设计任务切块、分包,协调督促各方提供条件、完成任务,收取相关劳务费","在左手设计下,有抱负、有深度的设计备受怀疑,而平庸和粗率得到提倡"。③

写作本书,正是因为作者身处城市设计职业的现实中,反而更迫切地感觉到:不论在什么时候,不论在什么地方,从"自然形"中都可以感到"静谧"与"光明",能鼓励城市设计师即使在"左手"时代,也坚持些本该由"右手"去干的事。

正如数学不仅是关于计算的学科,还是关于如何避免使用蛮力进行计算的学科;城市设计也不仅是关于如何追求良好城市环境品质的学科,还是关于如何优雅地避免浪费设计劳动量的学科。我们已经深切地体会到:建筑学虽然在现实中捉襟见肘,在理论上却仍是一个需要鼓励创新的学科。

正如在 1.1 节提到的例子,今天的城市形式已经超出了设计师克里尔(Robert Krier)归纳的以"方、圆、三角"及其变换为基础的范畴,也超出了"画法几何和阴影透视"的学科范围。知识上的欠缺,不能完全从各软件说明书中找到现成的答案,在过去几年间,我们已经积累了不少问题,比如:

"城市设计如何更好地去适应天然地形曲面?

可不可以用参数化方法改善自然形城市设计的劳动强度,绘制图形可随容积率等外部条件而变化的动态方案?

有没有可能在三维空间中而不是在一个二维平面上绘制草图?

在可持续发展背景下,与城市三维空间和曲面建筑构图相关的环境和人文因素应如何借助模拟和虚拟方法去分析?

---

① Zhang J. 2008. Urbanisation in China in the age of reform[J]. Architectural Design, 78(5): 32-35.

② Chuihua J C, Jeffrey I, Rem K, et al. 2001. Great Leap Forward[M]. Cologne: Taschen Press.

③ 金秋野,王又佳. 2008. 读图时代的左手设计[J]. 建筑师,(4):29-33.

……"

　　本书创作的初衷是为回答这些现实问题,也希望还能再走得远一些。如果四周眺望,会看到荷兰贝拉罕建筑研究所、英国建筑联盟学院、哥伦比亚大学无纸设计工作室、MIT 数字设计中心、盖里技术公司、伦敦大学空间研究中心、圣塔菲研究所、洛斯阿拉莫斯非线性研究中心等研究机构也在研究"自然形"。

1.3　研究对象和研究框架

1.3.1　研究对象——城市形态、自然形态、参数化设计

　　1）城市形态

　　"城市形态"(Urban Form/Urban Morphology/Urban Landscape),经过百余年的发展,到今天已经演变成一个内涵复杂而外延丰富的概念,包含一些定义更精确的子概念,如"组构"(Configuration)、"结构"(Structure)、"图景(意象)"(Image)等。在第 2 章中,我们会更清楚地看出,不同领域的研究者所关心的"城市形态"内容其实并不一样:在侧重于经济地理的研究者看来,"城市形态"是一段时间内,一定社会和经济政策下,人口、生产和经济活动等的空间分布状态和彼此之间的空间关系;在侧重于生态环境的研究者看来,"城市形态"是高密度人工环境与乡村和大自然相耦合的,物质和能量流动的空间分布;在侧重人文心理的研究者看来,"城市形态"与人脑中的与城市整体认知和局部辨向有关的心智模式相联系……

　　职业建筑师认为,"城市形态"是城市所体现出来的视觉外观和所能提供给市民的感性体验,它与城市功能、城市特色与城市风格等密不可分,能反映市民的文化和精神追求,它包括城市道路、景观、基础设施、公共活动空间、建筑物的实体"正形"和外部空间"负形",它应具有控制和指导城市建设的实用效力,但它同时又因其必然的独创性而是艺术化的。

　　建筑学在城市形态理论中的作用,有其他学科所不能替代的独特性——尤为重要的是,建筑学,直接针对建设和实践,而非仅仅针对城市问题的分析。

　　2）自然形态

　　自然形态在城市建设史中的作用可说是源远流长的,它并不是因德国人弗雷·奥托(Frei Otto)、丹麦人约翰·伍重(Jorn Utzon)或者美国人弗兰克·盖里(Frank Gehry)的独特的创作目的、私人化的审美情趣,并受惠于技术进步,在 20 世纪中期以后才发明的——其实,各民族的自然造型城市,始于远古聚落,经历了漫长的发展、演变过程,形成彼此不同的模式。中国历史城市和聚落中的自然形态要素,不同于欧洲中世纪和文艺复兴城市的自然形态要素;中世纪基督教城市的自然形态要素又有别于欧洲穆斯林城市中的自然形态要素。任何一个历史悠久、特色鲜明、景色优美的城市中长期形成的自然形,必定为它的全体市民所共同珍视,积淀到"集体记忆"之中。

　　几何学是超越了行业分工的通行语言,"城市的自然形态"与诸多几何概念有关系,如"维洛图"、"NURBS"、"分形"等。近年来,英国和荷兰的城市形态研究学者,也日益重视数理在城市形态研究中的作用,日益注重引入几何工具。不过几何尚不能给出一个什

么是"城市自然形态"的确切定义——因为城市自然形态具有相对性:与生命体相比,河流显得比较"无机";与河流相比,任何人为设计的道路,包括曲线道路,都不能算是自然的;而与直线格网道路相比,精心设计的曲线型道路就又显得自然一些。所以用几何为自然形作定义,目前还有些困难。

故而,这里先退一步,借鉴查尔斯·詹克斯(Charles Jencks)为"解构主义建筑"作定义的方式,采用"包含否定"的定义方式。本书研究的城市自然形态,它是与传统的机械造型和人工形式强调中心、格网、轴线、单纯、等级制和显性秩序相区别的,它是倡导自然、生机、多样性、创造性、复杂性、平等和隐含秩序的新形态。

不同的学者、设计师和艺术家在论及"自然形态"时,曾采用过许多有不同侧重点的定语——比如"流线的"(Streamlined),"有机的"(Organic),"如画的"(Picturesque),"自由的"(freestyle),"仿生的"(Bionic),"模拟的"(Simulated),"栩栩如生的"(Animate),"卷曲的"(Canopy),"异规的"(Informal),"地形化的"(Terrain-Like),"非规划的"(Non-Planned),"自组织的"(Self-Organized),"非规则的"(Irregular),"没有建筑师的"(Without architects),"自生的"(Spontaneous),"进化的"(Evolutionary),"最节省的"(Minimized),"涌现的"(Emerging),"非线性的"(Nonlinear),"模糊的"(Anexact),"耗散的"(Dissipative)……为何会产生了这么多不同的说法呢? 自然形态对(可持续)城市设计的意义何在? 设计师选择特定种类的自然形态的创作动机又是什么呢?

3)为什么我们要研究设计方法

设计思想、设计作品与设计方法三者是密不可分的。过去,建筑师是被丁字尺、三角板和圆规所支持和束缚的,作品也多遵循横平竖直、规整简单的形式规律。自然形态的城市设计若离开了合适的计算机工具,并非完全不可能,但其难度与工作量会增加许多。盖里技术公司的范·布吕根曾说:"我们也可以用尺规作图来绘制毕尔巴鄂古根海姆美术馆的施工图,只是需要花费几十年的时间。"[①]

有种观点认为,虽然数字化设计研究有很大益处,但那不是城市设计师所应该研究的内容,其主要应该是计算机和软件专业或者计算机辅助设计(Computer Aided Design,CAD)工程人员研究的内容。这样想,并不完全正确。

二者的研究领域本是有区别的,计算机专业的研究任务在于如何将 3D Max 的编辑命令从 78 项增加到 79 项、80 项;而建筑师的研究任务在于如何在设计中用好这 78 项命令。又比如,计算机专业的任务是创造编译器,发明某种脚本语言如 Ruby、JavaScript,建筑师的任务研究是如何用好这些编译器和脚本语言。

而且,任何创新型的事情,开始似乎也没有现成的学科可以容纳。例如,学数学出身的扎哈·哈迪德在参数化设计方面取得了令世人瞩目的成绩,这与她的数学教育背景有关系。又例如,如果不是盖里鼓励吉姆·格里夫(Jim Glymph)借来本属于航空工业的计算机辅助三维接口应用(Computer Aided Tri-Dimensional Interface Application, Catia)软件,也许今天人们仍然认为类似于古根海姆博物馆这样的建筑根本就是不适于建造的。而 CAD 里的贝齐尔曲线(Bezier Curves),既不是几何学家,也不是电脑工程师发明的,而是由汽车工程师所发明的。这些事例说明,我们不必画地为牢。

---

① 利维希,塞西里亚. 2002. 弗兰克·盖里作品集[M]. 薛皓东,译. 天津:天津大学出版社.

"工欲善其事,必先利其器"——在手绘时代,建筑师自己改制可以书写宽黑体字的钢笔尖,自己制作可以划圆的模型刻刀——这就像经验丰富的木匠,会自己制作刨子的木柄、锯子的木架,梵高用舌头去尝油画颜料是什么味道一样。但到了计算机时代,建筑师感到软件变得越来越陌生了,再也不知道该怎么去"利"这种"器",绘图方式变得沉闷、枯燥和千篇一律,但这种缺陷并不会持续太长的时间——自 1991 年盖里引进 Catia 软件,在扩初和施工图阶段采用参数化方法,特别是 1993 年英国格雷姆肖(Nicholas Grimshaw)设计事务所在滑铁卢车站项目中,从初始设计阶段就引入参数控制以来,参数化设计技术在建筑领域至少已有 10 多年的应用,出现了一些经典设计作品,对建筑设计思维产生了不小的影响,润物无声地改变着人们的审美观,积累了不少可以学习的经验。但这些实践仍可说只是可能性汪洋中的一些零星小岛而已,因此需要我们进一步去研究。

4)什么是城市设计(关联)参数化方法(Associative Parametric City Design Method)

参数化设计是近年来数字化设计研究中充满活力的一支。对参数化设计的理解,可分两层:第一层,认为它是一种绘制复杂形体的计算机技术;第二层,认为它是一种面向复杂现象的设计思想。不论是哪层理解,都与"自然形城市设计"有密切的关系。

参数化设计技术起初诞生在机械与航空制造领域,目的是为了让尺寸驱动零件,甲零件驱动乙零件[①]。这项技术后来在纺织、建筑、数字电影工业等各行各业中得到应用,并吸收计算机图形基础研究成果,其内涵不断扩展,形式不断演变,较早的机械行业的定义已经不再能广泛适用于各种语境。今天,作为计算机技术的"参数化设计",其主要特征可包括下面四点:

① 支持绘图历史记录和用户脚本;

② 支持图元之间、图元与意义之间的约束和应变关系的设定;

③ 绘图与分析和模拟软件的结合;

④ 设计世界与真实世界的映射。

城市设计中的参数化设计要发挥出比传统 CAD 更强大的功能,就需要敏感地处理设计中存在的各方面相互牵涉而相互矛盾的问题——在机械领域中,(关联)参数化软件本身已经包含了 CAD、计算机辅助工程(Computer Aided Engineering,CAE)、计算机辅助制造(Computer Aided Manufacturing,CAM)等功能。而城市设计需要描述比机械设计更大尺度和更具随意性的空间现象,这就要求引进 GIS;需要处理比机械设计更多的感性因素——绘画、雕塑等方面的艺术思维也可以对设计产生影响,传统建筑师也广泛采用徒手草图和制作模型来辅助设计,这就要求引进三维扫描(3D Scanning)、草图识别(Sketch Recognition)和三维快速成型技术(3D Prototype);而城市设计所关心的领域又非常多:如政治、经济、生态、市民个人意愿等因素,这就要求引入许多类型不同的"模拟器"(Simulator)。这些情况似乎也说明:城市设计中的参数化设计,不再能照搬机械行业那样面向产品生命周期监管(Product Lifecycle Management,PLM)的"全集成模式",

① 综合了下列文献的看法:高岩.2008.参数化设计——更高效的设计技术和技法[J].世界建筑,(5):28-33;戴春来.2002.参数化设计理论研究[D].南京:南京航空航天大学;孟祥旭.1998.参数化设计模型的研究与实现[D].北京:中国科学院计算技术研究所;曾健,陈锦昌.2009.LS 文法绘制分形树的参数化设计[J].计算机与数字工程,37(1):124-127;喻铁军,戴冠中.1989.指定闭环特征值的最优控制系统参数化设计[J].控制与决策,(4):18-22.

例如,由一个类似于 Catia 这样的巨大软件与为数众多的插件共同解决从构思至回收的全生命周期的设计问题——似乎更适于采用一种"兼容模式",推行一种通行的标准,让信息在各种不同的绘图、分析、虚拟、信息系统、管理软件中顺畅无缝地流动,由一个类似于最近微软的史蒂夫·鲍尔默(Steve Ballmer)提出的"软件圈"(或"软件生态环境")来共同承担设计任务,而这些正是国际协作联盟倡导"建筑信息模型"(Building Information Moldeling, BIM)的意义所在。于是,在前面四项参数化设计的经典特征基础上,我们再补充城市设计参数化设计的四项新特征:

① 支持 BIM;

② 支持模型、草图等"艺术化"造型手段的输入和输出;

③ 带头培育一个由众多分析、模拟、管理软件共同构成的"软件生态圈";

④ 支持集群和公众参与。

这与前面的四项特征结合起来,大致可概括建筑师所关心的,技术层面上城市设计(关联)参数化设计的内容。

而作为一种思想方法,城市设计中的参数化设计,集中在于思考设计与城市、设计与经济、设计与生态、设计与社会、设计与市民、设计与技术创新之间的关系究竟如何,哪些因素能决定和影响设计,复杂社会现象应该如何模型化。在这一方面,德勒兹(Deleuze)和瓜达里(Guattari)提出的关于复杂性和涌现的理论(The theory of complexity and emergence),约翰·巴罗(John Barrow)提出的万物新论(New theories of everything),以及史蒂芬·沃尔弗拉姆(Stephen Wolfram)提出的新科学(A new kind of science)等复杂科学与参数化设计的应用研究渐行渐近[①]。

1.3.2 研究框架

本书采用的研究框架可以比喻为一株植物(图 1-7):

根的部分,是城市自然形态的历史、当代城市自然形态设计的研究综述、城市自然形态设计的几何基础等。

茎的部分,在于阐明城市自然形态经由参数化设计的可能性,并细分为由建筑师能动创造的自然形、城市自然环境本身的自然形和居民个性选择塑造的自然形这三枝。

叶的部分,则是实现城市自然形设计的各种具体的技术思路和方法,它们体现出"枝枝相连理,叶叶相交通"的"半网络化"的逻辑关系。

1.3.3 创新点

(1)从成因和特点出发,对城市形态中的自然因素做了总结和归类,利于条分缕析地提出更有针对性的规划方法和策略;

(2)从理论上阐述了参数化设计方法对于提升城市设计中自然形态丰富性和敏感性的意义;

---

① 高岩.2008.参数化设计出现的背景——KPF 资深合伙人拉尔斯·赫塞尔格伦访谈[J].世界建筑,(5):22-27.

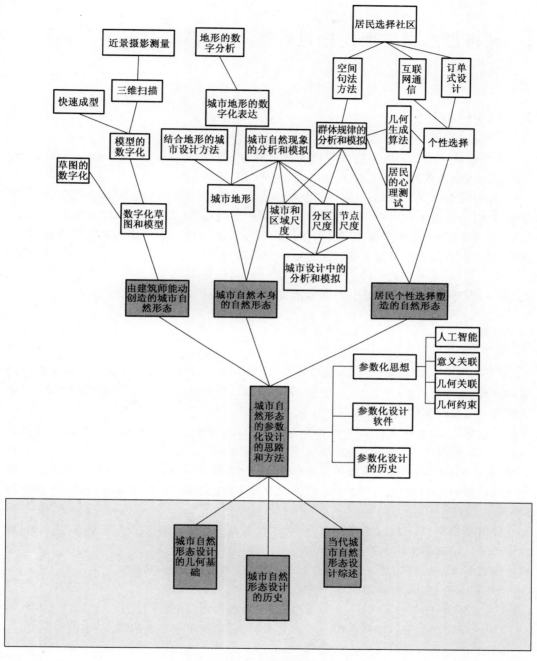

图 1-7 研究框架

（3）综合应用了 Grasshopper、Catia 等软件，提出了一种"居民选择社区"的新型参数化设计流程，可提高在大规模城市开发中普通居民的参与程度。

2 城市形态学方面的理论综述

2.1 概述

本书以自然形态的城市设计方法为研究对象。城市形态学(Urban Morphology)可为本书提供较为有效的研究方法、参考性的研究观点和论据。

"城市形态学"的内涵很丰富,历史也比较长,目前已有专门的国际协会、期刊和学术会议;我国的研究也在历史积淀基础上形成了一定的特色。该学科总体呈现出"交叉学科多、理论派别多、知识更新快"的"两多一快"特点,本章以一定的篇幅从研究内容、研究方法、理论观点等方面对既往研究工作进行分类整理。

2.2 概念——从"形态"到"城市形态"

2.2.1 形态

"形态"(Morphology)一词来源于希腊语 Morphe(形)和 Logos(逻辑),意指形式的构成逻辑。《辞海》(2009 年版,缩印本)中对"形态"的解释是:"形态"即形状和神态,也指事物在一定条件下的表现形式[①]。

段进等在《空间研究 5:国外城市形态学概论》一书中认为:"早期形态学的关注焦点一直是人体解剖学。"[②]郑莘等在《1990 年以来国内城市形态研究述评》一文中认为,"形态学"(Morphology)始于生物研究方法,是生物学研究的术语,它是生物学中关于生物体结构特征的一门分支学科,研究动物及微生物的结构、尺寸、形状和各组成部分的关系[③]。

段进等指出,"18 世纪晚期以来,就经常有人试图建立一种多少与生物学脱离的'纯粹形态学',也就是生物学家、数学家和艺术家都同样爱好的一门科学"。起源于生物领域的形态学方法也开始被各领域和学科加以借鉴,如考古学、人类学等。

在 Wolfram 知识搜索引擎中,对 Morphology 有四种解释:

① 生物学——生物学的一个分支,研究动物和植物的结构;

② 地球物理学——地质学的一个分支,研究岩层和土地形式的特点、组织和演变;

③ 语法——研究可成单词的规则,词法;

④ 语言结构——研究可成单词语音的规则[④]。

---

① 李杨.2006.城市形态学的起源与在中国的发展研究[D].南京:东南大学.
② 段进,邱国潮.2009.空间研究 5:国外城市形态学概论[M].南京:东南大学出版社.
③ 郑莘,林琳.2002.1990 年以来国内城市形态研究述评[J].城市规划,26(7):59-64,92.
④ Wolfram. 2013. Morphology[EB/OL]. http://www.wolframalpha.com/input/? i=Morphology.

谷凯等也概括了不同方向的形态学的共有的思想基础,"其一是从局部到整体的分析过程,认为复杂的整体由特定的简单元素构成,从局部元素到整体的分析方法是合适的、可以得出最终客观结论的途径;其二就是强调客观事物的演变过程,事物的存在有其时间意义上的关联,历史的方法可以帮助理解研究对象包括过去、现在和未来在内的完整的序列关系"①②。

2.2.2　城市形态

"城市形态"在我国 GB/T 50280—98《城市规划基本术语标准》中的条目解释为,"城市整体和内部各组成部分在空间地域的分布状态"③。

《中国大百科全书》对"城市形态"条目解释为,"城市各组成部分的空间结构和形式。城市形态包括两部分:一是城市内部形态,系指市区范围内工厂、仓库、车站、码头、公共建筑、住宅、道路、广场、园林绿地等各种用地的形状和布局,以及城市建筑空间组织形式;二是城市总形态,即中心城市和相邻城镇(主要是郊区城镇)的布局"④。

齐康在《城市的形态(研究提纲初稿)》一文中指出,"城市形态是内含的、可变的,它就是构成城市所表现的发展变化着的空间形式的特征,这种变化是城市这个'有机体'内外矛盾的结果。在历史的长河中,由于生产水平的不同,不同的经济结构,社会结构、自然环境,以及人民生活、环境、民族、心理和交通等,构成了城市在某一时期特定的形态特征"⑤。

齐康在《城市环境规划设计与方法》一书中对城市形态定义如下,"它是构成城市所表现的发展变化着的空间形态特征。这种变化是城市这个有机体内外矛盾的结果"⑥。

我国学者郑莘等对"城市形态"有狭义和广义两种不同的理解⑦。

狭义的城市形态是指城市实体所表现出来的具体的空间物质形态。如王农(1999)从文化的角度出发,认为城市形态其实就是一种存在于该地域社会特有文化中的集团意志所左右的构图。王宁(1996)认为城市形态是城市实体的地域空间投影,是城市自身动态发展与其所处的地域与人文环境共同作用的结果,是自然的历史过程。

而广义的城市形态不仅仅是指城市各组成部分有形的表现,也不只是指城市用地在空间上呈现的几何形状,而是一种复杂的经济、文化现象和社会过程,是在特定的地理环境和一定的社会经济发展阶段中,人类各种活动与自然因素相互作用的综合结果;是人们通过各种方式去认识、感知并反映城市整体的意象总体。城市形态由物质形态和非物质形态两部分组成。具体来说,主要包括城市各有形要素的空间布置方式、城市社会精神面貌和城市文化特色、社会分层现象和社区地理分布特征以及居民对城市环境外界部

① 谷凯.2001.城市形态的理论与方法——探索全面与理性的研究框架[J].城市规划,25(12):36-41.
② 李杨.2006.城市形态学的起源与在中国的发展研究[D].南京:东南大学.
③ 中华人民共和国建设部.1999.GB/T 50280—98 城市规划基本术语标准[S].
④ 佚名.2013.中国大百科全书在线[EB/OL]. http://www.cndbk.com/EcphOnLine/.
⑤ 齐康.1982.城市的形态(研究提纲初稿)[J].南京工学院学报,(3):14-27.
⑥ 齐康.1997.城市环境规划设计与方法[M].北京:中国建筑工业出版社.
⑦ 郑莘,林琳.2002.1990 年以来国内城市形态研究述评[J].城市规划,26(7):59-64,92.

分现实的个人心理反应和对城市的认知。

而谷凯认为,斯卢特(Schluter)、索尔(Sauer)和康泽恩(Conzen)对城市形态学的研究做出了重要的基础性贡献,其中索尔在《景观的形态》一文中指出,形态的方法是一个综合的过程,包括归纳和描述形态的结构元素,并在动态发展的过程中恰当的安排新的结构元素。谷凯为城市形态学所下定义为,一门关于在各种城市活动(其中包括政治、社会、经济和规划过程)作用力下的城市物质环境演变的学科①。

Sturani(2003)总结了意大利地理学家洪堡特(Humboldt)、法里内利(F. Farinelli)等人的观点,认可了"城市形态"具有三个层次的解释②:

第一层次,城市形态作为城市现象的纯粹视觉外貌;

第二层次,城市形态同样也作为视觉外貌,但是,外表在这里被看作现象形成过程的物质产品;

第三层次,城市形态"从城市主题和城市客体之间的历史关系中产生",即城市形态作为"观察者和被观察对象之间关系历史的全部结果"。

美国当代学者 Anne(1997)认为,城市形态学分析城市产生和发展过程中的演变状态,影响城市的因素包括文化传统、社会和经济因素,城市形态学探究社会和经济因素带来的实质性结果;研究理念和意图如何作用于城市。建筑、花园、街道、公园、纪念物等都是形态分析的对象,而它们本身是相互影响的。建筑受开放空间影响,也影响开放空间的布局。一些学者因而也用"城市形态基因"(Urban Morphogenesis)来定义他们的研究对象③。

2.3　城市形态研究背景与历史

2.3.1　当前国际研究状况

"城市形态学"是建筑学、社会学、地理学、历史等多学科交叉形成的学科,随着信息技术的发展和更多学科的研究深入,GIS 和计算机图形学等也对城市形态学发展产生了重要的影响。

1994 年以前,各国之间的研究影响还局限于出版物和研究者个人交流。1996 年,国际城市形态论坛(International Seminar on Urban Form, ISUF)成立,组织机构常设在英国伯明翰大学,这是目前城市形态方面最重要的研究组织之一,该组织每年召开一次国际会议,2009 年度的国际会议在中国广州举行(图 2-1)。ISUF 发行的期刊《城市形态》(*Urban Morphology*)为半年刊,每年 4 月及 10 月各发行一期④。

以国际城市形态论坛为平台,不同学者曾对本国研究做过综述,如 Whitehand(2007)总结了英国的城市形态研究,Vilagrasa(1998)总结了西班牙的研究,Darin(1998)

---

①②　谷凯.2001.城市形态的理论与方法——探索全面与理性的研究框架[J].城市规划,25(12):36-41.

③　Anne V M. 1997. Urban morphology as an emerging interdisciplinary field[J]. Urban Morphology, (1): 3-10.

④　ISUF. 2013. History of ISUF and the study of urban form[EB/OL]. http://www.urbanform.org/gen/history.html.

图 2-1　第 17 届城市形态国际会议(2010 年在汉堡和吕贝克举行)的主页

总结了法国的研究,Conzen(2001)总结了美国的研究,Marzot(2002)总结了意大利的研究,Hofmeister(2003)总结了德国的研究,Siksna(2006)总结了澳大利亚的研究,Larkham(2006)总结了英国的研究,Gilliland 等(2006)总结了加拿大的研究,Kealy 等(2008)总结了爱尔兰的研究[①]。

2.3.2　国际研究的历史

城市形态学国际研究的历史脉络由段进等[②]及 Gauthiez[③]做过比较详尽的整理,本书在二者基础上,做适当删减和补充,以图表形式简单回顾(表 2-1)。

表 2-1　国际城市形态学方面的主要研究文献与意义

年份	研究者	出版物	意义和影响
1832	A. Q. Quincy	《建筑学历史目录》(*Dictionnaire Historique D'Architecture*)	利用城镇平面图来更好地理解城镇历史,认为研究由建筑群、广场和街道构成的平面图能够识别出城镇的空间结构

①　ISUF. 2010. History of the study of urban form in different countries [EB/OL]. http://www.urbanform.org/gen/history.html.

②　段进,邱国潮.2008.国外城市形态学研究的兴起与发展[J].城市规划学刊,(5):34-42.

③　Gauthiez B. 2004. The history of urban morphology[J]. Urban Morphology, (8):71-98.

年份	研究者	出版物	意义和影响
1889	C. Sitte	《城市建设艺术：遵循艺术原则进行城市建设》(*Der Stadtebau Nach Seinen Kunstlerischen Gmnfstatzen*)	考察了大量欧洲中世纪城镇的广场和街道；从城镇局部平面出发，研究建筑物、纪念物和公共广场之间的关系
1894	J. Fritz	《德国城镇设施》(*Deutsche Stadtanla-Gen*)	以城镇平面图为研究对象，首次广泛运用城镇平面图形态描述法来分析德国城镇的分布和布局类型，提出了德国境内城镇出现的时间安排和地理学、它们与聚居区立法方面的联系、规划法律和规划程序发展过程的编年史等三方面的问题。这项研究使人们进一步认识到城镇平面图作为原始历史资料的潜力
1899	O. Schuluter	《城镇平面布局》(*Uber Den Grundriss der Stildte*)	标志着城市形态学作为一门学科的诞生
		《关于聚居区地理学的若干评论》(*Bemerkungen Zur Siedlungsgeographie*)	标志着城市形态学作为地理学里的一个调查领域的正式出现
1903		《图林根州东北部聚居区研究》(*Die Sied-Lunggen Im Nordosttlichen Thilringen*)	
1925	C. O. Sauer	《景观形态学》(*The Morphology of Landscape*)	指出形态学方法是一个综合的过程，包括鉴别、归纳和描述形态的结构元素，并在动态发展的过程中恰当地安排新的结构元素
1928	J. B. Leighly	《瑞典梅勒达伦：城市形态学中的一项研究》(*The Towns of Malardalen in Sweden: a Study in Urban Morphology*)	被认为是"城市形态学"方面最早、最明确的研究工作，它首次正式使用并简单定义城市形态学(Urban Morphology)概念
1960	M. R. G. Conzen	《诺森伯兰郡阿尼克镇：城镇平面分析研究》(*Al-Nwick, Northumberland: a Study in Townplan Analysis*)	在其中，M. R. G. Conzen 引进了术语"城镇景观"——城市空间的三维形态——作为研究对象。认为应该在城镇平面、建成环境和空间利用等三个层面上分析城镇景观，而城镇平面在地理学上是三种截然不同而又完整的平面元素的组合，即街道及其街道系统、地块及其地块模型以及这些模型的建筑物排列，并提出"平面单元"和边缘带的概念、租地权周期思想以及城镇平面图分析方法。随后又提出定置线、形态框架、形态区域、形态时期、形态塔等概念。这些都为建立城市形态学研究框架做出杰出的贡献

年份	研究者	出版物	意义和影响
1965	C. Alexander	《城市并非树形》(*A City is not a Tree*)	提出城市空间构成的半网络结构复杂性,反对树形结构的形态布局
1975		《俄勒冈实验》(*The Oregon Experiment*)	探讨了城市形态的自组织过程
1984	K. Lynch	《城市形态》(*A Theory of Good City Form / Good City Form*)	分析美国城市的视觉品质,主要关注城市景观的"可读性"。认为一个具有可读性城市的区域、地标、边界、节点与路径,应该容易识别。在 1981 年概括出宇宙模式、机器模式和有机体模式等三种标准的城市形态,为好的城市形态提出诸如生命力、感觉、适宜性、可达性、管理控制、效率与公平等性能指标
1984	B. Hillier	《空间是机器》(*Space is Machine*)	开创性地将拓扑几何原理应用到城市形态学中,最早提出了"空间句法"计算机分析技术
1995	M. Batty	《看待城市的新方式》(*A New Way of Looking at City*)	在波兰籍数学家、IBM 的工程师曼德勃罗(Mandelbrot)工作的基础上,继续将分形几何原理用于城市问题的研究
2003	W. Mitchell	《我＋＋:电子自我和互联城市》(*Me＋＋: the Cyborg Self and the Networked City*)	提出在互联网时代重新考虑城市形态的重要性

2.3.3　国际研究的分类

谷凯(2001)曾将国际城市形态研究分为:城市历史研究、市镇规划分析、城市功能结构理论、政治经济学的方法、环境行为研究、建筑学的方法和空间形态研究等。

表 2-2 对谷凯所总结的各类城市形态研究分支作出归纳:

表 2-2　城市形态研究的分类

研究类型	主要代表人
城市历史研究	培根(Baken)、吉尔德恩(Giedion)、科斯托夫(Kostof)、芒福德(Mumford)、拉姆森(Ramussen)、斯乔伯格(Sjoberg)
市镇规划分析	以德国的斯卢特(Schiuter)为代表;20 世纪 80 年代初成立于英国伯明翰大学地理系的城市形态研究组(Urban Morphololgy Research Group)继承和发展了康泽恩的思想,是目前这一领域最为活跃的学术组织之一

续表 2-2

研究类型	主要代表人
城市功能结构理论	伯克利学派、芝加哥学派、伯吉斯(Burgess)、霍伊特(Hoyt)、哈里斯(Harris)和尤曼(Ullman)
政治经济学的方法	哈维(Harvey)、鲍尔(Ball)、诺克斯(Knox)
环境行为研究	乔尔(Gehl)、林奇(Lynch)、拉波波特(Rapoport)、赖特(Whyte)、洛赞诺(Lozano)和特兰塞克(Trancik)
建筑学的方法	类型学(Typological Studies):拉托利(Maratori)、坎尼吉亚(Canniggia)和罗西(Rossi); 文脉研究(Contextual Studies):艾普亚德(Appleyard)、卡勒恩(Cullen)、克雷尔(Krier)、罗(Rowe)和赛尼特(Sennett)
空间形态研究	20世纪50年代由马奇等(March et al)在英国剑桥大学创立的"城市形态与用地研究中心";空间句法:希列尔(Hillier)

2.3.4 国内研究的历史

1) 20世纪80年代的研究

齐康在《城市的形态》(研究提纲初稿)中为"城市形态"做了定义(图2-2)。齐康强调了"城市形态"中的自然因素。他认为:自然力和人为的力、自然和规划,交错地对城市形态起作用。它们常表现为线形的、由内向外、磁性相吸,以及内部调节的特点[1]。

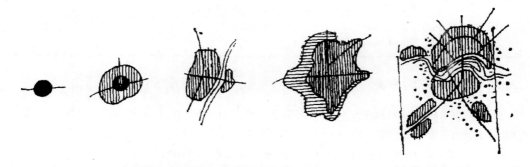

图2-2 《城市的形态(研究提纲初稿)》文中的插图——"一个城市形态的变化"

1984年,香港大学城市研究与城市规划中心贾富博发表的《城市规划与城市形态的新趋向》一文中强调城市规划应考虑的经济和心理因素,主张在城市设计中引入认知科学[2]。

1985年,74岁的钱学森发表了《关于建立城市学的设想》。钱学森提出,"所有的科学技术都是这样分为三个层次:一个层次是直接改造客观世界的,另一个层次是指导这

---

① 齐康.1982.城市的形态(研究提纲初稿)[J].南京工学院学报,(3):14-27.
② 贾富博.1984.城市规划与城市形态的新趋向[J].城市规划研究,(2):16-19.

些改造客观世界的技术的。再有一个是更基础的理论,在我们这方面就是从城市规划—城市学—数量地理学这样一个城市的科学体系,我们要搞好城市建设规划发展战略,就有必要建立这样一个科学体系"。钱学森在文中强调了指导性理论以及定量方法在城市规划中的重要性[①]。

1986年,郑天祥、黄就顺在《经济地理》发表了《澳门的城市形态与城市规划》,文中主要对澳门的土地利用、填海工程的选址与取舍等问题做了介绍[②]。

1987年,徐喜辰发表《公社残留与商周的初期城市形态》,对商周时代的城市形态进行了历史研究,认为商周的城市不是商业发展和人口聚集的结果,而仅仅是封藩建卫、武装殖民的据点[③]。

1988年,萧宗谊发表了《大连城市形态初探》,对大连在1898—1904年沙俄占领时期以及1905—1945年日本占领时期的城市形态演变进行了历史研究,认为大连城市形态的主导因素从构图向功能规划演变。萧在英文摘要中使用了 Urban Morphology 这个词[④]。

2) 20世纪90年代的研究

1990年南京大学武进博士的专著《中国城市形态:结构、特征及其演变》对中国城市形态的结构(要素的空间布置)、形状(城市外部的空间轮廓)和相互关系(要素之间的相互作用和组织)进行了较系统的研究。他认为城市形态的构成要素可概括为道路网、街区、节点、城市用地、城市发展轴以及不可见的非物质要素:社会组织结构、居民生活方式和行为心理、城市意象。

武进认为城市形态演变的内在机制,从其本质上来说,是其形态不断地适应功能变化要求的演变过程。这一过程一般要经历以下四个阶段:

① 旧的形态与新的功能发生矛盾或不适应,从而形成城市演变的内应力;

② 旧的形态逐步瓦解,大量的新结构要素从原有形态中游离出来;

③ 新的形态在旧的形态尚未解体时就已发展成为一种潜在的形式,并不断吸收这些游离出来的新要素,此时城市空间结构呈现混沌现象,这是新旧形态相互叠加、相互影响的表现;

④ 新的形态不断发展,最后取代旧的形态而占据主导地位,并与新的功能重新建立适应性关系[⑤]。

1992年,宁森发表《连云港城市用地形态的历史发展》[⑥],研究明清时期至建国后的连云港城市发展历史。

1993年,周维钧发表了《厦门城市形态与结构布局》,分析了厦门"众星拱月"城市形态形成的地理、经济因素,认为厦门未来发展宜采用"环海组团式"城市格局[⑦]。

同年,邹怡等分析了江南小城镇形态特征及其演化机制,认为城市形态的构成要素

① 钱学森.1985.关于建立城市学的设想[J].城市规划,(4):26-28.
② 郑天祥,黄就顺.1986.澳门的城市形态与城市规划[J].经济地理,6(4):272-277.
③ 徐喜辰.1987.公社残留与商周的初期城市形态[J].文史哲,(6):7-11.
④ 萧宗谊.1988.大连城市形态初探[J].大连理工大学学报,28(增刊):21-50.
⑤ 武进.1990.中国城市形态:结构、特征及其演变[M].南京:江苏科学技术出版社.
⑥ 宁森.1992.连云港城市用地形态的历史发展[J].城市规划汇刊,(1):39-46.
⑦ 周维钧.1993.厦门城市形态与结构布局[J].城市规划,(3):32-36,62.

包括物质要素(街道、街坊、节点及标志点、天际线、伸展轴、用地形态)和非物质要素(活动者及其社会结构、功能意义、空间品格、生活方式及行为心理、民俗风情、文化)。他们还研究了江南地区小城镇的形态发展变化,认为社会经济的发展导致新功能的产生和旧功能的增强或衰退,破坏了小城镇中功能-形态的适应关系,同时促使交通、行政政策等外部因素也发生变化,增强了形态的适应能力,激发了形态和功能的矛盾运动过程①。

同年,刘克成、肖莉运用物理学中的动力学研究方法,通过建立形态结构动力学模型研究乡镇的形态受力和运动状态变化规律,并认为镇形态的发展演化主要受三种力的作用:地域原型场引力、自身原型场维持力、变异外力②。

1994 年,王建国研究了常熟市 1 200 多年来的城市开发建设史,归纳出城市形态演变运动的规律,并发表城市空间形态的分析方法③。

钱明权等分析了城市道路网的各种形式,认为城市平面形态与城市道路网之间存在着密切的关系,道路系统的发展对城市形态有决定性的影响④。

顾朝林等研究了中国大都市的发展,认为大都市城市形态的空间增长具有从圈层式扩展形态走向分散组团形态、轴间发展形态乃至最后形成带形增长形态的发展规律⑤。

1995 年,张尚武认为在城镇密集地区,综合交通网络是影响城镇形态的最主要因素之一,反过来城镇形态也会影响综合交通网络。可见,交通运输条件特别是交通线路的发展与城市形态的发展是相互制约又相互促进的⑥。

张春阳等研究了西江沿岸的几个城市的发展建设史,得出了西江沿岸古城镇的形态是楚越文化与外来文化影响下的产物这一结论⑦。

张宇星研究了城市和城市群形态中空间蔓延和连绵的基本特性,认为在城市形态中,低密度蔓延和连绵是一种无秩序、无计划的随机性空间拓展方式,可以通过生长时序控制、空间生长轴控制、空间密度控制、空间边界控制、空间质地控制、空间网络控制等六种规划控制手段来防止这种情况发生⑧。

1996 年,王宁发表《组合型城市形态分析——以浙江省台州市为例》⑨。

疏良仁研究了解放前至改革开放后北海市的城市空间形态演变过程,分析出了城市形态未来发展的趋势⑩。

李加林认为港口城市形态的演变,是城市内部发展压力作用于外部产生的"被动型

① 邹怡,马清亮.1993.乡镇形态结构演变的动力学原理[M]//国家自然科学基金会材料工学部,等.小城镇的建筑空间与环境.天津:天津科学技术出版社.
② 刘克成,肖莉.1993.乡镇形态结构演变的动力学原理[M]//国家自然科学基金会材料工学部,等.小城镇的建筑空间与环境[M].天津:天津科学技术出版社.
③ 王建国.1994.常熟城市形态历史特征及其演变研究[J].东南大学学报,24(6):1-5;王建国.1994.城市空间形态的分析方法[J].新建筑,(1):29-34.
④ 钱明权,吴明.1994.城市形状、格局与其道路网结构型式的分析[J].中国市政工程,(1):20-22.
⑤ 顾朝林,陈振光.1994.中国大都市空间增长形态[J].城市规划,18(6):45-50.
⑥ 张尚武.1995.城镇密集地区城镇形态与综合交通[J].城市规划汇刊,(1):35-37.
⑦ 张春阳,孙一民,冯宝霖.1995.多种文化影响下的西江沿岸古城镇形态[J].建筑学报,(2):35-38.
⑧ 张宇星.1995.空间蔓延和连绵的特性与控制[J].新建筑,(4):29-31,41.
⑨ 王宁.1996.组合型城市形态分析——以浙江省台州市为例[J].经济地理,16(2):32-37.
⑩ 疏良仁.1997.城市形态构成与特征塑造——以北海市为例[J].城市规划汇刊,(6):57-61.

扩展力"和"外部自发型吸引力"共同作用的产物,并总结出河口港城市形态的演变机制和演变趋势[①]。

1997年,苏毓德研究了台北市道路系统发展对城市外部形状演变的影响,分析了城市道路网的各种形式,认为城市平面形态与城市道路网之间存在着密切的关系,道路系统的发展对城市形态有决定性的影响。他还认为城市形态由物质形态和非物质形态两部分构成,包括空间布置、道路系统及土地使用、城市生活、文化及价值观念,以及社会、政治及经济结构,还包括心理反应及城市意象[②]。

陈勇研究了城市空间的评价方法,他认为城市空间不单纯表现为物质空间形态,还涉及社会生活方式、人们心理生理、经济技术条件、历史文化及管理制度诸多非物质要素。陈勇在重庆南开步行商业街空间评价中,采用层次分析方法,把城市空间形态分为功能层次、经济层次、技术层次、社会层次和心理层次五个方面,每个层次有各自的内涵,从而构成了具有递阶结构的评价指标体系。最后的评价指标体系由37个指标构成,分五个大类、四个层次,然后用特尔菲法和层次分析法相结合确定权重[③]。

1998年,王翠萍借助考古学、历史学的研究成果,研究了北魏时期洛阳的城市空间形态[④]。

储茂东等以甘肃省酒泉市为例,研究了过境公路与城市形态之间的关系,认为过境公路是激发或加速外围市区质变的导轴,它的延伸方向就是城市的扩展方向[⑤]。

杜春兰认为城市的文化特色是构成城市形态的重要因素之一,城市形态的设计必须与地域文化和地方特色结合起来[⑥]。

林炳耀以二维平面形态测定方法进行了归纳,他综合前人研究,认为解决城市空间形态计量问题的思路有四种,即特征值法、数理统计方法、自相似理论和技术、模糊数学方法和突变论。城市空间形态计量的主要指标有形状率、圆形率、紧凑度、椭圆率指数、放射状指数、伸延率、标准面积指数、城市布局分散系数和城市布局紧凑度等[⑦]。

1999年,周霞等通过分析古代广州的城市空间格局,得出了广州城市形态深受"风水"思想影响的结论[⑧]。

李翔宁分析了水域对城市肌理形态的影响,提出了跨水域城市形态的五种模式,并对城市形态的肌理组织和空间环境作了分析[⑨]。

杨荫凯等认为经济发展和交通方面的技术创新削弱了城市化空间扩散过程中的由距离引致的摩擦力,从而推动城市化区域在空间层面上的迅速蔓延,都市巨型化、连绵化

① 李加林.1997.河口港城市形态演变的理论及其实证研究——以宁波市为例[J].城市研究,(6):42-45.
② 苏毓德.1997.台北市道路系统发展对城市外部形状演变的影响[J].东南大学学报,27(3):46-51.
③ 陈勇.1997.城市空间评价方法初探——以重庆南开步行商业街为例[J].重庆建筑大学学报,19(4):38-46.
④ 王翠萍.1998.北魏洛阳城的空间形态结构及布局艺术[J].西北建筑工程学院学报,(3):39-43.
⑤ 储茂东,王录仓.1998.过境公路与城市形态互动互扰机制研究——以甘肃省酒泉市为例[J].经济地理,18(4):90-93.
⑥ 杜春兰.1998.地区特色与城市形态研究[J].重庆建筑大学学报,20(3):26-29.
⑦ 林炳耀.1998.城市空间形态的计量方法及其评价[J].城市规划汇刊,(3):42-45.
⑧ 周霞,刘管平.1999.风水思想影响下的明清广州城市形态[J].华中建筑,17(4):57-58.
⑨ 李翔宁.1999.跨水域城市空间形态初探[J].时代建筑,(3):30-35.

现象随之出现,因此其对城市空间形态的演变起着不可替代的重要作用①。

杨荫凯等认为信息技术的进步将使传统的圈层式城市化发展日趋衰落,而城市形态结构的分散化将越来越明显②。

王承慧认为中等城市的功能界于大城市和小城镇之间,因此城市形态有别于大城市的特征,又有别于一般小城镇单一街道轴线的空间形态③。

张鹏举认为随着经济的发展,小城镇受中心城市的辐射以及接纳中心城市扩散出来的城市职能,小城镇用地会产生形态触角,即用地形态上的扩展多是沿交通干线向外延伸,并研究了小城镇形态的演变过程,认为可以通过以下四种方式来控制小城镇的形态:调整小城镇原有的交通构架、改革城镇建设的管理方式、改革行政体制和调整行政区划、遵循城镇土地的价值规律④。

张建龙等在嘉兴市的控制性详细规划实践中,认为可以通过引入形态研究和对用地指标的有力控制,达到把握城市整体形态、强化控规的可操作性、进行高效开发建设的目的⑤。

1999年,段进出版了《城市空间发展论》,论述了城市与城市空间、发展理论和区域研究等内容,较早地将经济规划、社会规划、城市规划的相关理论进行综合、联系,三者相辅相成,有机结合⑥。

3)2000年以来的研究

进入21世纪后,"城市形态"受到更多学者的关注,我国城市形态的研究,从数量上看,呈现积极上升的势头。

2000年,徐煜辉借助考古学、历史学的研究成果,研究了秦汉时期江州(重庆)的城市空间形态⑦。

王益澄分析了港口的发展对海港城市外部形态的影响,总结出了港口城市用地形态与布局的规律⑧。

王颖在分析传统水乡城镇的结构形态特征和原型要素的基础上,将传统水乡城镇与现代城镇结构形态作了对比,并提出了现代城镇结构形态中存在的问题⑨。

王松涛等人研究了修建三峡库区以及移民迁建对周边城市带来的影响,并提出了今后三峡库区城市形态发展的可能形式⑩。

① 杨荫凯,金凤君.1999.交通技术创新与城市空间形态的相应演变[J].地理学与国土研究,15(1):44-47,80.

② 杨矫,赵炜.2000.信息时代城市空间的变迁[J].南方建筑,(1):78-80.

③ 王承慧.1999.中等城市中心区空间形态浅析[J].城市规划汇刊,(1):66-68,24.

④ 张鹏举.1999.小城镇形态演变的规律及其控制[J].内蒙古工业大学学报,18(3):299-233.

⑤ 张建龙,谢镇宇.1999.在控制性规划阶段中引入城市形态规划——嘉兴市秀洲区新区规划浅析[J].城市规划汇刊,(6):73-76,80.

⑥ 段进.1999.城市空间发展论[M].南京:江苏科学技术出版社.

⑦ 徐煜辉.2000.秦汉时期江州(重庆) 城市形态研究[J].重庆建筑大学学报(社科版),1(1):37-41.

⑧ 王益澄.2000.港口城市形态与布局规律——以浙江省沿海港口城市为例[J].宁波大学学报(理工版),13(4):49-54.

⑨ 王颖.2000.传统水乡城镇结构形态特征及原型要素的回归——以上海市郊区小城镇的建设为例[J].城市规划汇刊,(1):52-57,44.

⑩ 王松涛,祝莹.2000.三峡库区城镇形态的演变与迁建[J].城市规划汇刊,(2):68-74.

张宇等在研究太原市城市形态的演变的基础上，得出了太原城市形态的发展演变与城市工业化发展阶段及社会经济活动的周期性密切相关的结论①。

陈力等认为在城市空间形态变化的动态过程中，是人类文化塑造了城市的空间形态，延续进化的城市空间形态反过来又影响人类行为②。

王颖认为小城镇规模小，因而小城镇的空间形态应体现人性化尺度③。

何流等认为南京城市空间形态的扩展和城市功能的演变是相应的，认为城市空间形态的扩展实质上是城市在城市发展内外部动力作用下的空间移动，促使城市空间形态扩展的内外部动力主要有：城市经济总量的增长、城市产业结构的调整以及作为其表现的城市功能的演变，还有国家或区域的宏观经济发展状况、政策的变动、外部资金的投入、城市规划的制定和实施等等④。

陈前虎研究了浙江小城镇工业用地形态结构的演化，并认为小城镇工业用地布局形态演变的动力主要是产业结构的转换力、经济科技的推动力、国家政策的调控力和城乡之间的相互作用力⑤。

相秉军等采用美国学者凯文·林奇在《城市意象》一书所归纳的城市空间分析方法，即道路、边沿、区域、节点、标志这五个城市形象要素，对苏州古城的整体空间形态加以分析⑥。

张宇等应用分形理论，对太原市城市边缘区近 40 年的动态变化进行了尝试性的定量分析研究，揭示了太原市在不同历史时期的城市地域扩展方式⑦。

段汉明等提出了"城市体积形态"的概念和测定方法，认为城市体积形态是指城市的物质空间形态，如城市占地范围的大小，整个建筑群体量的大小等，是城市最直观的表现形式。他们的做法是先将城市平面划分为以公顷或平方千米为单位的面积单元，即把城市整个宏观体积形态划分成许多个（假设为 N 个）微观的体积形态。假定每个面积单元中的体积（建筑物体积）是由边长等于 Cr 的小立方体 ΔV 堆砌而成的，然后考察每个面积单元中小立方体 ΔV 数量的变化（即城市体积形态的涨落现象）⑧。

2001 年，加拿大滑铁卢大学博士生谷凯在《城市规划》发表了《城市形态的理论与方法——探索全面与理性的研究框架》，概括性地介绍了西方城市形态研究状况，并将城市形态研究划分为七个方向，这篇文章在中西方"城市形态"交流中发挥了重要作用⑨。

陶松龄等探讨了上海城市形态与城市文化间的联系，提出上海城市形态中的"吴越文化"和"水文化"的特征⑩。

---

① 张宇，王青.2000.城市形态分形研究——以太原市为例[J].山西大学学报（自然科学版），23(4):365-368.
② 陈力，关瑞明.2000.城市空间形态中的人类行为[J]. 华侨大学学报（自然科学版），21(3):296-301.
③ 王颖.2000.传统水乡城镇结构形态特征及原型要素的回归——以上海市郊区小城镇的建设为例[J].城市规划汇刊，(1):44,52-57.
④ 何流，崔功豪.2000.南京城市空间扩展的特征与机制[J].城市规划汇刊，(6):56-60.
⑤ 陈前虎.2000.浙江小城镇工业用地形态结构演化研究[J].城市规划汇刊，(6):48-55.
⑥ 相秉军，顾卫东.2000.苏州古城传统街巷及整体空间形态分析[J].城市研究，(3):26-27.
⑦ 张宇，王青.2000.城市形态分形研究——以太原市为例[J].山西大学学报（自然科学版），23(4):365-368.
⑧ 段汉明，李传斌，李永妮.2000.城市体积形态的测定方法[J].陕西工学院学报，16(1):5-9.
⑨ 谷凯.2001.城市形态的理论与方法——探索全面与理性的研究框架[J].城市规划，25(12):36-41.
⑩ 陶松龄，陈蔚镇.2001.上海城市形态的演化与文化魅力的探究[J].城市规划，25(1):74-76.

杨东援等在对日本东京城市交通规划、建设进行剖析的基础上,结合区位理论,对城市土地利用形态和道路网络形态的关系进行了研究,得出认识问题、解决问题的经验和对我国城市发展有指导意义的结论[①]。

李国平等通过研究抚顺煤田区域由煤炭资源开发而导致的工业化和城市形态形成过程,讨论资源型城市形成的自然基础及经济活动的作用,揭示了煤炭城市形态形成的阶段性规律[②]。

阎亚宁则通过一个不同的视角分析中国城市形态,提出中国古代都城与地方城市有区别[③]。

张勇强通过对城市形态概念的认识以及网络拓扑研究方法的探讨,对武汉城市形态进行了总体分析和研究,并对城市形态网络拓扑研究的合理性和局限性进行了分析[④]。

2002 年,陈彦光等尝试证明城市形态的分维平均而言有约为 $D=1.71$ 的内在机理[⑤]。

王富臣从城市形态构成的基本要素谈起,从空间维度和时间维度两个方面探讨了城市形态的构成特征,论述了作为现实存在的城市形态和作为历史存在的城市形态的内在关联性和历史延续性[⑥]。

孙晖等阐述了大连城市形态历史格局的结构和肌理特征,分析了街廓尺度对于形成半网络形城市形态的意义,并讨论了城市形态在城市发展中对于城市空间景观环境的决定作用[⑦]。

王青应用分形理论,对太原市城市形态近 40 年的动态变化进行了尝试性的定量分析,揭示了太原市在不同历史时期的城市地域扩展方式。结果显示:太原市城市形态的演变与工业化发展阶段及社会发展的周期性密切相关,城市的形态随城市经济的周期性波动而变化[⑧]。

2003 年,SARS 席卷北京、广东等许多中国地区,引起众多学者对城市卫生和安全方面的反思。段进等指出城市形态与传染病传播之间的关系,指出城市防灾问题必须从宏观战略的角度出发,化被动为主动,在城市整体形态研究的一开始就关注城市发展用地、城市规模与环境容量、城市空间结构和城市用地形态等方面的问题,从而有利于城市的防灾与减灾[⑨]。

① 杨东援,韩皓.2001.道路交通规划建设与城市形态演变关系分析——以东京道路为例[J].城市规划汇刊,(4):47-50.

② 李国平,张洋.2001.抚顺煤田区域的工业化与城市形态及结构演化研究[J].地理科学,21(6):511-518.

③ 阎亚宁.2001.中国地方城市形态研究的新思维[J].重庆建筑大学学报(社科版),2(2):60-64,87.

④ 张勇强.2001.城市形态网络拓扑研究——以武汉市为例[J].华中建筑,19(6):58-60.

⑤ 陈彦光,黄昆.2002.城市形态的分形维数:理论探讨与实践教益[J].信阳师范学院学报(自然科学版),15(1):62-67.

⑥ 王富臣.2002.城市形态的维度:空间和时间[J].同济大学学报(社会科学版),13(1):28-33.

⑦ 孙晖,梁江.2002.大连城市形态历史格局的特质分析[J].建筑创作,(21):12-15.

⑧ 王青.2002.城市形态空间演变定量研究初探——以太原为例[J].经济地理,22(3):339-341.

⑨ 段进,李志明,卢波.2003.论防范城市灾害的城市形态优化——由 SARS 引发的对当前城市建设中问题的思考[J].城市规划,27(7):61-63.

陈泳为给苏州古城的研究和分析提供主要参考,并作为较早开埠的传统中心城市的范例,给中国近代城市规划和建设提供借鉴,运用城市形态学的方法对近现代苏州城市空间演化进行案例研究,从阶段划分、规划模式、演化轨迹和结构关系等角度梳理其历史脉络,探讨其规划和建设,展示其内在的规律性和真实性[①]。

卡内基梅隆大学博士陈超萃分析并提出解读北京的系统化方法,运用层次观念去分层解读北京市的肌理,可以逻辑化的解决如何在现代都市中保存古建筑的风貌[②]。

陈彦光先后发表《中国的城市化水平有多高?——城市地理研究为什么要借助分形几何学?》和《自组织与自组织城市》,探讨了分形几何和自组织临界性等复杂科学原理在城市形态应用中的价值[③]。

冯健则根据分形理论研究杭州 1949—1996 年城市形态和土地利用结构的演化特征,发现杭州城市具有明确的自相似规律。研究表明,杭州城市形态和土地利用结构的分形性态逐渐变好,这与国外学者"演化的城市分形"观相互印证。各类土地形态的维数都小于整个城市形态的维数,从而证实了国内学者"城市化地区的分维大于各职能类土地空间分布维数"的理论推断。从时空变化来看,杭州城市形态的分维呈上升趋势,1996年接近 Batty 等提出的理论预期维数 $D=1.71$;居住用地、工业用地和对外交通用地的分维近 20 年来趋于增大,而教育用地和绿化用地的分维则有所减小。杭州市的分形演化和分维变化总体上揭示了城市自组织演化的特征,但工业用地维数的大幅度上升和绿化用地维数的下降显然暗示该城市在进化过程中的局部退化倾向[④]。

2004 年,汪坚强研究了济南城市形态的历史[⑤]。

姜旭研究了长春火车站站北轴心地区城市形态塑造问题[⑥]。

张延生比较了中西方传统理想城市的形态[⑦]。

费移山等以香港城市发展为例研究了高密度城市形态与城市交通[⑧]。

侯鑫在博士论文《基于文化生态学的城市空间理论研究——以天津、青岛、大连为例》中初步建构了城市文化生态系统的认识体系;随后运用生态学的研究方法对城市空间的发展与城市文化的演进进行综合、系统的研究,从发展动力、文化生态环境、城市文化物种的生态进化三方面系统地论述了城市空间的生态进化过程。在城市空间演化的实态研究中,该论文以文化生态学的研究角度,从城市空间物质结构、社会结构、文化结构三方面,论述了信息社会城市空间与城市文化发展的新特点,并着重讨论了信息社会的城市文化心理、思维方式、社会观念、环境景观观念等城市文化结构新特点,提出了"人本回归"的信息社会城市空间文化发展预测。作为论文的实证研究,选取了有代表性的北方沿海外来文化城市——天津、青岛、大连为研究对象,采用实地调研与查阅原始资料

---

① 陈泳.2003.近现代苏州城市形态演化研究[J].城市规划汇刊,(6):62-71.

② 陈超萃.2003.由层次网络方法解读城市形态[J].城市规划汇刊,(6):72-75.

③ 陈彦光.2003.中国的城市化水平有多高?——城市地理研究为什么要借助分形几何学[J].城市规划,27(7):12-17;陈彦光.2003.自组织与自组织城市[J].城市规划,27(10):17-22.

④ 冯健.2003.杭州城市形态和土地利用结构的时空演化[J].地理学报,58(3):343-353.

⑤ 汪坚强.2004.近现代济南城市形态的演变与发展研究[D].北京:清华大学.

⑥ 姜旭.2004.长春火车站站北轴心地区城市形态塑造[D].大连:大连理工大学.

⑦ 张延生.2004.中西古典理想城市的形态比较[D].郑州:郑州大学.

⑧ 费移山,王建国.2004.高密度城市形态与城市交通——以香港城市发展为例[J].新建筑,(5):4-6.

相结合的方法,系统地分析了其独特的区域性城市文化产生发展的生态过程及其文化生态结构。在文末,针对我国现状,提出了在文化交流日益频繁的背景下,外来城市文化的保护与发展策略,并对发展面向信息社会的城市空间文化提出了建议①。

2005年,王金岩等比较了中外城市规划的不同模式,揭示了中国古代城市是粗放的大街廓及自发生长的街巷相叠加的二元城市形态;进而从控制的难易、商业的发展、财政的投入、管理的体制等四个方面,对封建人治政体所导致的中国城市形态进行了深入探讨②。

孙云芳以湖州市为例,对长三角地区城市空间形态形成及其历史演变进行探讨,分析城市形态生长的动因,从城市形态结构层面如道路网、街区、节点、城市景观轴等的构成和塑造,以及未来城市形态发展预测几个方面加以探讨③。

邵波等从研究影响城市形态的因素出发,在分析平原地区城市形态的特征与结构基础上,提出了平原地区的城市规划在城市形态处理上的几个原则以及相应的规划对策④。

戴松茁以青浦为例,针对其形成可持续城市形态的可能,提出"紧凑+多心"模式的新的网络城市结构⑤。

梁江等以西安满城区为研究范围,选取了清代、民国和当今三个典型的发展时期,从街道和街廓的形态特征入手,进行了定性和定量的分析,探讨了城市形态演变的一系列问题、模式和动因⑥。

陈涛在博士论文《城市形态演变中的人文与自然因素研究》中研究了历史人文和自然山水对城市形态的塑造作用,并强调了人居环境科学和可持续发展策略在当代城市规划中的重要作用⑦。

熊国平在博士论文《90年代以来中国城市形态演变研究》中指出,推动城市形态演变的内在动力分别为经济增长、功能调整、新的消费需求等,外在动力分别为快速交通、行政区划的调整等,并指出城市形态演变是内外动力共同作用的结果⑧。

2006年,朱蓉通过理论推导和实证研究,阐述了城市形态纵向历史时间观和横向空间结构的价值取向。经过分析认为,设计者应以连续动态的时间观来看待城市形态的演变以及城市历史层级化的过程。并且,城市形态的构建也应切实反映公众、集体的利益,使其在社群交流互动中达成认同⑨。

姜世国等基于1984年、1999年Landsat TM遥感图像,根据分形理论,用半径法研究了北京城市形态,发现北京城市具有分形性质。北京市建设用地从中心向外扩散的集聚分形结构存在明显的标度区转折现象,其中第一标度区是能够揭示北京城市形态

① 侯鑫.2004.基于文化生态学的城市空间理论研究——以天津、青岛、大连为例[D].天津:天津大学.
② 王金岩,梁江.2005.中国古代城市形态肌理的成因探析[J].华中建筑,23(1):154-156.
③ 孙云芳.2005.长三角地区城市形态构成及演变探讨——以湖州市为例[J].城市规划,29(7):42-46.
④ 邵波,洪明.2005.对平原地区城市形态特征与结构及其规划对策的探讨[J].经济地理,25(4):499-505.
⑤ 戴松茁.2005."密集/分散"到"紧凑/松散"——可持续城市形态和上海青浦规划再思考[J].时代建筑,(5):90-95.
⑥ 梁江,沈娜.2005.西安满城区城市形态演变的启示[J].城市规划,29(2):59-65.
⑦ 陈涛.2005.城市形态演变中的人文与自然因素研究[D].北京:清华大学.
⑧ 熊国平.2005.90年代以来中国城市形态演变研究[D].南京:南京大学.
⑨ 朱蓉.2006.集体记忆的城市——城市形态构建的时间观与价值取向[J].华中建筑,24(1):62-65,72.

演化特点的有效标度区。1984 年、1999 年半径维数的数值变化反映了建设用地密度集聚扩散的不同特点。该文根据集聚分形的标度区建立了一种新的城市范围定义,这种定义可以减少通常定义中的主观因素和不可比因素,标度区大小具有一定的理论意义[①]。

在英国伦敦大学巴特雷特建筑学院空间句法实验室工作过的杨滔,以《空间句法:从图论的角度看中微观城市形态》等文章,介绍了空间句法理论的主要内容和在城市规划中的应用意义[②]。

陈泳对当代苏州的空间演化进行分析,梳理其历史脉络,探讨其规划和建设模式,探寻其演化机制,剖析其中的规律性和真实性[③]。

熊国平总结了 20 世纪 90 年代以来我国城市形态演变的特征,指出城市外部轮廓的迅速扩展及与此同时发生的城市内部水平结构和垂直结构的急剧变化是 20 世纪 90 年代以来我国城市形态演变的总体特征,两者互相关联、互为因果,是一个动态的持续过程[④]。

陈彦光等论述了城市形态演化的分维数值变化特征和规律,指出城市生长机制可以用基于受限扩散凝聚模型的人口—用地空间扩散和基于电介质击穿模型的交通网络渗透规则进行解释。在理论分析的基础上,借助分形模型导出度量城市形态的两个空间指数,该指数用以作为城市规划合理性的定量判据之一[⑤]。

蔡良娃在博士论文《信息化空间观念与信息化城市的空间发展趋势研究》中,探讨了信息化空间观念给城市空间带来的变革,以及信息化城市设计新方法等[⑥]。

2007 年,段进与比尔·希列尔合写了《空间研究 3:空间句法与城市规划》。该书首先介绍了空间句法理论的主要内容;然后用几个应用案例,如苏州商业中心变迁,南京红花机场地区概念规划,嘉兴城市中心空间发展以及天津城市形态研究等说明如何应用空间句法理论;最后,讨论了几个关键性的问题,如人工化环境与空间句法理论是否不相容等[⑦]。

王望介绍了元胞自动机及多主体仿真模型在城市形态研究方面的意义[⑧]。

于云瀚探讨了风水观念与古代城市形态之间的关系[⑨]。

清华大学博士姜东成在论文《元大都城市形态与建筑群基址规模研究》中,通过对元大都建筑群基址规模与平面布局的研究,分析元大都城市街坊空间肌理与城市形态特点,寻找建筑群基址规模与等级间的关系,探索元大都城市规划的原则与手法[⑩]。

何子张等从厦门本岛和全市域两个空间层次,分别对厦门城市形态发展过程和两次总体规划成果进行空间句法分析,总结厦门城市形态发展的特征,并提出其城市结构的

① 姜世国,周一星.2006.北京城市形态的分形集聚特征及其实践意义[J].地理研究,25(2):204-213.
② 杨滔.2006.空间句法:从图论的角度看中微观城市形态[J].国外城市规划,21(3):48-52.
③ 陈泳.2006.当代苏州城市形态演化研究[J].城市规划学刊,(3):36-44.
④ 熊国平.2005.90 年代以来中国城市形态演变研究[D].南京:南京大学.
⑤ 陈彦光,罗静.2006.城市形态的分维变化特征及其对城市规划的启示[J].城市发展研究,13(5):35-40.
⑥ 蔡良娃.2006.信息化空间观念与信息化城市的空间发展趋势研究[D].天津:天津大学.
⑦ 段进,比尔·希列尔,等,2007.空间研究 3:空间句法与城市规划[M].南京:东南大学出版社.
⑧ 王望.2007.城市形态拓扑研究的另一视角——元胞自动机及多主体仿真模型[J].建筑与文化,(5):84-85.
⑨ 于云瀚.2007.风水观念与古代城市形态[J].文史知识,(2):92-97.
⑩ 姜东成.2007.元大都城市形态与建筑群基址规模研究[D].北京:清华大学.

另一种选择①。

赵辉等探讨了沈阳城市形态与空间结构的分形特征,指出分维数可以作为城市空间系统优化的定量判断依据,通过对城市发展影响因子宏观调控,使城市朝着临界空间形态方向发展。据此,沈阳在配置公共资源时应在提高公建用地的半径维数、提高城市总体形态的边界维数、减少绿化用地半径维数等方面进行引导,以进一步优化沈阳城市形态和功能布局②。

中科院生态环境研究中心的欧金明等构建了一个基于人工神经网络的约束型城市扩展 CA 模型。利用该模型,预测了北京市东部平原区在三种情景规划之下的未来 50 年的城市形态,为不同的城市发展模式之间的比较分析奠定基础。然后以 2024 年的北京东部平原区模拟城市形态为基准,从自然生态功效、社会服务功效、经济利益功效三个方面对三种规划模式进行了情景分析,从而系统地比较了三种规划模式的复合生态功效,为城市规划决策提供有力的支持③。

2008 年,彭锐研究了自行车交通与昆明城市形态之间的关系④。

陈苏柳等通过技术与文化系统关系的演进研究,重新解读了城市形态的分期特征,并提出了城市形态的双向组织趋势⑤。

牟凤云等基于八期遥感影像,研究了 1978—2005 年重庆市城市空间形态特征和演变过程。采用紧凑度指数、放射状指数和分形维数等城市空间形态定量研究的方法计算了不同时期重庆市城市空间形态的参数。结果表明,2005 年重庆市建成区面积由 1978 年的 87.32 km² 增加到 282.21 km²。改革开放后,重庆市先后经历了 20 世纪 80 年代的相对稳定期、80 年代中期以后的缓慢发展期和近年来的高速发展期,目前是扩展速度较快的时期,整个城市呈跳跃式发展。该时期增加的城市建成区面积中,有 76.86% 来自于周边的耕地,有 20.52% 来自于对周边农村居民点和其他建设用地的占用⑥。

2009 年,熊国平等研究了 20 世纪 90 年代以来长三角城市形态演变的机制,认为 90 年代以来我国城市形态演变的机制有了新的变化,主要有市场机制、产业进化机制、投资机制和调控机制等。城市形态演变的机制并不是一个线性的具有明显因果关系的过程,而是一个非线性的多因素多层面的交织耦合过程。各机制之间存在着相互反馈,机制之间的相互联系与作用,体现出城市形态演变的综合性⑦。

房国坤等研究了快速城市化时期城市形态及其动力机制,从城市产业结构调整、旧城改造、开发区建设、制度创新、行政区划调整与城市规划管理六个角度对城市形态演变

---

① 何子张,邱国潮,杨哲.2007.基于空间句法分析的厦门城市形态发展研究[J].华中建筑,25(3):106-108,121.

② 赵辉,王东明,谭许伟.2007.沈阳城市形态与空间结构的分形特征研究[J].规划师,23(2):81-83.

③ 欧金明,王如松,阳文锐,等.2007.基于 CA 的城市形态扩展多解模拟——以北京市东部平原区情景分析为例[J].城市环境与城市生态,20(1):5-8,20.

④ 彭锐.2008.基于协同进化论的自行车与城市形态研究[D].昆明:昆明理工大学.

⑤ 陈苏柳,徐苏宁.2008.城市形态的双向组织思想演变研究[J].华中建筑,26(6):8-11.

⑥ 牟凤云,张增祥,谭文彬.2008.基于遥感和 GIS 的重庆市近 30 年城市形态演化特征分析[J].云南地理环境研究,20(5):1-5,43.

⑦ 熊国平,杨东峰.2009.20 世纪 90 年代以来长三角城市形态演变的机制分析[J].华中建筑,27(11):78-80.

的动力机制进行了探讨①。

2.3.5 国内研究的分类

由于城市形态研究属于交叉学科。国内研究分类可依研究者的学术背景而简单地分为建筑学和城市规划方向、地理学方向、文史考古方向等。

而郑莘等又将这些研究再行细分②：关于城市形态演变的影响因素研究,包括历史发展、地理环境、交通运输条件、经济发展与技术进步、社会文化因素、城市职能规模及结构;关于城市形态演变的驱动力和演变机制研究,包括城市形态演变的驱动力、城市形态的演变机制;关于城市形态的构成要素研究,包括物质要素和非物质要素;关于城市形态的分析方法探讨,包括城市空间分析方法、层次分析法、分形分析法、文献分析法、系统动力学方法;关于城市形态的计量方法研究。

2.3.6 目前城市形态研究中存在的问题

从国际上说,主要有语言障碍,不少重要的城市形态研究文献原文是由法语和意大利语写成,在英语学界的交流中已造成不便。还有职业障碍,如地理学与建筑学对很多问题的看法不尽然一致,因而他们之间的合作并不顺利,又如规划理论与设计实践之间的联系仍需加强。

从国内来说,首先存在着理论"慢半拍"的情况,如希列尔在20世纪80年代即已完成著作《空间是机器》,当时赵冰也做过一些介绍,但此著作中文版的面世则是2008年的事情。而职业障碍在我国也很突出,所谓"隔行如隔山"。

另外,职业实践和理论研究之间也存在沟壑,许多研究中辛苦得到的理论知识却没能运用到指导城市设计的实践中去。

---

① 房国坤,王咏,姚士谋.2009.快速城市化时期城市形态及其动力机制研究[J].人文地理,(2):40-43,124.
② 郑莘,林琳.2002.1990年以来国内城市形态研究述评[J].城市规划,26(7):59-64,92.

3 城市设计中的自然形态及其来源

第 2 章对"城市形态"的理论研究做了总结,而本章将重点放在"设计"和"实践"方面。不少设计借鉴了"城市形态学"理论,例如设计师道萨迪亚斯(C. A. Doxiadis)将城市理论家劳瑞(Lowry)模型用在区域尺度城市设计中。

"形态"的基础是"物质",城市形态是以城市的物质环境为基础的。而不同尺度上,构成城市自然形态的物质内容各有其不同点,我们也常常用尺度来自然地划分城市设计的属性。

在区域尺度上,自然形态由山脉、河流、交通路径和城市的规模、选址等要素构成;在城市尺度上,自然形态由在城市中起主要作用的系统性空间(如连续的绿色开放空间、景观大道)、交通路径等构成;在分区尺度上,城市的三维性开始显现出来,"视点"、"透视"和"路径"被给予关注,交通也开始呈现出立体交叉的特性,虽然这时的三维还类似于"2.5维",自然形态则可由立体的建筑群外部空间构成;而节点尺度上的诸多设计要素就共同构成一个或肃穆庄重、或丰富可爱、或清新宜人的三维小世界——建筑内外空间、结构纹理和面饰,淡淡的花香、若有若无的音乐,与或密集、或稀疏,或快走、或停留的人本身,共同构成了"视角不断变化的、有层次的"物质环境。

物质组成要素的差异,意味着不同尺度城市设计的工作重点和方法不同:在某尺度上获得成功的方法,若不加改进地用来设计另外尺度的城市空间,不一定能行之有效或令人满意。库哈斯曾经批评盖里道:"当他的作品从自宅(小)演化为城市设计(超大)时,他也就从极端的率真转变为极端的虚伪。"[①]不过,库哈斯自己从波尔多别墅到中央电视台大楼的演变,莫非也在犯着同样的错误?

本书的综述部分,依据空间尺度的差异性,将自然形态的城市设计细分为:区域尺度的自然形态设计、城市尺度的自然形态设计、分区尺度的自然形态设计和节点尺度的自然形态设计等——也就是从"大"到"小"。

我们采用"从大到小"而非"从小到大"的顺序一个原因是区域和城市尺度的"国土规划"、"区域规划"和"城市总体规划"、"概念性总体城市设计"从程序上自然地优先于分区尺度的"控制性详细规划";而"控规"从程序上说,又优先于节点尺度的"详规"、"建筑设计"和"景观设计",这样的顺序比较符合工作流程和通常的逻辑。另一个原因是盖里和库哈斯"从小到大"的做法已经给了我们前车之鉴。

各方案综述包括:立意构思、设计特色和采用的设计方法等内容,同时回顾了与这些方案相关的理论渊源。既总结实际建设中的工程项目,也总结各类虚拟项目设计及研究项目,或者说是"纸面城市"、"虚拟城市"、"E 托邦"[②]等——因为这类方案和研究不尽然

---

① Rem K, Bruce M. 1998. S, M, L, XL[M]. New York: Monacelli Press.

② 威廉·米切尔. 2001. 伊托邦——数字时代的城市生活[M]. 吴启迪,乔非,俞晓,译. 上海:上海科技教育出版社.

是空中楼阁,也是设计师对现实城市思考的结果。

3.1 区域尺度的自然形态设计

图3-1为美国航空航天局(National Aeronautics and Space Administration, NASA)由多幅当地时间22点的夜景卫片拼合而成的"世界夜景地图",它可大致反映世界范围的城市分布状况——每个亮点代表一座城市或村镇。从图中我们可以看出,区域尺度的城市分布是不规则的:不仅不在人为划定的网格上,而且不论从全球、大洲或其他地理尺度下看,都具有很不均匀的密度。

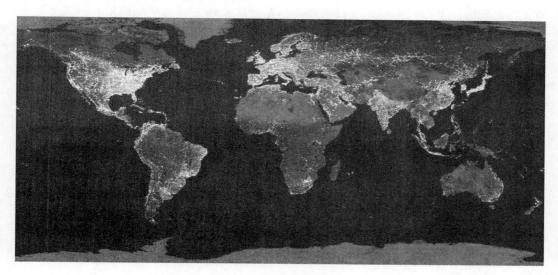

图3-1 世界夜景地图

是什么因素决定了区域的城市形态呢? 其复杂的动力或许也可被划分为自然地理因素和人类活动因素。

自然地理因素:区域尺度中所遇到的山脉、河流、海洋都会影响城市选址。许多城市都选址在北纬30度附近,这是受这一纬度比其他纬度拥有更优越的气候条件的影响。

人类活动因素:比如,城市选址应利于促进资源的有效整合和节约经济成本。沿海城市的密度要明显高于内陆,是因为沿海利于原料的运输和产品的销售。北美、欧洲、日本等发达地区的城市密度要比同样自然条件的非洲发展中国家的城市密度高。

3.1.1 以自然地理为框架的天然自然形态

城市在区域尺度上受到自然条件的影响,形成自然的布局。不尊重自然条件,会使城市在自然灾害中的脆弱性和危险性加大。对区域城市设计来说,根据自然地理状况划定出哪些土地是"适建"的,哪些是"不适建"的,并尽可能完整地保留有活力的绿色生态环境显得很有必要。

1) 区域尺度的绿廊设计

区域尺度上的自然绿色空间的规划可追溯至阿伯克隆比(P. Abercrombie)的大伦敦

规划、沙里宁(Eliel Saarinen)的赫尔辛基有机疏散方案、美国景观先驱奥姆斯特德(Frederick Law Olmsted)等的大尺度景观绿道规划等①。1965年,伊恩·伦诺克斯·麦克哈格(Ian Lennox McHarg)带领哈佛大学设计学院学生,采用以"千层饼叠图方法"为基础的环境评价研究纽约斯特腾岛等地的规划问题,而后发表的《设计结合自然》,为区域尺度绿廊设计找到了与城市的自然环境相结合考虑的途径②。

下面介绍几个近期综合性比较强的区域绿色空间设计案例。

(1)新英格兰地区跨六个州的区域性绿廊

新英格兰(New England)地区在美国东北部,这一地区包括六个州,如康涅狄格州(State of Connecticut)、马萨诸塞州(Massachusetts)和罗德艾兰州(Rhode Island)等,共有1 700万hm²,1 300万人口,人口密度大约是美国平均人口密度的两倍。新英格兰地区的现状地质条件主要是由两万年前的最后一次冰川所形成,留下许多冰川湖。新英格兰地区有一条大河,即康涅狄格河。

新英格兰地区的自然形绿廊最初是在20世纪初,由奥姆斯特德(Olmsted)和厄略特(Eliot)所规划的,但还不包括整个新英格兰地区,例如图3-2是由厄略特为马萨诸塞州进行的规划,其中心城市是波士顿(Boston)。

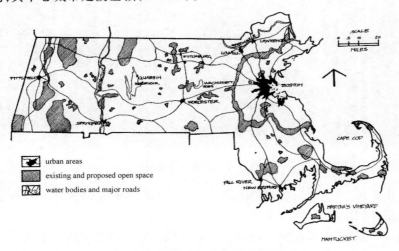

图3-2　20世纪初厄略特规划的马萨诸塞州绿色空间

最近的区域绿廊研究是1999年在马萨诸塞大学(University of Massachusetts)的三位教授Fabos、Lindhult和Ryan主持下完成的(图3-3)。他们在研究中发现,新英格兰地区有18%的土地是生态绿地,新的规划建议再增加8%的面积,以使绿地连通起来。这样,区域中将有总长度为57 000 km的供野生动物迁徙,居民进行室外健身、旅游活动的绿色廊道。这些绿廊的造型大多沿着现存的河流或山脉的走向③。

---

① 布宁·萨瓦连斯卡娅.1992.城市建设艺术史:20世纪资本主义国家的城市建设[M].黄海华,译.北京:中国建筑工业出版社.

② 伊恩·伦诺克斯·麦克哈格.2006.设计结合自然[M].芮经纬,译.天津:天津大学出版社.

③ Julius G F. 2004. Greenway planning in the United States: its origins and recent case studies[J]. Landscape and Urban Planning, 68(2-3):321-342.

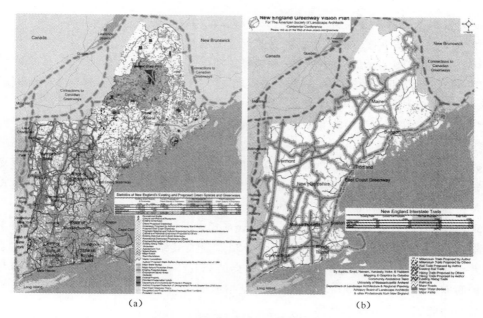

(a)　　　　　　　　　　　　　　　　　　(b)

图 3-3　新英格兰地区区域绿廊规划

注：(a) 全部绿廊；(b) 跨越州境的主要绿廊

（2）全美范围的绿廊

覆盖全美范围的概念性景观规划最早是在 20 世纪 20 年代由景观建筑师沃勒·曼宁（Warren Manning）提出的，到了 1999 年林恩·米勒（Lynn E. Miller）将这个规划重新介绍给美国公众。覆盖美国本土（不包括阿拉斯加和夏威夷）的绿色空间规划研究是由马萨诸塞大学的研究生 Heidi Ernst、Paul Foley、Andy Galusha 等，在 GIS 软件公司的帮助下完成的，他们同时邀请 Robert Ryan 为他们的指导教师。其基础资料是由美国联邦政府的公共数据库所提供的（图 3-4）。

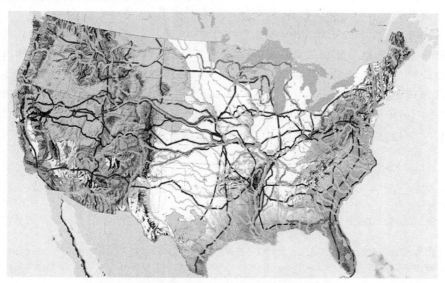

图 3-4　美国全国尺度的绿色廊道规划图

研究采用了类似于新英格兰地区区域绿廊设计的研究方法：

第一步，在地图上标出现状中已经保护起来的绿地。

第二步，在地图上标出进行中的规划项目。

第三步，提出不足，进行弥补。在研究中发现，过去河流生态廊道没有得到应有的重视①。

2)"景观生态学"和"安全格局"

"景观生态学"起源于中欧和东欧，其发展历史可追溯到 20 世纪 30 年代。德国区域地理学家特罗尔(Carl Troll)于 1939 年创造了"景观生态学"(Okologische Bodenforschung)一词。基于欧洲区域地理学和植被科学研究的传统，Troll 将景观生态学定义为研究某一景观中生物群落之间错综复杂的因果反馈关系的学科。Troll 特别强调景观生态学是将遥感、地理和植被生态学结合在一起的综合性研究②。

现在，人们普遍认为景观生态学(Landscape Ecology)是一门横跨自然和社会科学的综合学科，它以景观为研究对象，从整体综合观点研究其结构(景观格局)、功能(生态过程)、发生演变规律(景观动态)及其与人类社会的相互作用，进而探讨景观优化利用与管理保护的原理和途径。景观(Landscape)则是指地球表层一定空间范围内自然和人类要素的结构功能统一的地域综合体③④。

Forman 等(1990)在观察和比较各种不同景观的基础上，认为组成景观的结构单元不外乎三种：缀块(斑块)(Patch)、廊道(Corridor)和基底(Matrix)。缀块泛指与周围环境在外貌或性质上不同，并具有一定内部均质性的空间单元。廊道是指景观中与相邻两边环境不同的线性或带状结构。基底则是指景观中分布最广、连续性最大的背景结构⑤。这种"缀块、廊道、基底"的划分方法，以及以此为基础的计量方法，在景观设计分析中得到广泛的应用。

2004 年浙江台州地区的区域城市设计是由北京大学景观设计学研究院和北京土人景观设计公司在景观生态学理论指导下完成的，主持人是俞孔坚(图 3-5)。这是应用景观生态学知识的一次尝试。得益于北京大学地理系在地理信息系统和遥感方面的长年研究，设计中较多地采用了 GIS 空间分析技术，对区域现状的高程、坡度、坡向、湿地分布、土地覆盖类型、文物保护单位、乡土文化景观、积水和洼地、径流等项目进行了分析；同时对洪水和海潮淹没范围、黑嘴鸥栖息生境适宜性等项目进行了预测。基于这些分析预测，台州的设计提出了建设"生态基础设施"和实现"景观安全格局"的具体措施。这个项目获得了美国景观设计师协会(American Society of Landscape Architect, ASLA)2005 年度"规划与分析"荣誉奖。美国景观设计师协会评委会对方案的评价是，"从环境和生态出发，进行了全面分析……创造了一个能够发展出多种建筑和景观形态的空间框架"⑥。

① Heidi E, Paul F, Andy G. 2009. Greenway for America[EB/OL]. http://www.umass.edu/greenway.

② 邬建国. 2000. 景观生态学——格局、过程、尺度与等级[M]. 北京:高等教育出版社.

③ 彭建,王仰麟,刘松,等. 2004. 景观生态学与土地可持续利用研究[J]. 北京大学学报(自然科学版),40(1):154-160.

④ 俞孔坚,李迪华. 2003. 景观设计:专业学科与教育[M]. 北京:中国建筑工业出版社.

⑤ 福曼(R. Forman),戈德罗恩(M. Godron). 1990. 景观生态学[M]. 肖笃宁,等,译. 北京:科学出版社.

⑥ 俞孔坚,李迪华,刘海龙,等. 2005. "反规划"途径[M]. 北京:中国建筑工业出版社.

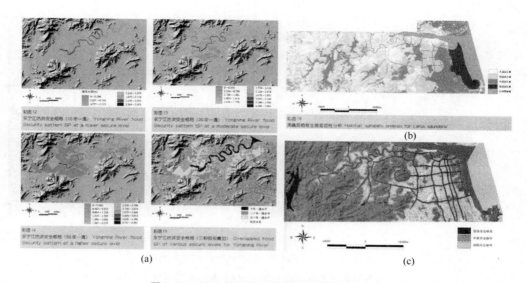

图 3-5 2004 年浙江台州地区总体城市设计

注:(a) 不同重现期的洪水淹没范围分析;(b) 景观安全格局;(c) 生态基础设施

3.1.2 以人类活动为框架的自发式自然形态

人类活动本身,如生产和消费,是塑造区域城市布局的强大的内在力量,原料、市场、运输、交换场所等因素对区域中城市的分布也起关键性的作用,符合经济规律的区域城市布局是一种"自发式自然形态"。

1)工业时代的自发式城市布局

工业时代对以人类活动为框架的区域城市布局的研究,可追溯到 1933 年德国地理学家克里斯泰勒(W. Christaller)的"中心地"理论。这也是今天经济地理中"区位理论"的一个重要理论派别。"区位理论"是以探索城市土地利用与经济发展之间联系的规律为目标的。克里斯泰勒认为如果下面几个假设都成立(也就是完全排除了第 3.1.1 节提到的"自然地理"差异性的影响):

① 人口、地形、生产模式、消费模式、物价水平、原料来源等都是均质的;

② 运费正比于距离;

③ 消费者都选择就近购买商品。

那么从区域来说,城市就应该在呈现出六边形的提供原料的区域中居于中心位置,并且六边形格局中还包括更小的中心,这些更小的中心也呈六边形分布。20 世纪 80 年代,在曼德勃罗分形几何的启发下,不少学者,如英国城市地理学家巴蒂(M. Batty)也认为中心地城市群具有"分形特征"。

勒施(A. Losch)在不知道克里斯泰勒的"中心地"理论的情况下,通过逻辑推理和数学演算也得出了与克里斯泰勒相类似的结论。而克里斯泰勒也指出现实生活中的德国平原地区的区域城市布局在排除了自然地理差异后,符合"中心地"假说(图 3-6、图 3-7)。

在区位理论中,除克里斯泰勒的"中心地"模型外,还有劳瑞于 1964 年提出的"交通与用地"的交互系统化城市模型,1970 年威尔逊提出的"最大熵模型",1972 年莱昂蒂夫

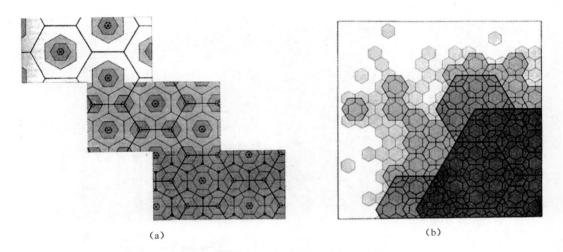

（a）　　　　　　　　　　　　　　　　　　（b）

图 3-6　克里斯泰勒"中心地"理论示意图

注：(a) 中心地的等级体系和它们的市场区；(b) 中心地等级体系边缘的发展。

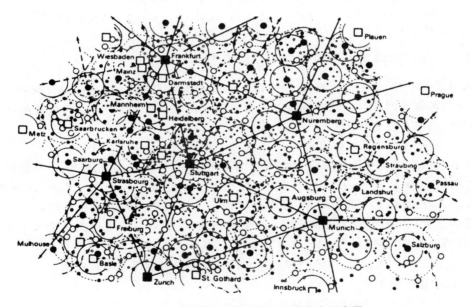

图 3-7　德国南部平原地区城市空间分布示意图

(Leontief)和福特(Ford)提出的"投入—产出模型"等，这些模型都采用计量方法和数学模型来说明人类活动（包括人口、交通设施的采用、大型工程的建设等因素）对区域城市布局可能产生的影响[①]。近年来，元胞自动机(CA)和多智能体(Multiple Agenda)等分形几何和复杂科学方法也被应用，采用这些方法的目的是对特定政策与区域城市布局的关系进行更准确和动态的评估。

　　著名的人居环境学家、希腊人道萨迪亚斯较早地采用计算机模型辅助区域城市设

---

①　孙施文. 2007. 现代城市规划理论[M]. 北京：中国建筑工业出版社.

计。道萨迪亚斯的思想有超前性。比如，他预计 2000 年将出现速度达到 400 km/h 的铁路系统，而目前运营的高速铁路的速度也只是约 300 km/h。在他的时代，IBM 360 大型计算机的价格都超过百万美元，性能仅仅与今天的普通 PC 差不多。他在底特律城市发展研究中采用了从劳瑞模型演化来的城市模型。这种方法是根据基本的就业中心、交通网络、速度和一系列与人类活动相关的参数来预测人口的空间分布。理论上，计算机可给出的选择有 4 900 万种，然后再让人去排除，图 3-8 是道萨迪亚斯基于 45 min 出行时间为底特律城市区域发展拟定的规划。这种建立在方格网上的人口分布体现出一定的内在规律，根据这些内在规律决定城镇的选址和规模，是一种服从经济规律的区域尺度的自然造型方法[①]。

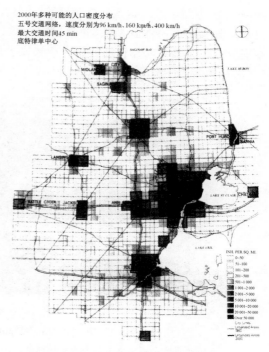

图 3-8 底特律区域城市发展规划中的人口密度分布图

2) 信息时代的自发式城市布局

空间征掠者（SpaceFighter）是在荷兰 MVRDV 事务所支持下，由代尔夫特理工大学设计学院、贝拉罕建筑研究所、麻省理工学院和 C-Through 软件公司共同承担的研究项目。此项目旨在说明当代都市演变的动态规律，并预测未来全球城市发展的。它是基于元胞自动机、多智能代理技术，结合了《极限容积率》（FARMAX）、《立方千米》（KM3）等既有研究成果的一个虚拟现实程序平台——说它是程序平台，而不是程序，是因为它可包含多个子程序，它几乎涉及当代城市的一切现象，同时，它又具有能被非城市规划专业人员理解的直观性。

MVRDV 的空间征掠者项目还没有最终完成，但是它的半成品已体现出一种新思路，而这种思路是在 MVRDV 长期的实践和研究基础上成熟起来的，其轨迹正如其历年的研究专著所指示的那样：从 1998 年出版的《极限容积率》（FARMAX），1999 年的《媒介之都/数据之城》（Metacity/Datatown），2003 年出版的《立方千米》（KM3），直到 2007 年的《飞车之城》（Skycar City）等。或许也应当追溯到库哈斯的书《迷狂的纽约》（Delirious New York）（1978 年）、《从小到大》（S, M, L, XL）（1995 年）、《变异》（Mutations）（2001 年）、《哈佛设计学院购物指南》（The Harvard Design School Guide to Shopping）（2002 年）、《大跃进》（Great Leap Forward）（2002 年）、《容纳》（Content）

① 于尔格·兰.2006.道萨迪亚斯和人居环境科学[M]//唐纳德·沃特森，艾伦·布拉斯特，罗伯特·谢卜利.城市设计手册.刘海龙，郭凌云，俞孔坚，等，译.北京：中国建筑工业出版社.

（2004 年）等著作①。这些研究报告多少都有点片段化、暧昧、随意、松散和充满偶然性，但它们其实是有内在联系的，并且逐渐深入，慢慢发展成一种"精简城市主义"。威尼·马斯（Winy Maas）已经将部分研究成果发表出来，汇成了图书，比较详细地说明了什么是"空间征掠者"②（图 3-9）。

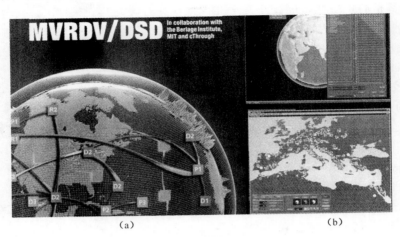

(a) (b)

图 3-9 SpaceFighter 的部分研究成果

注：(a) SpaceFighter 图书的封面局部；(b) SpaceFighter 城市模拟器的两幅截图画面

威尼指出：

21 世纪初，一种新城市正在浮现：过程性在城市规划和建筑设计中被给予无可回避的全面重视，产生一种另类的"城市"——那是可以用形式法则自我更新的城市，是因为知识的积累而做出有意识回应的城市。它们能比较、分析、优化、调整和创造自身的发展方式。在新城市里，规划基于由软件（包括主观选择功能、外设支持功能、视角调节功能、网络互联功能和视景图形功能）所激活的数据库产生，规划不再表现为静态书册的形式。独立参与的规划机构用"交互游戏"的方式完成规划。这里，凝聚感（如果还存在的话）和等级制是由民主过程产生的。这里，监督机制（如果还需要的话）就反映在游戏屏幕上。规划不再是专家的事情，因为在无尽而廉价的网络世界里，人人皆是"创造城市的设计师"！

"空间征掠者"希望为复杂的、与时间相关的、竞争性的城市开发建立模型。它需要实时（在每分或每秒内）反映城市活动中的能动和被动因素，并比较城市开发所引起的一系列

————————

① Winy M, et al. 1998. Farmax[M]. Rotterdam：Nai010 Publishers；Winy M, MVRDV. 1999. Metacity/Datatown[M]. Rotterdam：Nai010 Publishers；MVRDV, et al. 2005. KM3：Excursions on Capacities[M]. Barcelona：Actar Coac Assn of Catalan Arc；Winy M, Grace L, MVRDV. 2007. Skycar City：a Pre-Emptive History[M]. Barcelona：Actar Coac Assn of Catalan Arc；Rem K. 1997. Delirious New York：a Retroactive Manifesto for Manhattan[M]. New York：Monacelli Press；Rem K, Bruce M. 1998. S, M, L, XL[M]. New York：Monacelli Pres；Stefano B, et al. 2001. Mutations[M]. Barcelona：Actar Coac Assn of Catalan Arc；Chuihua J C, Jeffrey I, Rem K, et al. 2002. Great Leap Forward / Harvard Design School Project on the City[M]. Cologne：Taschen Press；Rem K. 2004. Content[M]. Cologne：Taschen Press.

② Batstra B, Arie G, Camilo P, et al. 2007. SpaceFighter：the Evolutionary City（Game：）[M]. Barcelona：Actar Coac Assn of Catalan Arc.

链式反应带来的结果的各个方面。为了达到某种目标,采取特定的行动和回应,结果是好是坏? 它们内在的关联如何? 能达到特定目标的最佳途径是怎样的? 它能让广泛参与的市民理解开发带来的影响,辅助政府做出较好的决策,甚至提供简明的开发指导。

空间征掠者所描述的是城市建设中"永不停息的机动性",就是目前临时存在的"(与现实)对称的"非稳定性。所以,它超越了 KM3 的均衡态模型,要研究"系统化的差异性"。进化中的城市开发的动态创新模拟是基于进化知识中的生存机制做出的。城市对空间的争夺可被认为是经济、人口和社会发展过程中"物竞天择"现象的空间化,这与生物世界里的情况是类似的。它们迫使城市去追寻新的、更好的机遇。在竞争中,城市应该自我调节、寻找自我和追求个性。它们应该考虑更广泛地进行互助协作,服务于人们的新生活方式。在竞争过程中,会出现新的城市构造、新的居民点和新的城市种类。空间征掠者因此可被看作现实城市背景下的生物进化模型,它模拟了城市空间中的进化、集中、衰退过程,模拟了城市为了生存而采取的调整、创新、接受新观念、改进城市肌理的措施以应对越来越迅速的抗争。

这种尝试是否也可以看成是一种新的"城市形态生成"的手段呢? 它有可能比传统城市规划具有更高的智慧性吗? 或者它可以增长人们对于大尺度城市复杂现象的知识么?

如果我们将信息时代的空间征掠者与经典的机械时代的劳瑞模型相对比就会发现:前者的智慧是集群的、平等的、无定式的,后者的智慧是中心式的、有等级、有定式的,这就好像今天的 PC—互联网络与过去的终端机—大型机之间的区别。未来的人类聚居模式会不会彻底摆脱"中心"的原则? 作为"中心"的化身的城市会不会终于走向解体? 未来的信息城市看起来会是像赖特的"广亩城市"那样的吗? 未来人类会不会走向新的"游牧时代"? 这些疑问,都可以先在 SpaceFighter 中进行模拟。

3.2 城市尺度的自然形态设计

3.2.1 概述

在前文中提到的区域尺度上的两种塑造"自发式"自然形态的动力:自然的影响和群体性人类活动的影响,在城市内部空间中也会发挥作用。但与在区域尺度上不同的是,城市被设计师和政府"人为设计"的成分要比在区域尺度上重得多:虽然的确存在由分散的建设活动塑造起来的"无规划"的自然形城市,例如江南水乡、欧洲中世纪自然城市,也存在主要受天然地形影响的山地城市;但今天人为的"城市规划和设计"起着更重要的作用,城市成为一种反映精英和主流文化的物质载体,而造型也就成为一种"人为选择"的结果。

格网、轴线、中心、环线、天际轮廓线、毛容积率、景观大道、大草坪——这些城市尺度的造型词汇希望把城市置入合乎规划师和政府主观愿望的空间框架中去。这种"人为选择",若仅放在建筑的尺度上,完全没有问题;但放在比较大的城市尺度上,就受到不少批评:除了美国人简·雅各布斯的批评以外,在欧洲也广泛地存在着一种怀念中世纪自然形城市的"思乡情结"。例如,《19 世纪与 20 世纪的城市规划》作者德国人迪特马尔·赖因博恩(Dietmar Reinborn)在 1996 年写道,"每当人们提及'城市'一词,眼前浮现的还是中世纪城市的模样……19 世纪末,卡米洛·西特(Camillo Sitte)在画作中有意描绘出斜角广场与弧形的大街小巷,时至今日还受到观赏者的推崇……"而国内也有很多对"大草坪"、"推土机式规划"的批评①。

问题是,如果这种人为的"城市规划和设计"不能让居民满意,那么应该采取什么样的改进呢? 城市尺度上的自然形从理论上说,它是可以被"设计"出的么? 本节总结了 20 世纪 70 年代以后国内外规划师的一些尝试,如:①继承——从城市历史现状出发的小范围局部更新;②叠合——恢复和引进绿色文脉;③创造——新的自然形及计算机图解与参数化方法等。因为这一尺度的特性没有区域尺度那么"单纯",所以本节不能给出城市尺度自然形"是否可被设计"的确切答案,所述内容仅仅作为读者的参考。

3.2.2 继承——从城市历史文脉出发的自然更新

有些城市自身条件比较好,因为它们已经具有丰富的历史文脉基础——随着社会生产的进步,往日的物质环境,从外表看虽然显得凋敝破败,但内在的文脉和肌理仍然具有隐含的、不可替代的特殊价值;居民在城市中长期生活,达成和睦友好的邻里关系;旧区有优良的商业基础,这些自然形值得被保留或被尊重。

1)"有机更新"

北京旧城是中国历史文化名城的典型代表,也是世界少有的文化之都。北京旧城有机更新研究开始于 1978 年,它是由清华大学吴良镛教授主持的②。其现实背景在于:随着房地产业的快速兴起,以及"危旧房改造"项目的推进,在北京旧城出现了"大拆大改"的浪潮,不仅对北京旧城的历史文化环境造成了较大破坏,而且还给整个城市带来了各种社会经济问题。

吴良镛主持的北京旧城的有机更新,采用"人居环境科学"所倡导的多学科交叉的研究方法,综合运用了经济学、政治学、法律学、文学、艺术、工程学、生态学等多学科知识。

清华大学博士方可认为,北京旧城的有机更新研究过程中,参考了雅各布斯的《美国大城市的死与生》(1961 年)、大卫多夫的《倡导规划与多元社会》(1965 年)、舒马赫的《小即是美》(1973 年)、亚历山大的《城市并非树形》(1975 年)和《俄勒冈实验》(1975 年)等西方经济学家、律师或建筑师的理论著述;并参考了厄斯金的参与式规划、大卫多夫的倡导性规划、布兰奇的连续性规划、林德布洛姆的渐进式规划、索伦森的公共选择规划以及近年来兴起的塞杰的联络性规划(Communicative Planning)等规划概念和方法③。

北京旧城有机更新研究首先讨论北京旧城保护与城市发展的整体关系。在论述北京旧城保护的战略意义的基础上,通过分析北京当前规划研究与管理中存在的不足,对北京的城市空间发展战略与土地开发机制进行了探讨与展望。

研究还与实际工程相结合,探讨北京旧城居住区的有机更新具体措施。其中最重要

---

① 迪特马尔·赖因博恩. 2009. 19 世纪与 20 世纪的城市规划[M]. 虞龙发,译. 北京:中国建筑工业出版社.

② 吴良镛. 1991. 从"有机更新"走向新的"有机秩序"——北京旧城居住区整治途径(二)[J]. 建筑学报,(2):7-13.

③ 方可. 1999. 探索北京旧城居住区有机更新的适宜途径[D]. 北京:清华大学.

的工程就是著名的"菊儿胡同"(图 3-10)。研究在实践的基础上,探讨"小规模整治与改造"的社会经济意义及其可行性,并借鉴西方"社区建筑"运动的成功经验,提出了鼓励"居民参与"和"社区合作"的"社区合作更新"政策框架。

(a)　　　　　　　　　　　　　(b)

图 3-10　北京菊儿胡同

注:(a) 菊儿胡同周围的北京旧城城市肌理;(b) 菊儿胡同住宅项目的鸟瞰图

2)"多纤维城市"

大野秀敏是日本东京大学教授,丹下健三和黑川纪章的学生,比较系统地接受和研究过日本战后"新陈代谢派"的城市设计理论。近年来,他带领百余人次的小组,致力于研究东京的未来城市规划。2006 年,他发表了一份 2050 年的概念性规划(图3-11),在规划中,他提出了"缩小城市"(Shrinking City)和"多纤维城市"(Fiber City)等概念。

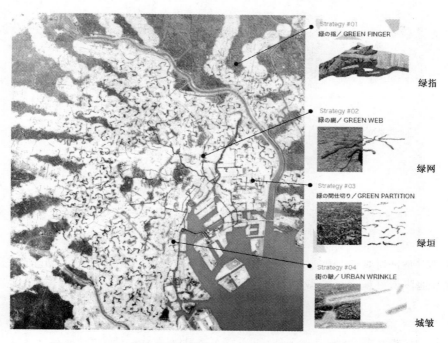

图 3-11　2050 年东京总体城市设计平面图及四种设计策略的运用

要建设"缩小城市"是因为从现实来说,日本的人口正在逐渐减少,而且人口结构也趋于老龄化。他认为,20世纪最重要的规划思想都是在人口迅速增加和城市急剧扩张的时期形成的;而一旦人口、需求减少时,如何对城市内部进行结构优化,而不是向外扩张,就成为规划首先应该解决的问题,这样的城市,就是"缩小城市"。他为缩小的城市所提出的规划策略,就是"纤维化"①。

"多纤维城市"包括了四种"纤维"状,或者说"可弯曲、纤细、连续状"的城市空间。这四种"纤维绿色城市空间",被大野秀敏分别命名为"绿指、绿网、绿垣、城皱"。

大野秀敏之所以会重视"纤维化绿色空间",是因为纤维绿色空间的花费小,而整体性、生态效果都比较好。

"绿指"是从城外向城内渗透的大面积绿色区域,在空间上正好和东京公共交通网络的服务范围呈互补关系。随着人口老龄化现象的加剧,人的反应力下降,对于公共交通更加依赖,处于未来公交服务范围之外的部分,就不再适于居住,而应该自然地转化为绿地。

"绿网"是在原先的机动车快速路位置上发展起来的绿色网络——随着未来东京公共交通的发展,快速轨道交通将会取代目前地上主要供私人小汽车行驶的快速路的作用,但大野主张不应拆掉这些高架快速路,而是对这些高架路施以绿化,将它们转变为立体的"绿网"。

"绿垣"是一种针对社区的高度分散化和高度连通性的"毛细"绿廊(图3-12)。绿垣不仅自身相互连通,也与绿网、绿指相连通。这些"绿垣"对维持东京木制住宅区、提高旧城区居住质量、提高地震和火灾时的安全度都有价值。绿垣是通过"城镇管理协会"的组织,由居民交换空地形成的。

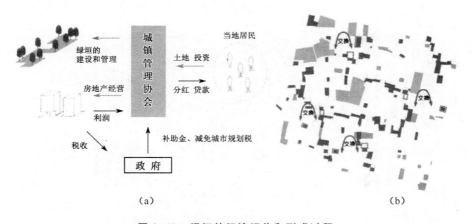

(a) (b)

图3-12 绿垣的经济运作和形成过程
注:(a)绿垣的经济运作;(b)绿垣的形成过程

"城皱"是针对具有独特潜力的历史地段的绿化措施,比如针对废弃运河、台阶的绿化。这些地段就好像老去的城市面容上的皱纹一样,历经沧桑的城市的"成熟美"体现在

---

① Ohin H. 2006. Fiber city 2050/Tokyo 2050[EB/OL]. http://www.fibercity2050.net/eng/fibercityENG. html; Ohin H. 2006. Tokyo 2050:fiber city[J]. Japan Architect,(63):7-11.

这些皱纹中。

大野方案在继承文脉方面的独创性体现在对城市文脉的继承,不仅限于古代文脉和历史文物,也需要继承和转化工业时代的文脉。同时,同北京旧城有机更新研究一样,他们也非常注重发挥广大居民在城市形态塑造中所起的作用。

3)"电子化"更新

在城市更新过程中,新技术起了很大的作用——欧洲不少中世纪城市以及希腊要塞城市,有很多是出于军事防守的原因而选址在地势崎岖之处。随着近代工业的发展,这些城市因交通不便而衰落下去。互联网使我们有可能"既置身于此处,又置身于彼处",这就使得风景优美而交通不便的历史地区能够重新获得生机。由吉卡罗·德·卡罗(Giancarlo De Carlo)、瓦莱里奥·萨格基尼(Valerio Saggini)和斯蒂芬娜·贝罗尼(Stefania Belloni)主持的,为意大利利古里亚山区(Liguria)的萨沃纳(Savona)而设计的"电子村庄"(Colletta di Castelbianco)复兴方案就是一个例子[①](图 3-13)。

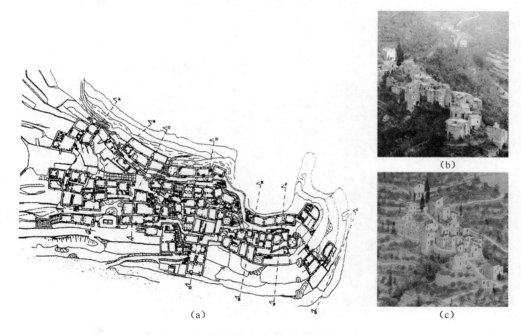

(a) (b) (c)

图 3-13　意大利利古里亚山区的萨沃纳
"电子村庄"复兴方案
注:(a) 平面图;(b) 现状;(c) 复兴后的效果

这个山镇目前完整保存在利古里亚山区。新来的居民和古人不一样,他们不像古人那样辛苦;但他们也不是一般意义上的观光者,他们在这里生活、工作。这个项目不仅是村庄重建,而且是将村镇恢复成新的可持续居民点,提供给那些承受着时代生活压力,试图寻找生活节奏缓慢却又不会被遗弃,在避风港里的人。

---

① 米格尔·鲁亚诺.2007.生态城市:60个优秀案例研究[M].吕晓惠,译.北京:中国电力出版社.

传统城市的珍贵特点与技术革新的优点相结合——这些改革主要是通过新的通信技术来实现的,将现代化的控制系统应用到古老建筑中,通过万维网与世界其他地方进行实时联系,工作、教育、文化和休闲等活动都能通过网络来实现。

这个方案给我们的启发是:传统城市空间,可以跳过"工业化"这一步,而直接进入"信息化"空间;而"信息化"空间,又常常是"柔性化"的。

3.2.3 叠合——恢复基地原有的绿色环境

有些城市本身有比较好的自然条件,但工业时代的开发方式对自然造成了不小的破坏——砍伐基地原生的植被和树木,将天然河流和湿地填实,铺上水泥和柏油,盖上房屋。这些城市近来通过"生态恢复",使工业时代的机械造型成分越来越少,而后工业的有机造型成分越来越多。尝试在城市尺度上恢复和引进绿色文脉的城市设计实例,从20世纪90年代以来已经有不少,如由瑞杰斯特(Richard Register)提出的生态城伯克利(Ecocity Berkeley);由日本神户大学研究中心提出(Kobe University Student Research Group)的奈良(Nara)城市更新——"新风水城"等(图3-14)。

图3-14 与自然紧密结合的生态城市

1)"生态城"伯克利

伯克利(Berkeley)是美国加利福尼亚(California)北部的一座小城,临山靠海,风景优美,是加州大学伯克利分校的所在地,也是20世纪60年代以来美国生态思想的一个摇篮,但过去的几十年里,伯克利本身也未能避免庸俗的商业开发模式。瑞杰斯特在《生态城市伯克利:为一个健康的未来建设城市》里提出了一系列生态城市规划策略[①],如:

---

① 理查德·瑞杰斯特.2005.生态城市伯克利:为一个健康的未来建设城市[M].沈清基,沈贻,译.北京:中国建筑工业出版社.

① 城市与自然共处。他从传统的印第安聚落与自然的和谐共处中得到启发,希望通过增加屋顶菜园、都市农业园,将城市行道树换成果树等设施,使城市融入自然。

② 提高城市密度,倡导轨道交通和公共交通,将快速车道地下化,将停车尽量安排到建筑内部或地下。这些措施旨在尽可能减少人类活动对自然的影响。

③ 通过立法手段,鼓励对自然友好的城市建设途径。

瑞杰斯特还提出了一套渐进的改善策略,使伯克利在未来不断进步,并最终建成为生态城市。

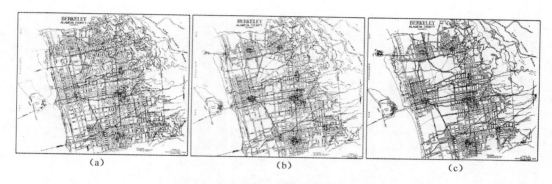

(a)   (b)   (c)

图 3-15 逐渐将目前的伯克利变为生态城市

注:(a) 15 年以后;(b) 50 年以后;(c) 125 年以后

从当下到 125 年之后的伯克利,其自然肌理将不断得到强化——溪流、植被、都市农园,这些因素成为支配城市空间的主要因素(图 3-15)。

2) 奈良"新风水城"

奈良是日本的历史名城,公元 710—784 年曾为首都,名"平城京"。古"平城京"的城市规划仿中国唐都长安,东西约 4.2 km(32 町),南北约 4.7 km(36 町)。如今的奈良尚存丰富的名胜古迹,有"社寺之都"之称。著名的南都七大寺包括药师寺、大安寺、元兴寺、兴福寺、东大寺、西大寺和法隆寺。城东还有春日神社、手向山八幡神宫等春祀中心。

但是,近代以来,奈良日益发展为工业化的城市,城市中出现大量高层建筑和工业厂房,城市结构呈现单调化,城市景观呈现"灰色化"。

为使古老的城市奈良恢复生机,政府提出在城市郊区依照风水原则进行城市复兴规划。"风水"是古代中国在特定的自然环境中用于占卜潜在的财富和运气的方法。日本人认为,风水可以看作人类社会与自然环境共生的结果。在这种理念之下,神户大学试图将这个地区丰富的传统艺术和工艺、文学、哲学、现代建筑环境和原始自然环境编织在一起(图 3-16)。这个项目规划包括七项指导原则。

(1) 通过中国传统的方格网城市规划框架(Jobo)(高度合理性和组织性)以及向佛教中的神(Amida)求签(一种带有随机性的游戏),将古老的城市元素和新城市元素结合在一起。

(2) 自然的玫瑰园。整个城市由相互联系的自然要素包围,包括植物、自然风向(东北—西南风)和穿过奈良由东向西的水系。

(3) 平衡的生态资源。通过与自然的共生关系支持着生态系统,包括过去的(恢复原有的天然水系)和将来的(开发微生物循环系统,包括水、土壤和垃圾)。

(4)土地和生命的舞台。奈良位于由小山包围的盆地的最低点,建筑高度的限制应加强对现状地形的理解(例如外围是高层建筑,中间是低层建筑)。

(5)Jobo 合作体系。与当地居民一起管理他们居住街区的自然和社会环境。

(6)享受美景。保护现存的风景并控制将来的发展,创造一个贯穿城市的新的美景。

(7)由过去构筑的未来建筑特征。通过结合自然风光、艺术和工艺变化的外形和精神、哲学的文化属性,创造新的城镇特征。

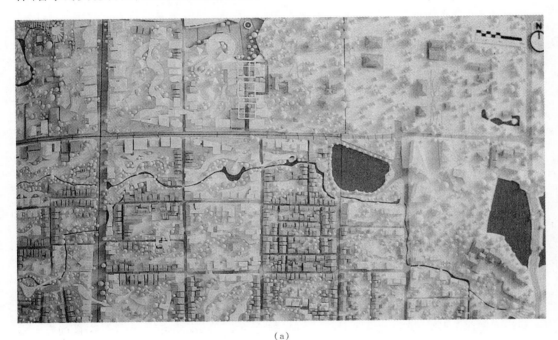

(a)

(b)

图 3-16 奈良城更新规划——自然肌理与方格网的叠合

注:(a)平面图;(b)模型照片

3.2.4 创造——新自然形的产生

前面提到的"继承"和"叠合"方法,都是针对有较好形态基础的城市,然而有些城市完全是从无到有,在短时间内建设起来的。比如深圳,其30年前还只是一个人口数百人的小渔村,如今已经发展成为几百万人口的大都市。一些油田城市、在荒滩或比较恶劣的自然环境中建立的城市(如天津开发区是在天津盐碱滩上建设起来的)也是如此,这些城市原先没有人或只有比较少的居民居住,没有多少人为的痕迹。

如果上面的例子还存在着争议,认为在城市之前也可能存在少量的"肌理"和"文脉",那么在海面上依靠人工填海形成的"海上城市"就更极端地说明了"白板"也的确存在。然而如何对这类特殊城市自然形提出真正行之有效的设计方法,过去的研究却非常少,一部分原因是深受现代主义设计方法缺陷之苦的城市设计师不愿意抛弃现存的"肌理"和"文脉";另一部分原因是因为历史上的新建城市大都不采用自然形,而是采用具有强烈人工意味的网格形,于是人们就把新建城市与人工城市、人工城市与网格城市之间画了等号。的确,历史上产生了不少优秀的网格城市设计案例,正如美国规划师莱斯利·马丁(Leslie Martin)所总结的那样,"方格网是一种灵活和变化多端的形式"。但每一代人都应该有新的贡献,不仅数学家、医生、航空和机械设计师如此,城市设计师也是如此。我们不应该满足于规整格网城市和机械的城市规划方案。

2006年9月,天津需要在海中填出大约30万km²的土地,形成一个由保税区、港口、商业区、公园和居住区共同组成的综合性的半岛状新城"东疆港区",供20万以上人口居住。如何使这个"一蹴而就"的新城"具有人气"?几乎每个参加投标的设计事务所都感到前所未有的压力。我们或许可以先看看大师们是怎么做的。

1)拼贴的"海市蜃楼"

东京大学毕业的日本建筑师矶崎新曾被誉为"日本建筑界的切·格瓦拉"。他勾画过好几种未来城市,如20世纪60年代的"空中城市"(City in the Air)、20世纪70年代的"电脑城市"(Cyber City)、20世纪80年代的"虚体城市(室内城市)"(Interior City)。这几个城市,虽然被称为"新陈代谢",但大致上仍可说是以机械式造型为主,直到20世纪90年代的"蜃楼城市"(Mirage City)才开始具有自然造型的特征[①]。

在《反建筑史》中,"海市"是"蜃楼城市"的第一个例子。1996年,珠海市政府提议在南海大陆架上建设一个人工岛城市,并邀请矶崎新为设计师,这就是迄今仍未获得实施的"海市"项目的开始。

孤岛上的城市往往被赋予了特殊含义,被给予特别希望,如威尼斯,它是中世纪清苦城市中商品经济繁荣的特例,是没有完善城市基础设施的肮脏时代中清洁的特例,只有这里的垃圾能被海水带走。莎翁笔下的"威尼斯商人"安东尼奥聪慧、善良、勇敢,而托马斯·莫尔笔下的"乌托邦",也在远离人间的孤岛上。矶崎新对"海市"倾注了感情,不是因为这关乎设计费,而是因为这关乎建筑理想。

20世纪80年代,矶崎新已开始采用直纹曲面。在1998年的国家大剧院方案设计中,又用NURBS曲面来象征云彩。"如果对现在的方案不满意,只需回去重新计算一个

---

① 矶崎新. 2004. 未建成/反建筑史[M]. 胡倩,王昀,译. 北京:中国建筑工业出版社.

即可"。虽未指明,但其实这就是"参数化设计"的内容。在1999年的奈良会议厅设计中,他已经能将复杂曲面造型用混凝土浇筑出来。但他的兴趣更多地在建筑中的人文和感性内容,在于建筑对社会和文化的影响。马岩松说,"只是关心图面,只是学习软件是最危险的。矶崎新的建筑可以看作那种超越构图,超越技术的样子"。

在"海市"方案中(图3-17),矶崎新综合采用了"移植"、"模仿"和"隐喻"的设计方法,寻找了多个"原形"和一个"法则":

　　① "原形"之一是紫禁城这样的中轴线;
　　② "原形"之二是传统渔村的自然形态;
　　③ "原形"之三是威尼斯式的水道;
　　④ "原形"之四是云彩;
　　⑤ "原形"之五是叶脉;
　　⑥ "法则"就是中国的风水。

矶崎新让原先几个互不相关的自然造型,由"风水"而联系和聚合在一起。后来,矶崎新更进一步认为,城市设计应该是由"多主体"形成的,他感到一个人设计有局限性,就请来张永和、古谷诚章等建筑师一道来设计岛城,这些建筑师分别以自己的手法,在矶崎新方案的基础上设计了不同的岛城局部,使这个方案更加多样化。

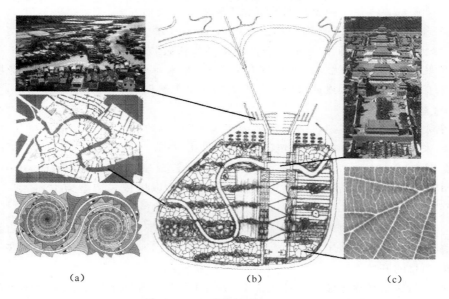

(a)　　　　　　　　(b)　　　　　　　　(c)

图3-17　矶崎新的"海市"方案

注:(a) 渔村、威尼斯、阴阳鱼图;(b) 矶崎新"海市方案"的构思草图;
(c) 参考的原形——紫禁城中轴线、叶脉

体味岛城方案的构思过程,会发现它与英国城市设计师柯林·罗(Colin Rowe)的"拼贴城市"设计理论有较多共通之处,甚至可以说,"蜃楼"本来就是"拼贴"包含的一种方式。《拼贴城市》于1978年首次发表,在1984年的再版中,柯林·罗劝诫建筑师在城市尺度上应该放弃对现代主义单纯美和机能美的追求,他认为"现代城市"是一个遥不可及的乌托邦,或者干脆说,柯布西耶的"现代城市"只是一个"流产儿"。柯林·罗认为适

于人性的自然城市绝不是一种美学、一个时代的思想的产物。反而，"自然合理的城市"是"不同时代的、地方的、功能的、生物的东西叠加起来的"。而"拼贴"是能让这些已经被现代主义美学教条割断的联系重新建立起来的设计策略①。

我们今天再看矶崎新中早期的方法和柯林·罗的理论的时候，不难注意到它懵懵懂懂、跟跄向前时所未及之处——海市方案中的"多主体"主要是指各种不同风格手法的建筑师，但还没能把居民纳入"主体"中。拼贴实践与拼贴理论也有差距——"拼贴"虽然从思想上极力反对晚期现代主义在空间上的"结构主义"，但实际作品中也比较深地受到"结构主义"构图的影响，一时还难以超越。

2）"技术推导"方法

罗杰斯（Richard Rogers）曾在 2007 年获得普利兹克建筑奖。他领导过大量经典的城市设计，如上海陆家嘴、未来伦敦等方案，他是城市环境与生态读本《小小地球上的城市》的作者，他也是千年穹顶、希斯罗机场第五候机楼和巴拉哈斯机场等一批地球上最复杂尖端的建设项目的总建筑师。罗杰斯的作品总给人清晰秀丽的感觉，这是因为几何控制恰到好处，再找不出多余的成分。这个优点帮助他获得了不少投标，其中就包括 ParcBIT（图 3-18、图 3-19），一个在西班牙巴利阿里群岛（Balearic Islands）的马略特岛（Majorca）上的生态新城，他的竞争者包括 Over Arup、Michael Mossessian、Norman Foster 等。

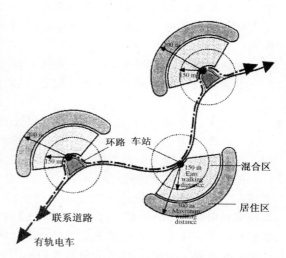

图 3-18　ParcBIT 投标方案交通和分区构思草图

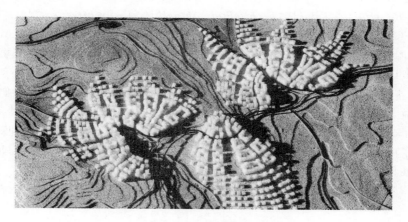

图 3-19　ParcBIT 投标方案模型

---

① 柯林·罗，弗瑞德·科特. 2003. 拼贴城市[M]. 童明，译. 北京：中国建筑工业出版社.

马略特岛原来是一个以大众旅游、阳光浴和海滩观光业为经济支柱的地区,为了能在21 世纪仍然具有竞争力,巴利阿里群岛政府决定加速发展信息通信研发产业,这就是ParcBIT 生态城项目的背景。它的两大基本理念是信息通信业务和可持续发展,这个项目预计建成一个规划原型,它既是一个利用新兴技术(计算机、电信和电子媒体)生活的社区,又是一个生态城市,具有可持续发展的人居环境,利用循环和可再生资源产生的能量。

罗杰斯在接手这个方案的时候,刚刚设计完上海陆家嘴方案,受到一致好评。这两个方案也有很大的类似性。作为一个"技术派"建筑师,他条分缕析地研究了需要解决的问题和可采用的技术途径[1]:

首先是如何在小岛上解决水源的问题——方案对这个问题的解答是"屋顶集水系统"+"环形建筑排列",让水汇流到中心。

如何解决地形与景观——方案采用组团式布局,密度和轮廓线采用精心控制的圈层模式。

如何解决交通的可持续性——采用有轨电车、曲线形道路、公交,限制私人交通。

如何解决能源问题——采用太阳能、风能设施,并采用天然气。

……

他用了一个经济的,类似于变形的以公共交通为导向的开发(Transit Oriented Development, TOD)的空间框架把这些解决途径都整合起来,这样,就得到一个优美的造型。我们不妨把罗杰斯采用的这种方法称为"技术推导"方法。

但我们一定也会隐隐觉得不安,这一切是否都显得太固定、太精致、太先验、太凌驾于普通人之上了?而且,这个方案使用的树形模式也早已被亚历山大所诟病。不妨诘问:如果我们在现实中不能用很大的决心去推行设计策略,例如不能推行目前还不太被人们接受的有轨电车交通作为骨架,那么造型是否会滑向虚伪的境地?最新的实施方案似乎也在印证我们的不安。例如,新增的大量的机动车停车位本是原方案中所没有的[2]。

3)"参数化"方法

根据德国 BauNetz 网站统计出的,事务所的建筑作品被"Bauwelt"、"Detail"、"Architectural Review"、"a＋u"、"architektur. aktuell"、"L'architecture"、"d'aujourd'hui"、"Werk Bauen und Wohnen"、"domus"等多种专业杂志 24 个月来的引用数量的排名,扎哈·哈迪德事务所在 2008 年 8 月升至第二位,而第一位是大都会建筑事务所(Office For Metropolitan Architecture, OMA)[3]。巧合的是,哈迪德和库哈斯这两名建筑师,他们的本科都不是学建筑的:库哈斯原来学戏剧,哈迪德原本学数学。他们后来在事业上都受益于原先的教育背景。库哈斯的语言功底、对社会的犀利观察和冷静思考,帮助他完成了"S,M,L,XL"这样切实、深邃而优美的理论书;对新闻和戏剧事业的体会,帮助他获得了中央电视台的投标。而哈迪德良好的数学功底,使她比一般建筑师更早地体会到复杂性科学的价值,并在参数化设计方面成为先行者。

在卡特尔—彭迪克(Kartal-Pendik)的总体规划中,哈迪德系统地采用了参数化设计

---

① 理查德·罗杰斯,菲利普·古姆齐德简. 2004. 小小地球上的城市[M]. 仲德崑,译. 北京:中国建筑工业出版社.

② Richard R. 2009. Parc bit[EB/OL]. http://www.richardrogers.co.uk/work/all_projects/parcbit.

③ Baunetz. 2009. Ranking of offices[EB/OL]. http://www.baunetz.de/.

技术[①](图 3-20)：

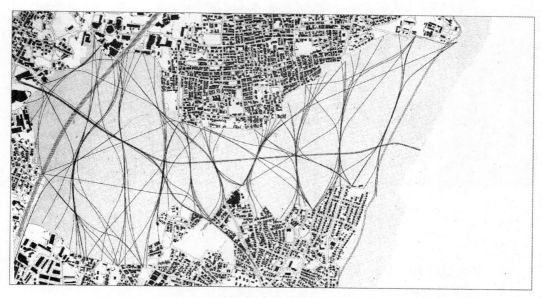

图 3-20　从 Pendik 周围环境推测出一系列"隐含"的动线

　　Pendik 是在两座现有城市基础上增建的，因此从肌理来说，应该与二者保持联系。同时，新城应该是功能混合的。哈迪德通过参数化设计，使道路从一系列交织关系中"自动"浮现出来——这有点像她设计的菲诺科学中心与周围城市环境的关系。而街区则利用参数进行功能混合，产生不同特色的街坊。有些建筑横跨街道，形成连续性综合体。其中一些设计过程图如图 3-21、图 3-22 所示：

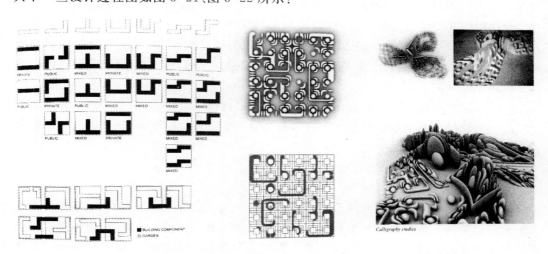

图 3-21　Pendik 城内不同功能空间的混合

① Zaha H. 2006. Kartal-pendik masterplan[J]. Global Architecture Document，(99):116-119.

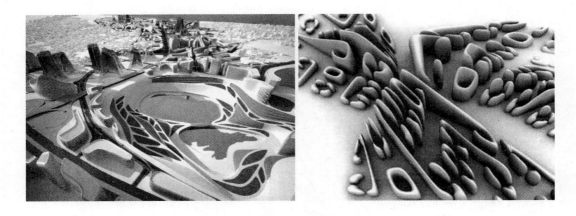

图 3-22　Pendik 的空间效果

3.3　分区尺度的自然形态设计

3.3.1　概述

　　"分区"是指城市的其中一部分,实际工程中也常用"地块"这个词。城市中大的分区(地块)如工业区、港口区、风景区,小的分区(地块)如住宅小区和商业街区、城市公园等。然而分区(地块)和城市的差别不仅仅在尺度上——大城市的分区可能比中、小城市全城加起来的面积还要大,但二者是不同的。

　　分区内的功能可以是相对单纯的:如北京奥林匹克公园,它的功能围绕着奥运会展开:一条轴线,一片湖水,一方一圆,简简单单而并不显得空洞;而一个完整的城市则不然,意大利山区小镇可能比北京奥运公园和世博会会场都要小得多,但空间结构的目的却是更多样混杂的。

　　"三维性"在分区尺度上也会更明显地表现出来,使分区比城市尺度的设计有更多的选择。下面总结了几种分区尺度的城市设计方法,包括仿生与隐喻、句法生成和参数化设计等。

3.3.2　仿生与隐喻

　　采用"仿生"设计的崔悦君(Eugene Tsui)的海上浮城方案(图 3-23)与矶崎新的海市方案是不同的——崔悦君的方案并不是一个完整的城市,它仅仅是必不可少的生态基础设施与度假旅游胜地的综合体。因而这个设计没有像矶崎新那样在城市尺度上拼贴那么多不同的东西,而是完全忠实地模仿海洋软体生物的外观与机能,这样的形态可在流动的海水中减少阻力[①]。

---

　　① 崔悦君.2000.进化式建筑[J].叶子,译.世界建筑导报,(3):5-6.

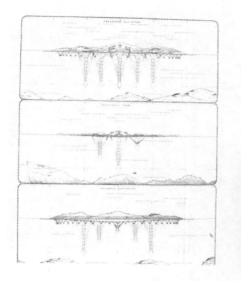
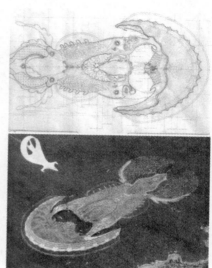

图 3-23　崔悦君的方案——"海上浮城"

除了崔悦君这样比较激进的实验性作品,近来已经开始施工的迪拜人工半岛也采用类似的设计理念,使用了棕榈树的形态。一来,因为棕榈树是迪拜的城市象征;二来,由于叶片要避免互相遮挡导致产生阴影影响光合作用的效率,因此自然界的树叶采用能充分面对阳光的"镶嵌"状的排列,在滨海住宅区设计中模仿树叶的形式,能使其上的建筑彼此减少遮挡,取得比较宽阔宜人的海景视角。

伦敦 2012 年奥体公园则模仿了天然溪流和浪花的形态。设计师认为,人流具有与水流内在的相似性,供漫步与跑步人流使用的坡道、景观路共同构成的"人工河流",与基地本身的"天然河流"交织缠绕,产生了人与自然和谐相处的气氛。图 3-24、图 3-25 是鸟瞰图和平面图。

图 3-24　模仿蜿蜒溪流形式的伦敦奥体公园鸟瞰图

(a)   (b)   (c)

图 3-25　伦敦奥体公园平面图

注:(a) 赛后平面图;(b) 赛时平面图;(c) 伦敦奥体公园与城市的关系

　　伊东丰雄最近也在地块大小的作品中综合运用了各种仿生设计手法,如新加坡保那·比斯塔总体规划(Bouna Vista Masterplan)(2000)[①]。伊东丰雄在这个热带地区的城市设计中,从热带森林盘根交错的藤蔓植物和大榕树产生的多层次的空间关系中得到启发,认为热带生态系统的这种集约紧缩的空间利用方式值得学习,因而他在方案中将机动车道路、步行道系统、公共空间等像热带植物的茎蔓一样彼此叠合,这也像是大脑神经系统一样,形成了一种名叫超神经统一体(Hyper Neuron Continuum,HNC)的空间组织概念(图 3-26、图 3-27)。

(a)   (b)

图 3-26　新加坡保那·比斯塔项目与热带榕树、蔓藤植物的对比图

注:(a) 保那·比斯塔项目;(b) 热带榕树和蔓藤植物

①　伊东丰雄建筑设计事务所.2005.建筑的非线性设计——从仙台到欧洲[M].慕春暖,译.北京:中国建筑工业出版社.

伊东丰雄把分区内的机动车道放在最下面的建筑空间内,因此空出更多的土地来绿化。通过多层次的空间组织与叠合,方案超越了现代主义的树形结构,形成一种新的网络化的城市空间布局。

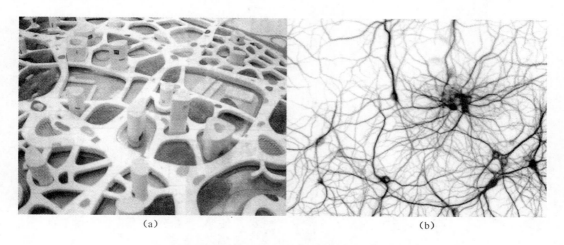

(a)　　　　　　　　　　　　　　　　　　(b)

图 3-27　新加坡保那·比斯塔项目与脑神经纤维的对比图
注:(a)保那项目;(b)脑神经纤维的显微照片

3.3.3 "句法生成"方法

从乔姆斯基(Chomsky)的语言学中获得灵感的"句法生成法"或者说"形式操作法",被艾森曼(Peter Eisenman)在不同尺度的作品中长期发展。他首先在小住宅中进行了尝试,1987 年发表了《卡板纸住宅》(*Houses of Cards*),1999 年又发表了《图解日志》(*Diagram Diaries*),比较系统地总结了这种方法的运用①。更多中文读者是通过乐民成发表在《建筑师》第 30 期上的《彼得·艾森曼的理论与作品中呈现的句法学与符号学特色》了解艾森曼的设计理论的②。图 3-28 是住宅 IV 的生成图解过程分析图③。

这套方法经过艾森曼十几年的完善之后,才被用在城市设计上,如纽约克林顿地区城市设计。1999 年秋天,他在西格拉姆家族主办的纽约"地狱厨房"地区的城市设计竞赛中夺魁,一同参与竞赛的有莫佛西斯的梅恩、英国的普莱斯、北欧的凡伯寇和美国的莱赛尔夫妇等,评委是盖里、约翰逊、莫内欧和矶崎新。这个地块包括五个半纽约街区。"艾森曼以城市尺度进行多层高密度的水平式开发,把公园引入城市空间而不是延河岸伸展。设计对经济、金融、社区规划、土地利用和区划都有所考虑,而最终的是对建筑的考虑;新旧结合,水滨和城市腹地结合,大规模公共设施与城市肌理结合,低、多层商住设施的尺度和密度与社区经济实力相结合,区域、市内和区间公共与私人交通系统结合"。现在城市设计需要考虑的问题越来越纷繁芜杂了,城市设计是否能敏感地回应这些因素成

①　张永和.1991.采访彼德·埃森曼[J].世界建筑,(2):70-73.
②　乐民成.1998.彼得·艾森曼的理论与作品中呈现的句法学与符号学特色[J].建筑师,(30):184.
③　Greg L, Sarah W, et al. Tracing Eisenman: Complete Works[M]. New York: Rizzoli.

了它是否成功的标准①。

图 3-28　住宅 IV 的"句法生成"过程图解

在克林顿地区城市设计中,他的设计理念是让纽约机械、单调的格网通过折叠、扭转、错位、叠置、渐变等形式操作过程而变得富于动态(图 3-29、图 3-30)。

图 3-29　曼哈顿地狱厨房的句法操作:从文脉出发

图 3-30　艾森曼纽约城市设计方案的模型与图纸

① 伍时堂.2000.地狱厨房新传[J].世界建筑,(10):72-74.

　　艾森曼的"句法生成"设计是一种理性中不乏感性的方法,它尤其适于城市周围情况复杂、本身也有丰富历史的城市地块,如图 3-31 的德国法兰克福(Frankfurt)的 Rebstockpark 项目那样①。

图 3-31　艾森曼法兰克福城市设计

　　艾森曼的"句法生成"方法中有一种与计算相接近的品质,他在模型上探索了很多特别的形体表达方式,这些形体后来特别多地被使用参数化设计软件的建筑师所采用。有趣的是,埃森曼的"句法生成"中的折叠、扭转、错位、叠置、渐变等"形式操作"几乎可以与多数三维设计软件的"形体编辑"命令相对应。著名的数字建筑设计师 Greg Lynn 曾在哥伦比亚大学师从艾森曼。

3.3.4　参数化设计

　　在前面扎哈·哈迪德的"Kartal-Pendik"规划中,已经初步介绍了参数化设计方法在城市设计中的运用,在分区尺度下,参数化设计方法有更广泛的应用。2008 年 10 月中国国际建筑艺术双年展上,由清华大学徐卫国和英国尼尔·林奇(Neil Leach)等策划的青年建筑师作品展和学生建筑作品展在 798 电子工厂旧址展出,其中包括很多参数化设计和数字建构的内容(图 3-32)。而"*Architecture Design*"、"*Lotus*"、"*Domus*"等英文杂志,以及《世界建筑》、《艺术与设计——城市空间设计》等中文杂志也在 2008—2010 年出版专辑介绍了参数化设计方法,其中有不少参数化设计的尝试是针对城市分区尺度的。

---

①　汪尚拙,薛皓东.2003.彼得·埃森曼作品集[M].天津:天津大学出版社.

图 3-32　2008 年 10 月中国国际建筑艺术双年展的学生建筑作品展

　　许多学校在参数化设计方面都进行了研究,如英国建筑联盟学院、美国哥伦比亚大学、美国哈佛大学设计研究生院、美国麻省理工学院计算小组、美国宾夕法尼亚大学建筑系、美国耶鲁大学、美国普瑞特艺术学院、美国普林斯顿大学建筑学院、澳大利亚皇家墨尔本理工大学、奥地利维也纳工艺美术学院、荷兰贝拉罕建筑研究所、美国莱斯大学建筑学院、丹麦皇家美术研究院信息技术与建筑中心、德国德绍建筑学院、西班牙巴塞罗那高级建筑技术学院、瑞士苏黎世联邦理工大学建筑学院、荷兰代尔夫特工业大学等[①]。

　　图 3-33 是其中一些学生的城市设计作品:

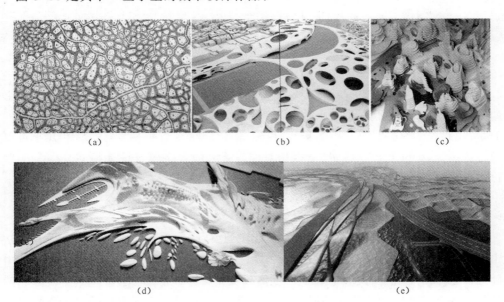

(a)　　　　　　　　　　(b)　　　　　　　　　　(c)

(d)　　　　　　　　　　　　　　　　(e)

图 3-33　关于参数化设计的部分学生作品

　　注:(a) 荷兰贝拉罕建筑研究所作品;(b) 英国建筑联盟学院学生作品;
(c) 美国普林斯顿大学学生作品;(d) 加州大学洛杉矶分校学生作品;(e) 美国莱斯大学学生作品

　　①　徐卫国.2008.北京 2008 年国际双年展学生作品展前言[R].北京:北京 798 艺术区.

　　如图 3-34、图 3-35 所示是英国建筑联盟学院的学生 Kelvin Chu，Perforated Hill，Lea Valley 2004 年合作创作的 2012 年伦敦奥林匹克公园方案。传统的设计方法会把体育场馆和奥运公园看成两种东西，但这个方案希望二者的关系更加紧密。于是，他们选择了一种柔性的结构，既为场馆提供遮蔽，又能让人自由地从四面八方进入场馆中，形成场馆与场馆在一个天棚下相接的连续模式。这套柔性的结构就是用参数化设计方法进行设计的①。

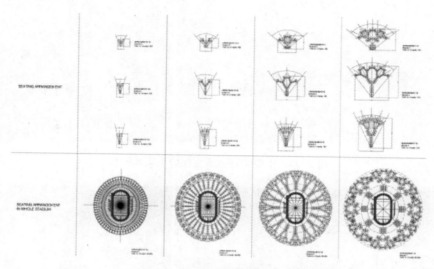

图 3-34　由同一套规则结合不同的参数生成不同尺度的场馆

图 3-35　奥运会期间连续性场馆的平面与剖面

---

① Christopher L，Sam J. 2008. Renewable type and the urban plan[J]. Architectural Design，78(2)：128-131.

目前在分区尺度的实际工程中,也开始应用参数化设计方法,出现了一批新颖的作品,如由 SOM 设计的卡塔尔石油综合区(图3-36、图3-37)。这个综合区位于多哈北部郊区,占地 55 hm²,是鲁塞尔的新开发项目"能源城"的一部分,总建筑面积大约 46.5 万 m²。项目需要面对的主要难题是沙漠地带严酷的气候[①]。

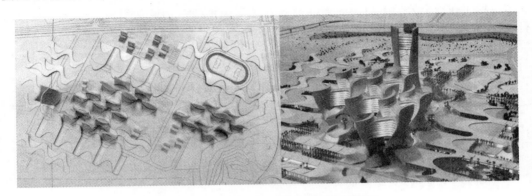

图 3-36 卡塔尔石油综合区的平面和模型

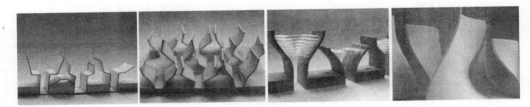

图 3-37 主要曲面构件的发展(在手工模型中推敲)

这个方案采用参数化设计方法,且并没有采用地块尺度城市设计中常用的"自顶而下"(Top-Down)的方法,而是采用了更有机的、从主要问题的解决着手的"从下至上"(Bottom-Up)的方式。

这个工程的设计主要是在从 Catia 发展出的 DP(Digital Project)软件中完成的(图3-38),采光分析采用了 EcoTect 软件(图 3-39)。

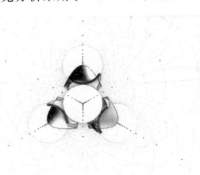

图 3-38 在 DP 软件中进行参数化建模

---

① 王小玲.2008.卡塔尔石油综合体,多哈,卡塔尔[J].世界建筑,(5):46-53.

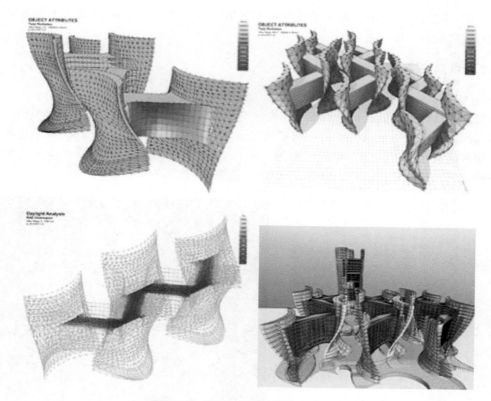

图 3-39 利用 EcoTect 软件分析采光

3.4 节点尺度的自然形态设计

3.4.1 概述

英国诗人布莱克(William Blake),曾在《天真的暗示》(*Auguries of Innocence*)的开头写道:"一沙一世界,一花一天堂"(To see a world in a grain of sand, and a heaven in a wild flower),说明小中有大,见微方可知著①。分形几何可描述一些小尺度和大尺度间存在的紧密联系,并可不断衍生特殊图形,如曼德勃罗(Mandelbrot)集、朱丽叶(Julia)集等,这些都能给城市和建筑设计师以启发。

比如,"城市节点设计"就是一种"小"设计,但它又与整个城市有关系。若问城市节点的设计与普通的建筑设计有什么不同? 就在于它能更加主动地反映出整个城市的风采、性格、梦想和愿望——而这种反映也不是单向的,如古根海姆博物馆的建成,带动了整个毕尔巴鄂的复兴;而汉诺威世博会的荷兰馆,几乎成为 KM3"空间城市"的验证和缩尺模型。

---

① William B. 2009. Auguries of innocence[EB/OL]. http://www.online-literature.com/blake/612/.

目前,从设计对象来看,城市节点设计可包括针对景观的设计、针对建筑的设计和将景观与建筑融为一体的设计等。

3.4.2 自然形态的景观

1) 针对植被的设计

景观的设计天然就具有自然形。但淹没在现存城市背景中的小片绿地,并不那么容易起到提高城市生态效果的作用——常规设计建筑的方法用在"设计植被"上不一定能保证树木的成活。英国建筑联盟学院的 2000—2002 年景观教育课程,通过参数化软件分析树木的生长需求,提高了对植被的理性设计能力(图 3-40)。

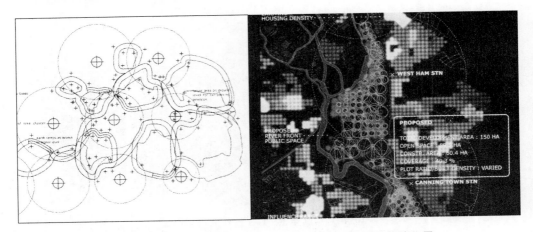

图 3-40 利用参数化软件分析树木生长需求确定树的栽培位置

日本株式会社 LD 集团,在城市绿化设计中,也运用了类似的参数化技术[①]。

2) 针对地形的设计

景观与地形原本是紧密联系的,但城市化过程中对交通和基础设施的需求,常会破坏原始地形。通过参数化软件对地形进行表达和设计,在城市节点的景观设计中可尽可能地减少土方量,恢复过去城市化进程中对天然地形条件的破坏,并重塑适于人的自然形。

3) 针对水流的设计

除了地形,水流也是一种特殊的景观要素。2005 年,Tube 6 科技事务所的 Markus Gruber 和慕尼黑工业大学(Technical University of Munich)的 Markus Aufleger 对慕尼黑的伊萨尔(Isar River)河进行改造,改造的手段是安装一系列计算机控制的扰流器,这些扰流器让这条运河形成波浪——市民不用再跑到海里去冲浪(图 3-41),可以就在城中冲浪。而且波浪的类型也比海里更丰富——因为天然海滩的底是固定的,而扰流器是可以活动的。除了节省人们跑到海边去的时间和能源消耗外,波浪翻腾还可以增加水中氧气含量,起到改善水质的作用。因此,这既是一项有趣的设计,也是一项生态的设计[②]。

---

① 佚名.2004.树的量化和丛化[J].世界建筑导报,(Z1):154-157.

② Peter T. 2008. Engineering ecologies[J]. Architectural Design, 78(2):96-101.

图 3-41　由 Tube 6 事务所设计的伊萨尔河里的波浪

Tube 6 在对扰流器与水流关系的研究中,进行了水槽实验,如图 3-42 所示。

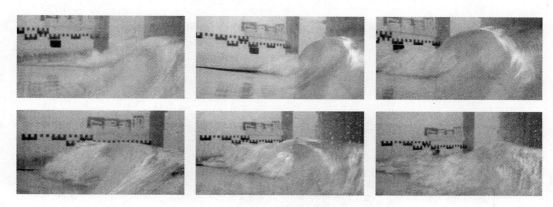

图 3-42　伊萨尔河波浪项目的水槽实验照片

3.4.3　自然形态建筑

1) 回应城市高密度环境

我国建筑师马岩松最近在加拿大举办的一次国际竞赛中中标。此次竞赛确定密西沙加市(Mississauga)一座 50 层公寓楼的设计方案。马岩松在解释自己为什么把这座大楼的形式设计成曲面时说:"周围都已经是方形的高塔,我们希望通过柔和的外型,不要给周围的人带来更多压抑感。"[1]

在 2004 年梅斯(Metz)蓬皮杜中心分馆设计竞标中(图 3-43),坂茂(Shigeru Ban)以优雅流动的网状竹结构造型在六名世界顶级的建筑师中脱颖而出。他认为,相对于建筑周围的硬质的人工环境,这样的一个自由曲面的轻盈蓬状结构更像是它们之间的一处自然景观,一个公园[2]。

伊东丰雄同样用轻盈飘浮、透明流动的建筑"表皮"否定了建筑固有的凝固体块性。"表皮"呈现出一种透明流动的非固态意象,随季节光影变化,如同人的"二层性皮肤";它

---

① 凌琳,伍端,马岩松.2007.提问马岩松[J].时代建筑,(1):110-115.

② 李哲,曾坚,肖蓉.2005.一个实验建筑师的回归——坂茂及其作品解读[J].建筑师,(1):51-54.

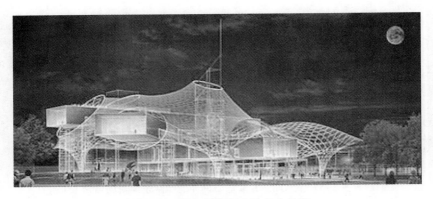

图 3-43　坂茂梅斯蓬皮杜中心分馆

也是动态的,成为"流动的,可以观看的音乐"。伊东丰雄试图在流动变化的表皮下营造一种精神性的空间,成为"都市里围起来的乌托邦"。2001年竣工的仙台媒体中心(图3-44)颇受欢迎,这个建筑完全瓦解了传统建筑的意象,用开敞的楼板、通透的表皮和13根曲折向上水草般的支撑结构,代替了传统直线性元素——梁、墙、柱,"从所有壁垒中获得了解放"①。

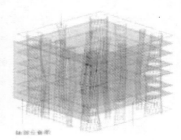

图 3-44　仙台媒体中心

　　上述这些外形比冷冰冰的、平面直角的立方形实体造型感觉更亲切、自然,能对高密度都市环境起到调节作用。

　　2) 回应城市文脉复杂化

　　"城市文脉"是一个城市诞生和演进过程中不同阶段留存下的历史印记。今天老城中的建筑设计,常常需要处理复杂的文脉:考虑多条"轴线",照顾几处对景,遵循道路和电车、地铁轨道的退红线要求,规避必须保护的历史建筑和维持街道的连续性等等。

　　比如艾森曼,常言及自己要花很多精力来调和城市中种种彼此独立的文脉要素。在曲面成为他的造型语言前,他还尝试过折线、斜角穿插、重复、格网等旨在协调环境文脉

　　①　沈轶.2005.站在机器时代与数字时代的交叉口——细读仙台媒体中心[J].新建筑,(5):61-63.

的复杂性与建筑本身的清晰性之间的矛盾的手法。曲面相对这些造型方法，更容易获得建筑本身整体效果的统一、协调①。

又如由王弄极设计的北京天文馆新馆（图 3-45），因为紧邻半球形穹隆的老天文馆，就采用了谦和的凹形曲面来处理邻近于老馆的立面，既尊重了 20 世纪 50 年代的旧馆，照顾了历史文脉，又满足了现代天文馆所必须的功能和面积要求②。

图 3-45　北京天文新馆与老馆之间的处理

3）提高城市街道物理环境品质

在城市中建设高层建筑常常使附近街道产生令行人感觉不愉快的"高层风"，而风力本身也是高层建筑考虑的主要的恒荷载之一。以符合流体力学的光滑的曲面形表皮包裹建筑，可起到减轻高层风的作用。这让我们联想到，在航空领域，最早飞上天空的"莱特兄弟"飞机是方形书柜似的造型，而今天的飞机已经根据空气动力学做了造型的优化，以曲面造型为主。光滑曲面高层建筑的例子有由福斯特（Norman Foster）和沙特沃斯（Ken Shuttleworth）设计的位于伦敦圣玛丽阿克斯大街 30 号的瑞士再保险总部大楼（图 3-46）。因为风的强度与周围城市环境有密切的联系，因而在计算流体动力学（Com-

图 3-46　瑞士再保险总部大楼及其 CFD 计算

---

①　汪尚拙,薛皓东.2003.彼得·埃森曼作品集[M].天津:天津大学出版社.
②　王弄极.2005.用建筑书写历史——北京天文馆新馆[J].包志禹,译.建筑学报,(3):36-41.

putational Fluid Dynamics，CFD)软件中建模的时候，也把周围环境考虑了进去。

3.4.4 将建筑和景观融为一体的城市新节点

1）绿色外皮

让·努维尔(Jean Nouvel)事务所是法国的一家事务所，有着光圈立面的巴黎阿拉伯世界文化中心就是他们的作品。他们设计的东京古根海姆博物馆(2001年)(图3-47)颠覆了传统对建筑立面的理解，披上绿色外皮的建筑，不再是混凝土体块，而更像一座春天会盛开樱花、花瓣会随风飞扬的山丘。类似这样采用绿色外皮的，目前也已经有了一些建成的实例。

图3-47 东京古根海姆博物馆

2）空间绿色基面

MVRDV为了解决荷兰和世界的人口问题，主张城市空间的高密度化。他们在出版《极限容积率》和《媒体之都，数据之城》等书后，发表了文章"*KM 3*"(2006年)和"*SkyCar City*"(2007)。KM3是他们设想的一种立体示范城市(图3-48)，这座城市有1 km³ 容积，城市中各种设施都在空间中复合。而Skycar City(图3-49)进一步完善了KM3的构思。

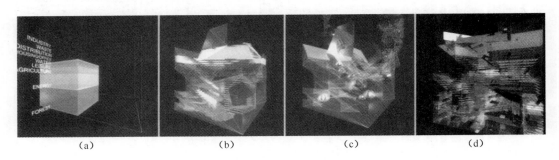

(a)   (b)   (c)   (d)

图3-48 KM3三维立体城市
注：(a) 各种功能的容积；(b) 农业系统；(c) 水循环系统；(d) 各系统的叠加效果

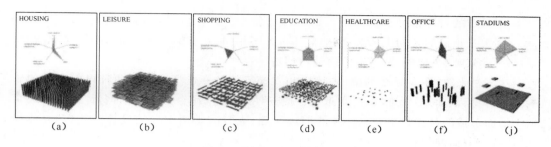

图 3-49　SkyCar City 三维立体城市
注:(a) 住宅;(b) 休闲;(c) 商业;(d) 教育;(e) 卫生;(f) 办公;(g) 体育场馆

　　这样的想法是激进的,产生的问题不少:高密度常常引起城市环境质量的下降。MVRDV 的世博会荷兰馆(图 3-50)就是这种立体城市构思的验证和缩尺模型,用来解决城市立体化所面对的问题。

图 3-50　MVRDV 的世博会荷兰馆

　　世博会荷兰馆也吸取了库哈斯的巴黎 Jussieu 大学图书馆的设计构思,市民、大学生都能随意从各个方向走进建筑,库哈斯希望建筑成为"柔性社会魔毯",成为城市林荫道的自然延伸,成为城市肌理的立体叠合。

3.5　本章小结

　　本章总结了各个尺度上丰富多样的自然形态城市设计案例。

　　米兰·昆德拉于 1985 年领取耶路撒冷文学奖发表讲演时说道:"评价一个时代精神不能光从思想和理论概念着手,必须考虑到那个时代的艺术。"设计本身的需要,推动着建筑理论的发展,也推动着技术的发展。但设计本身的艺术性与趣味,又是一个太容易被理论忽视、被技术忽略、被经济和社会忽略、被城市规划忽略的东西。

　　我们把城市自然形态进一步简化归纳为三种主要来源,分别是:

① 城市的自然条件本身;

② 大量市民的长期生活选择,他们从事各不相同、互有偏差的经济、政治、文化活动;

③ 建筑师、工程师、艺术家的能动性创造。

这三种来源,在实际案例中,是可以相互交叉的——造型同时受两种以上来源的影响并不鲜见,例如"多纤维城市"东京就包括三种来源:来源自然条件的河流、来源居民长期生活而形成的从江户至东京延续的旧城肌理、大野秀敏所领导的设计团队在"立体绿化"等各个方面的创新等。

由于本章所选全部是当代的设计案例,因此"由大量市民长期生活选择"所带来的自然形态这一项就空缺了,实际上这类例子在传统城市中是很多的,比如传统的中世纪城市、聚落的"自组织"自然造型大都属于此类,这部分内容将在第 4 章分析。

表 3-1 归纳了本章案例中的自然形态的来源,如果同时来源于几个方面,就用"＋"来连接:

表 3-1 案例中自然形态来源的归纳

(1) 自然条件本身	(2) 大量市民的长期生活选择	(3) 建筑师、工程师、艺术家的创造	(1)＋(2)	(2)＋(3)	(1)＋(3)	(1)＋(2)＋(3)
① 新英格兰地区跨六个州的区域性绿廊	—	① 海上浮城方案	① 萨沃纳电子村庄	① 北京旧城有机更新	① 2004 年浙江台州地区区域城市设计	① SpaceFighter 项目
② 全美范围绿廊		② "海市"		② 克林顿地区城市设计	② 底特律区域城市发展规划	② "多纤维城市"东京 2050
③ "生态城"伯克利		③ 伦敦 2012 年奥运会公园		③ 北京天文新馆	③ ParcBIT 生态城	③ 奈良 "新风水城"
		④ 新加坡保那·比斯塔项目		④ 瑞士再保险总部大楼	④ 卡塔尔石油综合区	④ Pendik 城
		⑤ Kelvin Chu 的伦敦奥运会公园方案			⑤ Isar 运河改造	⑤ 东京古根海姆博物馆
		⑥ 蓬皮杜中心分馆			⑥ MVRDV 的世博会荷兰馆	
		⑦ 仙台媒体中心				

　　参数化设计手段(或具有参数化特征的设计手段)的应用,如基于 GIS 和遥感的 2004 年浙江台州地区区域城市设计,基于 DP 和物理模拟软件的卡塔尔石油综合区规划,基于劳利城市发展计量模型的底特律区域城市发展规划等,能帮助建筑师整理和认识城市中本来已经存在的第一、第二类自然形态;也使建筑师在创造新的第三类自然形态时更加轻松。

　　而"Isar 运河改造"、"SpaceFighter"虚拟项目中"参数化设计"的意识显然走得更远,具有较大的创新性和启发性,几乎可用"虽为人做,宛自天开"来形容。前者去设计水流,这是以往的设计师从未做过的,它让第一类造型也不全是大自然的创造。后者通过聆听或模拟居民的复杂行为、想法和要求,而在短时间内创造出原先非要"经过漫长时间才可能产生的"类似于第二类造型的效果。

　　这些案例能让我们相信,针对不同尺度的城市自然形态,针对不同类型的城市自然形态,参数化设计方法都有可发挥其作用的地方,只是具体软件类型、技术方法的选择,可能会各不相同。城市设计师或许应该先跳进再跳出"参数化设计技术"这片领地,反复多次。

4 传统城市中的自然形态

4.1 概述

第 3 章主要对当代城市设计中丰富多彩的自然造型进行了总结。然城市自然造型并非始于近现代，而是源远流长的。项秉仁曾说，绝不应该把"传统"当作为现代设计提供"符号"和"手法"的资料库来用，而应该尊重"传统"，视"传统"为一个独立、有机的体系。城市设计师对待传统城市，不能牵强附会地挖掘或肢解。传统城市，本就是一个能与当代城市平起平坐的独立的、完整的体系。

传统城市是经过比较长的时间，由多代人共同建立形成的，它具有超越当代一般快速设计出来的作品的艺术性（SpaceFighter 这个"特例"目前还处在实验阶段）。但我们同时也应注意到，今天的传统和习俗其实就是昨天的创造和突破，因而也不能一味地迷信历史。

城市历史学家布罗德本特（Geoffrey Broadbent）指出，在拉丁语中，"城市"（City）与"文明"（Civilization）同源[①]，这强调了城市的文化性。路易·康也曾为"城市"下定义，"一个小孩子在街道上行走，能找到他长大后最想要从事的事业，这就是'城市'"[②]，这强调了城市是与市民的生活息息相关的。研究传统城市的自然形，既不能离开当时城市的文化，又不能离开当时城市的居民。

MVRDV 事务所在空间征掠者项目中曾选取了非洲、亚洲、欧洲、中南美洲、北美洲的 64 个不同文化背景的城市来研究人类城市历史[③]（图 4-1）。这 64 个城市的名称如表4-1 所示，空间征掠者项目所用的软件界面如图 4-2 所示。

表 4-1　空间征掠者项目中作为代表的世界 64 个城市

所属地区	非洲	亚洲	欧洲	中南美洲	北美洲
城市	达喀尔 蒙罗维亚 阿克拉 拉各斯 非斯 大津巴布韦 基尔瓦	吉隆坡 台北 马尼拉 东京 上海 雅加达 河内	克诺索斯 伊拉克利翁 雅典 罗马 那不勒斯 热那亚 巴黎	基多 乌斯马尔 哈瓦那 特诺克提兰 帕拉伊索 波哥大 圣保罗	蒙特利尔 纽约 洛杉矶 圣路易斯 底特律

---

① Geoffrey B. 1990. Emerging Concepts in Urban Space Design[M]. London：Van Nostrand Reinhold.

② 李大夏. 1993. 路易·康[M]. 北京：中国建筑工业出版社.

③ Batstra B, Arie G, Camilo P, et al. 2007. Spacefighter：the Evolutionary City (Game：)[M]. Barcelona：Actar Coac Assn of Catalan Arc.

所属地区	非洲	亚洲	欧洲
城市	桑给巴尔 蒙巴萨 摩加迪沙 贝宁城 杰内—吉诺 开罗 亚历山大 阿尔及尔 撒布拉塔 大莱普提斯 底比斯 孟菲斯	北京 阿克森 首尔 科伦坡 撒马尔罕 巴格达 巴比伦 拉伽什 尼尼微 摩亨佐—达罗 巴库	伦敦 柏林 卢布尔雅那 君士坦丁堡 （伊斯坦布尔） 莫斯科 布拉格

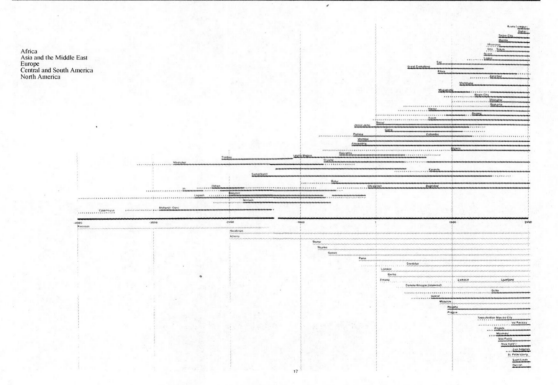

图 4-1　MVRDV"空间征掠者"所列的 64 个城市存在的时间段

注：每条竖刻度代表 1 000 年，最右侧的刻度为公元 2000 年，而最左侧的刻度为公元前 4000 年

　　我们从地图上找到这些城市，并从谷歌地球（GoogleEarth）中下载了它们的航拍图，如图 4-2～图 4-5 所示。

　　从这些城市的航拍图中，我们能直观地察觉到，历史城市所包含的自然形态是千差万别的。我们先大胆假设这些差异可从下面三方面去分析：

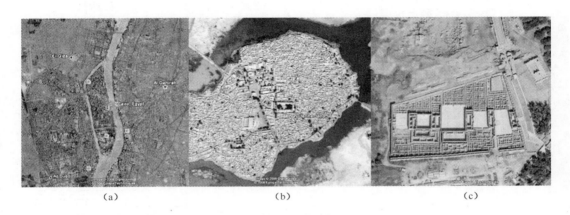

图 4-2　空间征掠者软件的界面

（a）　　　　　　　　　　（b）　　　　　　　　　　（c）

图 4-3　城市航拍图

注：（a）开罗；（b）杰内—吉诺（非洲古城）；（c）古巴比伦城遗址

（a）　　　　　　　　　　（b）　　　　　　　　　　（c）

图 4-4　城市航拍图

注：（a）巴黎；（b）那不勒斯；（c）罗马

（1）自然因素，这是大自然给予城市的限制条件或恩赐。海岸线、山峰的不同带来了城市发展的基础的不同。

（2）文化因素，是通过哲学、美学、价值观影响城市造型。如中世纪欧洲的自然形城

（a）　　　　　　　　　　（b）　　　　　　　　　　（c）

图 4-5　城市航拍图

注:(a) 纽约;(b) 雅典;(c) 哈瓦那

市、伊斯兰教的自然形城市和中国的山水城市都是自然形城市中比较具有代表性的例子,但这些城市之间有鲜明的差异,城市形的差别体现了文化的差异。

（3）技术因素,如利用运河作为城市交通网,运河的形式就进入城市肌理中。以木结构建筑为主的中国城市也不同于以砖石建筑为主的欧洲城市。古代,城市又常常作为要塞,因而利于军事防守的因素也影响着城市造型。

4.2　西方传统城市的自然形态

4.2.1　从远古至古典时期的城市

日本著名建筑师原广司在1970—1997 年 20 多年间,带领学生寻访世界各地的聚落,编成《世界聚落的教示 100》一书,书中包括了不同文化、不同时期的聚落照片和图片,其中有不少来自非洲、南美洲和太平洋岛屿的原始型聚落的资料。正是这些原始聚落的存在,给了文化学家从一侧面窥探“史前”时代人类聚居点生活状况的机会,也让我们直观地看到一些远古聚落的造型:不少远古聚落采用不规则造型,如图4-6所示。

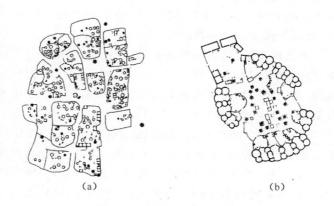

（a）　　　　　　　　　　　（b）

图 4-6　聚落中的不规则形

注:(a) 博尔博尔(Bolbol)的聚落;(b) 泰纳多(Tenado)的聚落

上面这些聚落很可能是没有图纸的情况下修建起来的,而英国考古学家莱亚德(Layard)发现过公元前 1500 年美索不达米亚地区尼普尔城的不规则城市地图。这幅地图不规则之处竟表现得与今天的考古遗迹相对应,说明当时人们已经驾驭了不规则图形的制图方法[①]。

除此之外,古印加文明在今秘鲁首都利马500 km以外的纳斯卡(Nazca)沙漠上留下了几十至几百米大小的复杂图形——纳斯卡线条(Nazca Lines)(图4-7),考古中还发现了一些描绘在泥地上的大约1.2 m见方的形状完全相同的图形,推测沙漠上的巨大复杂图形是根据这些泥地上的草稿小样用一定方法放大绘制的,其绘制年代大约是公元前200年[②]。

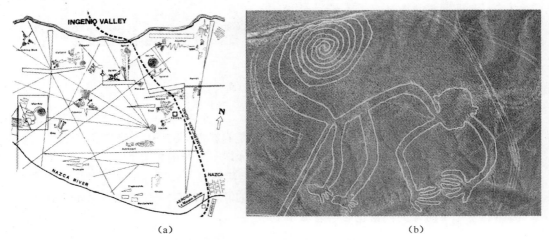

|(a)|(b)|

图4-7　秘鲁沙漠上留下的巨大而不规则的纳斯卡线条

注:(a) 线条地图;(b) 航拍图

古典城市采用直线构图乃是因为不规则形不容易绘制——这种想当然的习惯看法在尼普尔地图和纳斯卡线条面前,似乎值得重新思考。纳斯卡线条是精确的自然造型,让今天的大学生用尺规作图法在比较小的纸张上来画这些线条也不是一件很容易的事情,特别是画那些非圆弧曲线。

笔直的街道,以直角相交的"古典式"城市设计方法,在公元前1126年—公元前1105年之间,尼布甲尼撒二世(Nebuchadnezzar)时期的巴比伦就开始采用了。对照莱亚德的发现,我们猜想当时其实也是可以绘制和放样不规则形的,但采用矩形的规划模式,是一种文化上的主动选择[③]。

从公元前7世纪以后,希腊城市便沿着两条不同的路线发展:在希腊本土及其岛屿上大都沿着自发的、不规则的、"有机的"方式发展;在伊奥尼亚的小亚细亚各城邦则是多少沿着系统一些的、严格的方向发展。两种城市都历经战火,所以"规则城市"就是"兵营城市","不规则城市"就是"和平城市"、"商业城市",这样的说法站不住脚。

亚里士多德(Aristotle)在《政治篇》中提到,希波丹姆(Hippodamus)在米利都(Miletus)规划中采用了方格网路网。亚里士多德认为希波丹姆"发明了一种划分城市的方

① 刘易斯·芒福德. 1989. 城市发展史:起源、演变和前景[M]. 倪文彦,宋俊岭,译. 北京:中国建筑工业出版社.

② Anon. 2013. Nazca lines[EB/OL]. http://en.wikipedia.org/wiki/Nazca_lines.

③ Geoffrey B. 1990. Emerging Concepts in Urban Space Design[M]. London:Van Nostrand Reinhold.

法",这就是后来广为流传的"希波丹姆模式"的由来。与米利都比邻的城市普南城
(Priene)也是如此。这座城市建在陡峭的地形上,它的主要街道大致顺着等高线排列,而
次级街道则采用阶梯大致垂直于等高线排列。正如 Kostoff 所说,希腊盛行的做法是
"Per Strigas"做法,就是以东西向为城市贯穿的主方向,一条或多条南北向街道与之垂直
布置[①](图 4-8)。

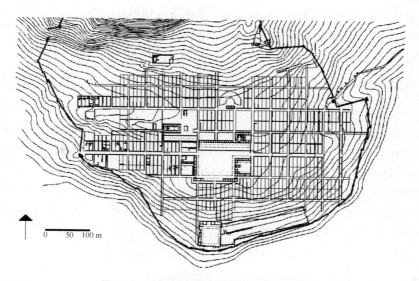

图 4-8 希腊城市普南城的地形和街道网

刘易斯·芒福德曾分析过标准的方格网城市规划形式的特点——"米利都规划形式的
最大弱点是,它根本不考虑地形地貌、泉水、河流、海岸线、树林等,而这恰恰使它更适宜用来
在殖民者们将长期无法充分开发利用的一片土地上建立起一个最低限度的秩序基础,它可
以在最短时间内使一切都置于控制之下。这种最起码的秩序不仅使大家处于平等的条件
下,而尤其能使外来人感到像老住户一样的安定。一个商业城市永远会充斥着许多外国商
人和水手,这种让人从心理上容易熟悉的特点,对于一个商业城市是很有价值的。难怪连
保守的雅典在改建港口的时候,也请希波丹姆来按照米利都方案进行规划"。

"米利都规划方案所提供的几何学形式还有另一种用途,把城市划分为若干个邻里,
或者至少让这些邻里有明显的区界"。

不过即使希波丹姆格局的城市街区和道路采用长方形格网的人工化形式,城墙仍顺
应于天然地形,形成一种有趣的对比。

希波克拉底(Hippocrates)在《空气、水和场所》一书中说城市的最佳朝向是东向,而
亚里士多德也同意这一看法(这与欧洲地中海气候盛行西风有关,与我国以东南、西北季
风气候为主的情况不同)。如果不能争取朝东,就要争取朝南。维特鲁威(Vitruvius)也
很关心盛行风向,他认为,宽阔的大道应该向风开敞,而狭窄的小巷应该被保护起来,"寒
风令人感觉不适,热风带来生机,潮湿的风不利于健康"。

维特鲁威论述过城市选址中勘查水源、植被、风土的简单方法。从抵御外敌的角度

① Geoffrey B. 1990. Emerging Concepts in Urban Space Design[M]. London:Van Nostrand Reinhold.

出发,他认为城市应该建成圆形①。

虽然维特鲁威提出了圆形城市的构思,但多数罗马城市内部主要还是零散地遵循希腊的方格网形式。

罗马的一个测量员,可能是弗朗提里斯(Frontinus),描述了一种开始建设一个城市的方法:由占卜师确定某地为城市中心,在此点上放置水平板和日晷指针,以其投影来确定朝向。在对罗马古迹的考古发掘中,人们还发现了描述辉煌的罗马城的地图,是公元203年至208年之间为塞普蒂默斯·塞佛留斯(Septimus Severus)所绘,制图中不仅使用了直尺和三角板,而且还使用了圆规。这幅图原有18 m高,13 m宽,比例大致是1∶300。

4.2.2 早期伊斯兰教城市

伊斯兰教的创始人穆罕默德生于公元570年。公元7—8世纪,伊斯兰教征服了从比利牛斯山到印度,从摩洛哥到中亚的所有地区,到11世纪时,阿拉伯人已对这些地区的语言和文化产生了很大的影响,阿拉伯语成为从波斯到大西洋范围内的日常语言②。

《城市设计中的创新性概念》的作者布罗德本特说,西方人常常认为古代伊斯兰文化处在黑暗里,其实不然。当伊斯兰文化扩张时,它们不仅吸收文化,也发展文化,伊斯兰不仅仅是"将古代知识带给中世纪欧洲的桥梁",它们还发展了医学、哲学和科学。伊斯兰不规则城市也是自然造型的范例(图4-9)。

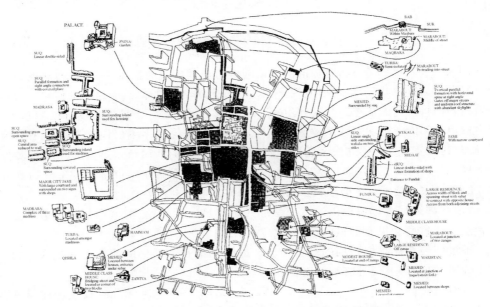

图4-9 不规则的伊斯兰教城市突尼斯核心区的空间示意图

《古兰经》和其后的教规是穆斯林精神上的指导,它们包含一些原则,可看作产生古

---

① 维特鲁威.1986.建筑十书[M].高履泰,译.北京:中国建筑工业出版社.
② 斯塔夫里阿诺斯.2005.全球通史——从史前史到21世纪[M].吴象婴,梁赤民,王昶,译.北京:北京大学出版社.

代伊斯兰文化不规则城市复杂肌理的原因。Hakim(伊斯兰教国家的学者)对这些原则进行了分析,这些原则包括:

① 避免伤害。每个人都有实践自己个人权利的自由,但不能危害他人;在城市中生活,应该尽量不发出烟、臭气、噪声等。

② 互相依靠。城市居民应该互相帮助,同舟共济,这在今天可被看作一种"生态观"。

③ 隐私权。每个家庭都被赋予在声音、视线和其他方面的隐私权。在伊斯兰文化中,女子不能被陌生男人看见,所以临街的窗户很高。尽端小路两侧也没有彼此正对的门窗。比较长的视线通廊也应该被避免。住宅的任何一部分,不论房间、庭院、屋顶都不能被外人看见。这些都产生了建筑布局和立面设计的不规则形。

④ 先到先得。这就意味着先建设者的开窗位置、围墙等都受到保护,后建设者应该尊重现状。

⑤ 建筑高度。居民可以将自己的住宅建到任何高度,但如果邻居不满,也可加以阻拦。

⑥ 保护他人财产。

⑦ 优先购买权。出售房产时,应先出让给邻居和自己的合伙人。

教规对大街和小巷的宽度也做出了规定:

① 公共大街的最小宽度不应少于 7 腕尺(1 腕尺大约为 0.5 m),这个宽度可以让两队满载的骆驼队相会而过。同时,还应满足 7 腕尺的净空要求。而小巷至少能让一队满载骆驼通过,也就是 4 腕尺。

② 街道严禁被堵上。虽然可以在街上卸货,但不能完全堵住大街。

此外还有关于城市给水和排水系统的使用规定等,这些规定也或多或少地影响古代伊斯兰教城市的形态。

Hakim 进而以突尼斯为例,对规则如何转化为一种城市设计语言进行了阐释。伊斯兰城市整体上呈现出街巷紧密、多转折、尽端路和私密性庭院等特色,而这些特点是从《古兰经》和教规所提出的原则出发的①。

4.2.3 中世纪城市中的自然形态

对于中世纪基督教城市,芒福德曾说,既不应该像工艺美术运动的莫里斯(Morris)那样,将教会所标榜的人人互助的理想当成它已经实现的社会现实;也不应该因为教会对新思想的野蛮压制,例如对布鲁诺(Giordano Bruno)等科学家的迫害,就认为它一无是处。一些中世纪城市,如威尼斯(Venice)、锡耶纳(Siena)等(图 4-10),是即使到今天也难以超越和复制的经典设计范例。除了一些例外情况,如法国南部的军事城镇"巴斯特德"(Bastides),欧洲中世纪的城市基本是以自然造型为主的。

"一般来说,中世纪重要建筑物的周围并不是空荡荡的,它的前面也没有一条正式的轴线。从轴线通往主要建筑物,那是 16 世纪才有的,如佛罗伦萨神圣十字架(Santa Croce)教堂前面的引道"。

"从美学上看,中世纪的城市像一幅挂毯。人们来到一个城市,面对错综纷繁的设

---

① Geoffrey B. 1990. Emerging Concepts in Urban Space Design[M]. London: Van Nostrand Reinhold.

计,来回漫游于整个挂毯的图案之中,时常
被美丽的景观所迷惑:这儿是一丛鲜花,那
儿是一个动物,一个人头塑像,喜欢哪里,就
在哪里多停留一会儿,然后再循原路而回;
你不能凭一眼就能俯瞰设计之全貌,只有在
彻底了解图案中的一笔一勾,才能对整个设
计融会贯通"。

"关于建筑物的大小尺度,中世纪的建
设者们倾向于合乎人体的尺度,只有教堂和
某些市政厅例外,它们本来就需要建得高大
宏伟以显示其威严。一个救济院只可收容
7~10人;一个修女院开始时也许只为十一
二个修女设立;医院规模很小"。

"小的结构、小的数目、亲密的关系——
这些中世纪的特征,不同于巨大的结构和众
多的数目,它给了城镇特殊的质量上的特
性,这也许有助于说明它丰富的创造力"。

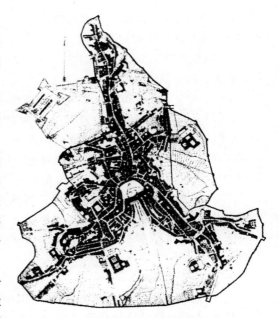

图 4-10　中世纪锡耶纳城市平面图

芒福德还指出了中世纪城市的一些容易被人忽略的特点,如"邻里单位和功能分
区"。他认为,"从某种意义上讲,中世纪城市是由许多小城市组成的一个团块,这些小城
市各有某程度的自主权和自给自足能力,为了各自需要而很自然地组合在一起"。

"除了由家庭和邻居组成的基本居住单位外,还有职业和兴趣利益形式的分区来
补充"。

芒福德不赞同将中世纪城市的美观过多地估计为是自发的,是偶然的巧合。他认为
应该重视中世纪学者和手工艺工人所受教育中的基本性质,即严密和系统。芒福德指
出,"中世纪城镇的美的统一不是没有经过努力、斗争、监督和控制而取得的"①。

Hillier 和 Hanson 在 1984 年曾用拓扑几何方法对中世纪城市做了探究,在《空间的
社会逻辑》(*The Social Logic of Space*)一书中有许多对中世纪城市的研究。

从表面上看来,中世纪城市现状地形、山脊和山谷的位置、地面上的岩石等偶然情
况都影响城市形态。但 Hiller 和 Hanson 认为,这些偶然性也包含必然性的成分——即
使是最不规则的格局,也有一定的"规律性",他们把这种规律性的原因归结为"社会逻
辑"。

Hiller 和 Hanson 将城市空间抽象为由"虚"和"实"两种单元格构成(图 4-11),"实"
的单元格代表建筑,它有两种性质的边——"前边"或"后边";而"虚"的单元格代表街道
或广场等开放空间。他们为相邻的单元格之间的连接制定了一定的规则。最简单的规
则如"实"单元格必须有一边与虚单元格相邻(建筑至少面对广场或道路)。

他们分析了法国南部沃克吕兹省的建筑群(图 4-12),从表面上看,这些建筑群具有

①　刘易斯·芒福德.1989.城市发展史:起源、演变和前景[M].倪文彦,宋俊岭,译.北京:中国建筑工业出
版社.

如下特征：

① 建筑之间直接连接，而不间隔开放空间。

② 建筑群不是围绕一个简单的大开放空间，而是围绕类似于由线穿起来的珠状空间，开放空间时宽时窄。

③ 当建筑群逐渐扩大时，开放空间逐渐变成环状，而且在城市主环上又生长出一些小环。

④ 每个环形空间内部和外部的建筑也呈环状。

⑤ 建筑群最外围由建筑构成。

⑥ 当建筑群组织变得复杂起来，则每个建筑之间有两条道路可通。

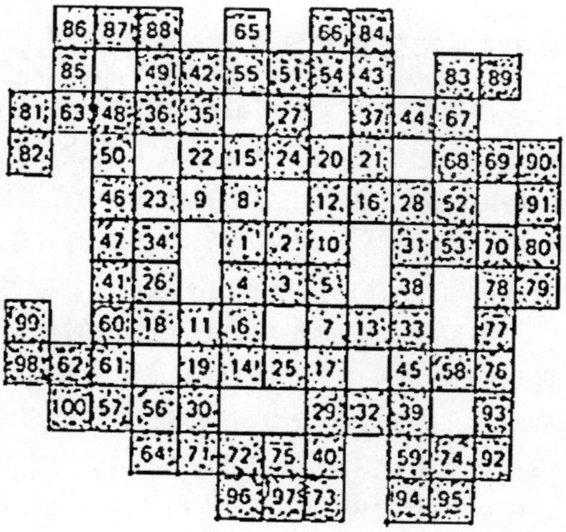

Hiller 和 Hanson 尝试用尽可能简单的规则来产生这些复杂特征，最后认为可以用比较简单的规则生成包括上面所有特征的复杂形态。

图 4-11　Hillier 和 Hanson 将中世纪城市抽象为单元格进行研究

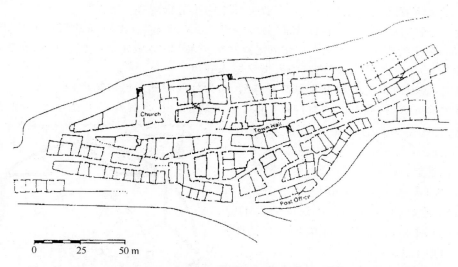

图 4-12　Hillier 和 Hanson 分析的具有多环状开放空间系统的法国中世纪城市

Hiller 和 Hanson 认为中世纪自由城市中的这种规律与自然界中的群体现象类似，蚊群中的蚊子虽然并不知道蚊群最终会成为什么样子，但单个蚊子会影响周围的蚊子，从而影响整个蚊群最终的形态。也就是说，中世纪城市是复杂系统，它具有"自组织性"①。

---

① Geoffrey B. 1990. Emerging Concepts in Urban Space Design[M]. Van Nostrand Reinhold.

4.2.4　文艺复兴城市

　　芒福德认为，"严格说来，不存在文艺复兴时期的城市，而是存在文艺复兴时期的柱式、空场，它们美化了中世纪城市的建筑物。假如庄严整齐的建筑物突破了和谐的中世纪格局，那么，它就建立了对比的关系，用反衬的手法，显示出老的街道和建筑的美，否则的话，这种美是会被忽视的，看不到的。乐章的主旋律是中世纪的，但乐队里增加了新的乐器，城市乐曲的速度和音色变了"。

　　布罗德本特也指出，"令人吃惊的是，文艺复兴在城市设计中强调了与中世纪不规则规划的连续性。"阿尔伯蒂(Leon Battista Alberti)在 1485 年著的《建筑十书》(*De Re Aedificatoria*，直译为《论建筑技艺》)第四书第五章写道：……若城市本身庄严而强大，那么街道应该笔直宽阔，以传达出宏伟壮丽的气氛；但如果是座小城或者要塞，从实用和安全的角度来说，不应该使街道直通城门，而应该让它们有时左弯，有时右弯。接近城墙、在城墙的哨塔下的地方和城市中心，还是不要笔直的好，而要像河流那样，时而前进，时而迂曲。

　　阿尔伯蒂认为这样做有几个理由：……使街道显得更长，从而使城市显得更大，更方便、美观，在事故和危机面前，安全性更高。

　　阿尔伯蒂还认为：街道的蜿蜒能让步行者每次停下来都能发现新结构，让每栋房屋都能直接面向道路……让房间里的人看见不错的街道景观。

　　而与之相对的，宽阔笔直的街道则多少有些"不健康"。古罗马的历史学家塔西佗(Tacitus)曾经发现尼奥(Nero)大帝拓宽罗马街道后，罗马城在夏天变得更加炎热，因为阴凉减少了，而在冬天，宽阔笔直的大街又招来狂风。

　　狭窄、蜿蜒的街道对城市的守卫者有利，因为外敌不熟悉城市街道网。

　　阿尔伯蒂认为，城市应该有广场(第四书第八章)——"有些用于在和平年代进行商品交易，有些是为教育年轻人而存在，而有些是为了在战争中晒木材、草料，维持城市被围困时的正常运作"。

　　阿尔伯蒂并不认为城市有"理想外形"，而主张因地制宜。在平原上，规划可采用正圆、正方等规则图形，但他认为不能把这样的图形应用到山地上去。

　　上面所说的这些"文艺复兴大师阿尔伯蒂所主张的城市"和许多人心中的"文艺复兴城市"是不同的。人们对文艺复兴城市的想象常常来自于阿尔伯蒂之后的吉孔丹(Giocondo)、西萨里罗(Cesariano)的文字以及洛拉拉(Luciano Laurana)、弗兰西斯科(Piero della Francesca)等人的图画。达·芬奇(Leonardo da Vinci)、米开朗基罗(Michelangelo)也在绘画作品中表达了他们心中的理想城市。上面

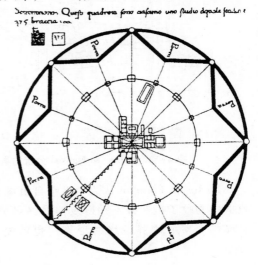

图 4-13　费拉尔特(Filarete)为斯福津达(Sforzinda)(1457—1464 年)城而做的总平面设计

这些城市几乎都不遵从阿尔伯蒂的主张，主张在城内采用方格网布局，城墙采用星形布局。守护威尼斯的要塞帕尔玛拉瓦(Palmanova)(图 4-13)就是在这种指导思想下建设的。

16 世纪的理论家弗朗西斯科·迪·吉奥吉奥·马尔蒂尼(Francesco di Giorgio Martini)研究了建在圆形均称丘陵上的几种理想城市(图 4-14)。

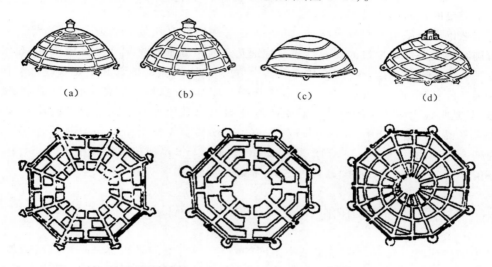

图 4-14　弗朗西斯科·迪·吉奥吉奥·马尔蒂尼提出的建在丘陵上的理想城市规划示意图
注:(a) 纵横规划;(b) 螺旋形规划;(c) 回头曲线规划;(d) 对角线规划

4.2.5　巴洛克城市

在古希腊奥林匹克运动会上，驾驭马车是其中的一项体育运动。至罗马时代，由于拱券技术在桥梁中的应用，道路能跨越河流，这大大推动了车辆交通的发展。但中世纪时，车辆交通方面的发展却大大地退步了，人们只好又回到骑马、骑驴的交通方式中去，而中世纪弯曲狭窄的城市街道也已完全不适宜行车。到了 16 世纪，马车本身取得了不少技术进步，如导向轮被发明，车轮制造工艺也得到改进，在城市中使用车辆开始变得比较普遍，也产生不少问题：1563 年法国议会请求国王禁止巴黎街道上通行车辆；在英国，在街道上行驶车辆也曾遭到强烈抗议，有人断言，如果允许酿酒商的大车在街上送酒，街道路面就不可能维护好。但车辆交通具有人力交通所不可替代的优点，如速度快、载货能力强、节省体力以及能彰显车辆使用者的社会地位，到了 17 世纪，城市中的车辆交通变得越来越流行了。

由于中世纪城市弯曲的道路不适于车辆行驶的要求，以及马车并不容易操控，交通事故频频发生，"17 世纪开始使用的公共马车，每年轧死的人数比后来开始运行的铁路火车事故还要多"。

这些交通方面的要求直接催生了巴洛克至近代城市越来越宽、长和直的大道，产生了迥异于中世纪自然形态的机械型城市。

中世纪城市的另一个薄弱环节在于基础设施,除了威尼斯可以利用海水将垃圾带走而与众不同外,其他城市并没有普及全城的下水道,因此卫生条件差;为了军事防卫而修建的城墙也使中世纪城市市区内部的容积率过高,这些都使得中世纪的市民产生一种对"开敞明亮"的城市空间的向往[①]。

此外,为了部队行进列队时的整齐美观,防止在城市中修筑街垒以及防止周围不规则形房屋里的人向部队投掷石块,减少射击死角,都要求道路尽量笔直宽阔[②]。

虽然巴洛克城市路网越来越直,但是巴洛克在建筑中却更多地去追求"动势",大胆采用椭圆等过去没采用过的曲面形式。特别是在西班牙加泰罗尼亚地区出现的"超级巴洛克"——柱子可以有几个柱头,柱身从多个方向扭曲,断折的檐部和山花象碎片一样埋没在迷乱的花环、涡卷、蚌壳之中;不遵从希腊和罗马的逻辑,一切都不稳定;混杂、毫无头绪,只是听任生命本身的冲动。后来西班牙涌现出多位钟情于"自然形"的建筑大师,从安东尼奥·高迪(Antonio Gandi i Cornet)、爱德华多·托洛哈(Eduardo Torroja)、费利克斯·坎德拉(Felix Cadela)直到近来的圣地亚哥·卡拉特拉瓦(Santiago Calatrava),这不能不说与当年的西班牙"超级巴洛克"有因承联系[③]。

4.3　中国传统城市的自然形态

中国传统城市具有与西方城市所不同的特色。如《空间是机器——建筑组构理论》的作者希利尔写道,"(在中国)社会与其空间构成的关系需要重新审视"[④],矶崎新说:"世界上很少有经过人工规划而成功的例子,北京完全是个例外。"[⑤]

中国建筑采用木结构,较早实现了建筑构件的标准化,这使得城市规划能以较小的代价来实现。自项羽火烧阿房宫后,许多朝代都进行了建立在破坏前朝城市基础上的"大规模重建"。历史上曾出现无数自上而下、短期建成的格网人工城市,如汉长安、曹魏邺城、隋唐长安、元大都、明清北京等,因为它们是都城,显然比在山地、河网地带外形不规整的城市和村落更应该受到重视。而在平原上形成的中国城市,几乎都不会主动修建成道路不笔直、不方正的样子。但从另一方面来说,中国的传统审美观中似乎又有"尚曲"、"道法自然"的愿望,特别是道家提倡"无为"的观点。

这两种显然互相矛盾的力量是如何得到调和的呢?或者说,中国古代城市如何从人工化的方格网中得到解脱的呢?

4.3.1　城市的低密度

多数中国城市是低密度的。新加坡国立大学测量过北京旧城的容积率,大约只在0.4左右,而欧洲巴黎旧城区,其容积率在2～3。0.4这样的低密度,大约和赖特的广

①　谷凯.2001.城市形态的理论与方法——探索全面与理性的研究框架[J].城市规划,25(12):36-41.

②　郑莘,林琳.2002.1990年以来国内城市形态研究述评[J].城市规划,26(7):59-64,92.

③　朱力.2003."道法自然"与尚曲——有机造型及其在当代建筑设计中的意义[D].北京:中央美术学院.

④　比尔·希利尔.2008.空间是机器——建筑组构理论[M].杨滔,张佶,王晓京,译.北京:中国建筑工业出版社.

⑤　袁烽.2005.建成与未建成——矶崎新的中国之路[J].时代建筑,(1):38-45.

亩城市差不多(在 MVRDV 的书《极限容积率》中,广亩城市的容积率被认为是 0.5)。因为汉代已经出现了高层建筑,因此,我们认为低密度可能并不全然是由建筑采用木结构导致的(虽然这也是其中一个重要原因),促成低密度的其他方面的原因可能是什么呢?

(1)车辆交通

西方直到巴洛克城市才广泛采用车辆交通,但中国在商代时,造车水平就已经很高了。1983 年发现的河南偃师商城遗址,商城内有两条道路:一条为东西向,长度达 600 m余、宽约为 8 m、厚约 0.3~0.5 m;另一条为南北向,长约 380 m、宽 9 m、厚 0.3 m。2000年安阳市考古专家在该市郭家湾新村考古时,发现一条呈南北走向,路宽约 9 m,长280 m 的商代道路。这条宽约 9 m 的道路大致分为两部分,中间为可供两辆马车并排行驶的车马道,路的两侧,各有宽约 1.8 m 的人行道。在道路的表面上,并排的四道车辙印迹清晰可见,每对车辙之间的距离为 1.9 m 左右。专家推测,当时的道路,车辆已经可以双向行驶[1]。

《周礼·考工记》关于王城规划制度的记载历来被视作经典——"匠人营国,方九里,旁三门。国中九经九纬,经涂九轨。左祖右社,前朝后市,市朝一夫"。这句话主要包含"礼制"成分,但如果从技术的角度看,似乎也能看出车辆的功能性——汉朝的郑玄曾解释这段话说:"'轨'谓'辙广'。乘车六尺六寸,旁加七寸,凡八尺,是谓辙广。九轨积七十二尺,此则涂十二步也。旁加七寸者,辐内二寸半,幅广三寸半,绠三分寸之二,金辖之间三分寸之一。"按照郑玄的解释,这所谓的九轨为 72 尺,每 6 尺为 1 步,就是说当时的道路的宽度为 12 步,换算成今制,则为 16.63 m。车轮间距趋于标准化,并以车的主要构件尺度——"轨"来衡量城市道路的宽度,可从一个侧面佐证车辆交通在当时城市中的普遍程度。

因为有发达的车辆交通,于是地主可以选择住在城里,乘车去自己在城外的土地巡视;也因为车辆交通,才使得城市在较低的密度下仍能运作。

(2)城市基础设施的需要

在古代,解决生活污水和垃圾、自来水、消防、通讯等基础设施供应比较困难,东西方皆然。唐长安城中,朱雀大道的宽度达到 150 m,几乎可以和豪斯曼以后的巴黎的林荫道相比。这样做的优点,也许并不完全在于提供视觉景观,而是对基础设施有利:

利于防火。木结构容易着火,而这么宽的道路可将火灾限制在一定范围内。

利于避免暴雨产生的内涝。由于中国属于季风气候,夏季雨水丰沛、瞬时雨量大。在比长安城更"紧凑"的日本平安京,街道上的下水道深度就超过了 3 m,可以料想,长安城的超宽道路具有一定的排放污水、蓄积雨水的功能。而《东京汴华录》中也有对"御沟水"的记载。

低密度是维持人工规划方法与自然造型之间的平衡比较简单可行的纽带。

因为低密度,院落布局也才有可能盛行起来。在一个方格网的低密度的城市构架下,人们可以在自己完全控制的一方小天地里尽可能地去追求自然造型——这与欧洲巴

① 钟正基.2007.《考工记》车的设计思想研究[D].武汉:武汉理工大学.

洛克追求人工形的城市与自然形的建筑的结合其实是类似的——园林和水面等绿色基础设施可以在低密度城市构架的基础发展起来①。"平地起蓬瀛,城市而林壑",能实现的一部分原因是城市建设中的低密度发展思路,如果在北海四周都建起高层,那就无法实现城市中自然。

4.3.2　建筑群的内向性

中国从没有发展出罗马那样"圆形＋放射"的"中心型"和"外向型"的城市格局,不论是在里坊制城市或者街巷制城市中,基本上是以院落组织空间。北京虽然是以紫禁城为中心,但这只是构图的中心,或者"象征意义"上的"中心",而不是实际功能意义的中心,并没有带来交通、人流、活动的聚集。

内向也意味着分散化,意味着城市空间的"弱中心性"和"功能分散化"。北朝时期的《木兰辞》是为写照:"东市买骏马,西市买鞍鞯,南市买辔头,北市买长鞭",这些物资需要到城市的不同区域才可以买到,这是一种商业上的分散化。这样的分散化,就使得城市地块有可能具有一定游离于整个城市空间的独立性。圆明园曾经号称"万园之园",为数众多、不同风格的园林被集中在一处,而彼此间能协调,这与它布局的"非中心性"与"内向性"规划有很大关系,它不似凡尔赛宫那样,采用"中心放射"式的格局,而是一个一个内向的院子的组合。

"山不在高,有仙则名;水不在深,有龙则灵"——这句话就是对"非中心性城市"中每个"局部内向空间"的写照。城市空间被墙所分隔,又被门所联系,形成一种乐章般的组织效果。

4.3.3　对自然的抽象和理性认识——"风水"

中国古人认识的自然,与枫丹白露派画家所认识的阳光普照的自然,以及英国模仿中国园林的如画园林所认识的步移景易的自然是有点不一样的,中国古人不是很在乎自然之外形,而在乎自然之"神",或者说"规律性";不太看中自然本身,而更看中自然与人的命运的关联。在商代发明甲骨文之前,可能就已经存在着"河图"与"洛书"(图4-15),这是一个数量化的自然模型,也成了《周易》和"风水"的起源。

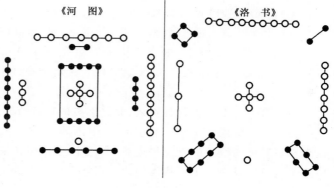

图4-15　"河图"与"洛书"

①　王其亨,张慧.2008.平地起蓬瀛,城市而林壑——中国古代城市的生命精神[J].天津大学学报(社会科学版),10(1):9-13.

　　由于中国属于季风气候,夏季容易洪水泛滥,因而河流的规律也是最需要被认识的自然现象之一。早在大禹治水的时候,就已经认识到,水患的解决方法在于"疏"而不在于"堵"。在秦朝时,李冰父子主持的都江堰水利工程,采用鱼嘴分水堤、飞沙堰溢洪道、宝瓶口引水口等手段,科学地解决了江水自动分流、自动排沙、控制进水流量等问题,使川西平原成为"水旱从人"的"天府之国"。这些都反映了中国古人对水力学知识比较准确的理解。

　　建筑与水流也讲究方位朝向。由于中国处在北半球,北岸凸而南岸凹,水挟带泥沙在河曲,易造成凸岸堆积成滩,而南岸不断被淘蚀挖涤导致堤岸坍塌,显然选在凸岸建房有利,即"反弓水"的一侧在风水中被认为是建房的吉位。

　　风水从对水流规律的认识出发,又拓展到对道路的组织。《水龙经》(图4-16)中曰:"直来直去损人丁",认为"气"是运动的,吉气走曲线,煞气走直线,有"曲则有情"、"曲径通幽处"的说法,忌"直抵黄龙府"。同时认为水止的地方,就有气储蓄,所谓"气行则水随,水止则气蓄"。曲水比直水好,水流三面环绕为吉,"水见三弯,福寿安闲,屈曲来朝,荣华富绕",谓之"金城环抱"。

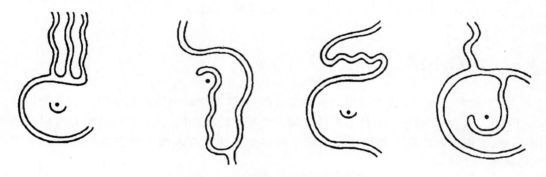

图4-16　《水龙经》中四种"吉水"的图示

　　风水学亦称堪舆学,"堪天道也,舆地道也",其研究理念是天、地、人"三才"统一之天人合一观,这也成为中国古代的城市设计原则。

4.3.4　因地制宜的山水城市

　　中国古城,除了在平原上修建的人工大城市外,也包括许多在山水秀丽的自然地形基础上发展起来的城市。《管子·乘马第五》说:"凡立国都,非于大山之下,必于广川之上;高毋近旱,而水用足;下毋近水,而沟防省","因天材,就地利,故城郭不必中规矩,道路不必中准绳"。意思是:建国都,如果不能选址在大山之下,也一定要选在比平川略高的地方。选址地势太高不利取水,太低则又不利排水。内城和外郭的形状不必是正方形,道路也不一定非要笔直。

　　这段话说明了中国古人在城市选址上除了"经途九轨"外,也有"因地制宜"的态度,这种态度是山水城市存在的基础。在山水中的城市具有顺应于自然的特征,如图4-17所示。

　　虽然上面这些城市设计中也存在格网,但都根据自然条件做出了变化。

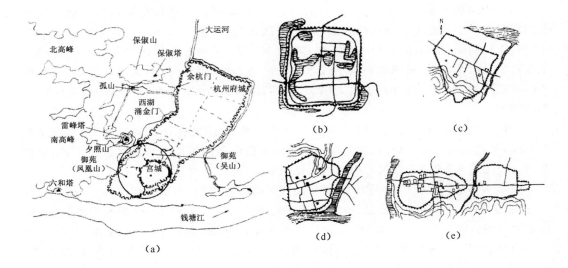

图 4-17　各地山水城市

注:(a) 南宋临安;(b) 河北束鹿;(c) 山西汾州;(d) 福建汀州;(e) 甘肃平凉

4.4　本章小结

　　本章提到了历史中许多重要的自然形城市,如欧洲中世纪城市和中国"风水"理论指导下的"天人合一"城市。自然形在传统城市中是广泛存在的,但它们的特色和成因又是不同的,下面列表比较了各类传统城市中自然形态的外在表现与内在设计理念上的差别,如表 4-2 所示。

表 4-2　各类型的传统自然形态城市比较

类别	古典城市	伊斯兰教城市	中世纪城市	文艺复兴城市	巴洛克城市	中国礼制城市	中国山水城市
造型特点	1. 既有路网曲折的自然形城市,又有符合希波丹姆模式的格网城市; 2. 城墙一般呈自然形; 3. 城市常选址在山地; 4. 向心格局和高度发达的公共空间	1. 曲折路网,多转折,多尽端式路网; 2. 高度的内向化、私密化; 3. 在清真寺前形成公共广场	1. 路网曲折; 2. 城市和社区的规模都比较小; 3. 城市常常选址在山地; 4. 在教会前形成广场	1. 继承了中世纪城市的一些特征; 2. 反映了文艺复兴时期的宇宙观; 3. 多棱形城墙以利于守卫	1. 道路更加笔直,建筑本身更具有动势; 2. 向心格局的灵活运用,城市多中心的出现	1. 格网、直线特色鲜明; 2. 低密度,局部园林,城市中的山水仍采用曲线造型为主; 3. 建筑群具有内向性,城市功能比较分散; 4. 采用象征手法表现自然的影响	1. 道路、建筑群、城墙等造型因素曲中见直; 2. 自然山水对城市轴线、功能布局和构图都有比较深的影响

类别	古典城市	伊斯兰教城市	中世纪城市	文艺复兴城市	巴洛克城市	中国礼制城市	中国山水城市
思想根源	1. 希腊早期科学和哲学提倡对自然进行观察，提倡科学和技术的应用； 2. 罗马用空间炫耀其实力	教规和《古兰经》的约束	1. 行会组织下，手工艺工匠的严整的艺术创作理念； 2. 教会提倡"休养生息"的理念	1. 商品经济下的实用态度； 2. 和谐的宇宙图示	1. 生命的冲动和现实的诱惑； 2. 城市社会性的加强	1. 认为宇宙和人是可以和谐相处的，主张"天人合一"； 2. 对自然的理性认识发展出"风水理论"； 3. 礼制文化	1. 管子因地制宜的思想； 2. 山水文化

在本章中，我们了解到，Hillier 和 Hanson 于 1984 年曾用拓扑几何方法对欧洲中世纪城市做了探究，他们还采用元胞自动机等当代复杂科学方法去研究复杂城市现象背后的规律性。这样的研究方法，能启发我们在当代科学方法基础上去理解古代中国城市的意象，例如，去理解和分析古老的"风水"理论。

5 城市自然形态设计的几何基础

5.1 几何学对自然形态城市设计的意义

在前两章中,已经介绍了许多富有魅力、丰富多彩的自然形。而设计师要认识和设计这些自然形,并为参数化设计打下基础,就应该比较细致地学习与自然形态有关的几何知识,这是为什么呢?

达·芬奇 14 岁在韦罗基奥老师那里学习绘画。前三年,老师什么也不允许达·芬奇画,只是让他专心练习画鸡蛋。韦罗基奥严肃地对达·芬奇说:"别以为画蛋很容易,很简单,要是这样想就错了。在一千只鸡蛋当中从来没有两只蛋的形状完全相同,即使是同一个蛋,只要变换一下角度看它,形状便立即不同了……所以,如果要在画布上准确地把它表现出来,非要下一番苦功不可。"这个故事告诉我们,如果我们用艺术的标准来看待"造型",就应该常怀着对形式的敬畏,培养眼睛对形式的高度敏感性,并训练眼手互动。

这个故事也从另一个侧面说明了精确描述和表达自然形态之困难,如果老师让达·芬奇画棱锥或球体,就比画鸡蛋又简单多了。

在城市设计中,如何精确绘制自然造型(比如自然形态中的自由曲线、曲面)? 又如何在施工放线中精确复现这种自然造型?

我们今天已不必像达·芬奇那样艰苦地画三年鸡蛋,因为我们已经有包含了NURBS 曲面或细分曲面功能,可以与三维扫描仪相连接的 CAD 工具。这样的制图工具,使形态从思想到图纸再到实际建筑过程都能如实地保持下来。而这些技术,比如NURBS,又是以几何学为基础的——"辅助制图"是几何学在城市自然形设计中的第一个作用。而"几何"这个词在徐光启和利玛窦翻译《几何原本》之前和之后的很长一段时间,在我国直接被称作"图学"。

几何学的另一个作用是作为逻辑推理和认识世界的基础和工具。20 世纪初爱因斯坦能够提出相对论,一个重要的原因就是采用了观念上不同于欧氏几何的"黎曼几何"。今天我们仍面临很多复杂的城市现象,不容易用简单的机械空间观念去解释。例如,我们很难说清为什么伦敦城中从平面看上去几乎差不多的两处城市地块,一块充满生机,另一块却成为滋生犯罪的温床。为什么在大致相同的区位上,捷得(Jerde)事务所设计的商场比盖里(Gehry)设计的商场实际上为业主创造了更多盈利。为探索这些城市复杂现象背后的本质,一些分析方法随之出现。比如,由英国伦敦大学巴雷特建筑学院的比尔·希列尔等提出的采用"空间句法理论"对城市"组构"进行分析,其实是以"拓扑几何"为基础的。接下来,本章将以认识先后顺序,讲解欧氏几何、解析几何、微分几何、分形几何和拓扑几何在建筑和城市设计中的运用。

5.2 几何学在自然形态城市设计中的运用

5.2.1 欧氏几何的应用

从今天尚存的尼日尔等土著聚落的稻草房子中,我们可以推测出远古的"巢居"造型中富含曲线[①],这些曲面的建造只需要简单的测量技术。而古埃及公元前 25 世纪左右的"斯芬克斯"狮身人面像是一尊巨大的石雕,包括了更多严格的曲面。

我国成书于公元前 100 年的天文著作《周髀算经》中说明了在大禹治水的时候,人们就已经知道"勾三、股四、弦五"了[②]。古希腊的毕达哥拉斯(Pythagoras)在公元前 500 年左右提出了勾股定理的确切表达式。毕达哥拉斯学派还发现了正五边形的尺规作图方法、整数比和黄金分割比与美感的联系等[③]。

虽然"几何公理之父"欧几里得(Euclid)憎恶以现实功用作为研究几何的动力[④],但古希腊的几何还是影响了建筑学。

古希腊的多立克柱式有光滑的收分曲线,以便柱子看起来挺拔有力。而从加工来说,一根柱子又要分成若干段的鼓形石。因此需要对这些"半成品柱子"做出严格的几何定义。在《弗莱彻建筑史》中,认为这个曲面是采用如图 5-1 所示的尺规作图方法得到的:量取圆周上等距的几点,通过这几点引地面的垂线,与处在不同高度的等距水平线相交得到一组交点,光滑连接这些交点(图 5-1 的点 1、点 2、点 3),如此,得到柱子的收分曲线(或者说是一段"余弦曲线")。其实为了纠正视差,希腊神庙中连"直线"也都作了严格的"预拱"。

球形也是一种能用尺规作图精确求得的曲面,罗马的万神庙就是采用球形做几何控制的(图 5-2)。尺规作图是第一种精确可行的曲面表示方法,它也是今天画法几何和阴影透视的技术基石。

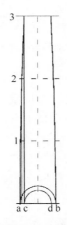

图 5-1 希腊多立克柱式的尺规作图方法

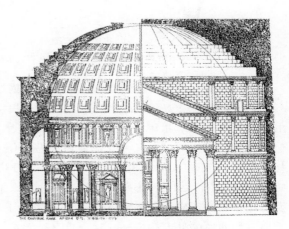

图 5-2 万神庙剖面、立面和控制它的球形

①　原广司.2003.世界聚落的教示 100[M].于天祎,刘淑梅,马千里,译.北京:中国建筑工业出版社.
②　江晓原.1996.《周髀算经》——中国古代唯一的公理化尝试[J].自然辩证法通讯,18(3):43-48,80.
③　皮特·戈曼.1993.智慧之神:毕达哥拉斯传[M].石定乐,译.长沙:湖南文艺出版社.
④　欧几里得.2003.几何原本[M].兰纪正,等,译.西安:陕西科技出版社.

上面的例子中,球、余弦曲线旋转面等都是相对"纯粹"的曲面,但这些曲面的定义方法在面对更多类型的曲面建筑物的设计要求时还嫌不足。设计工匠们发现,把这些曲面加以组合应用,或者将组成曲面的曲线组合利用,能画出更多的曲面:爱奥尼克柱式卷涡的渐开线就是用这种方法绘制的。其中一种画法的渐开线是用多达 12 个圆组合而成的。球面也能组成帆拱等变体(图 5-3)。古罗马斗兽场和巴洛克时期流行的"动感"的椭圆实际上是被简化成四个圆相接合而成的(图 5-4)。

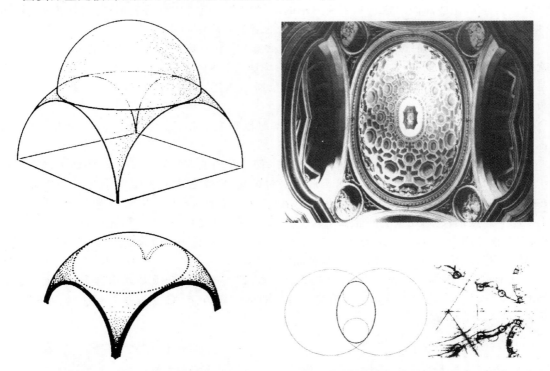

图 5-3　由球面组合而成的帆拱　　图 5-4　巴洛克时期椭圆形的组合作法和建筑的室内照片

哥特的尖券也是可以用组合尺规作图法描述的(图 5-5)。

甚至 20 世纪 60 年代的悉尼歌剧院也是用组合球面的方式做几何定义的,这个方法由建筑师本人用了几年时间才想出来。它比奥雅纳工程顾问(ARUP)设想的其他几种似乎更"高级"的解析定义方式都要漂亮些。伍重能想出这个方法受到了阿尔瓦·阿尔托的影响。伍重 1982 年说:"阿尔托曾云,'樱桃花一束,花花各不同,花花又相近'。吾感此言深,及至大工程,每每有应用。"[①]组合球面方法在现代还有生命力,是因为组合球面有比较强的适应性和易施工性——这来源于球面高度的几何对称性。悉尼歌剧院只需要一种曲率的外表钢模——这一点复杂解析曲面办不到(图 5-6)。

① Philip D. 1999. Jorn Utzon Sydney Opera House[M]//Beth D, Denis H, Mark B, et al. City Icons. London: Phaidon Press, Ltd.

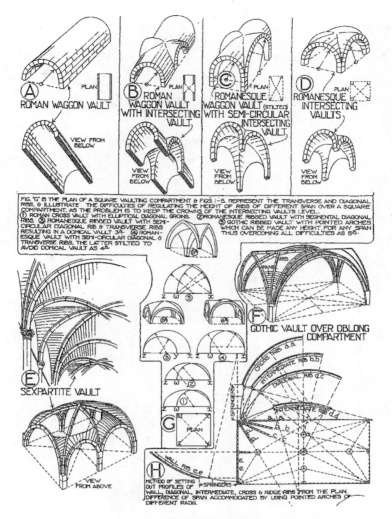

图 5-5　哥特时期多种拱的尺规作图画法

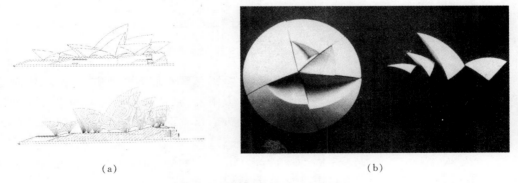

　　　　　　（a）　　　　　　　　　　　　　　　　（b）

图 5-6　悉尼歌剧院设计方案图

注：（a）悉尼歌剧院最初方案（1957 年图）与简化到球面（1962 年图）造型的对比；

　　（b）模型说明各个壳体曲面都是从球面中撷取的

5.2.2 解析几何的应用

圆虽然简洁、对称、优美，但文艺复兴后的天文学家从望远镜中发现，行星运行的轨迹不是圆，也不能精确地用圆的组合来表达；将物体水平向掷出，其飞行的轨迹也不合于圆。为了描述这类运动产生的轨迹，1637 年，法国数学家笛卡尔创立了用坐标和关系式表达几何形状的"解析几何学"。

其实，在此之前，中国古代工匠在设计屋面曲面的时候，也有了一些解析几何"以直定曲"和"关系式表达"的朴素思想。在成书于元符三年的《营造法式》中，对屋面曲线的设计做了一种建议：采用 1/10 的比例尺做出大样图，用纵横坐标的方法确定屋面曲线，叫"折屋之法"[①]。

原文如下："折屋之法：以举高尺丈，每尺折一寸，每架至上递减半为法。如举高二丈，即先从脊槫背上取平，下至橑檐方背，于第二缝折一尺，若椽数多，即逐缝取平，皆下至橑檐方背，每缝并减上缝之半"。

这样，就用直角坐标对屋面曲线做了精确的定义[②]（图 5-7）。

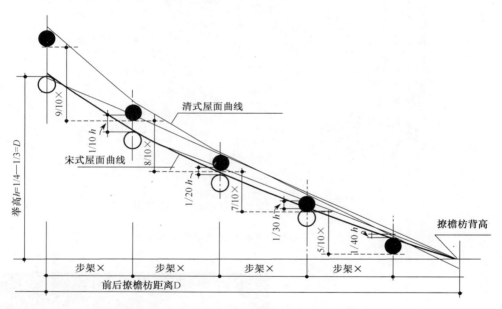

图 5-7 《华夏意匠》中比较的宋式与清式屋面曲线

除了中国古建筑屋顶曲线，在工程中得到广泛应用的解析曲面有椭球、抛物面等等。这些曲面的空间特性是能够用代数表达式去阐发的，这就为研究曲面中的受力状况提供了依据。反过来，人们也可以通过受力状况，反推曲面形式。例如，我们可以去

---

① 吴葱.2004.在投影之外：文化视野下的建筑图学研究[M].天津：天津大学出版社.文章提到：[唐]柳宗元《梓人传》中已有类似方法之记载，今青海贵德玉皇阁考古发现有实存图。

② 李允鉌.2005.华夏意匠：中国古典建筑设计原理分析[M].天津：天津大学出版社.有很多学者观察到，用引文推导的公式产生的屋面曲线与现存建筑实物屋面曲线间有出入，如：潘谷西，何建中.2005.《营造法式》解读[M].南京：东南大学出版社；有人认为中国古建筑屋顶曲面形成与材料（竹笆）自然弯曲有关。

证明,拱在荷载均匀分布且都向下时,若使横截面只受压力,其纵轴线形状恰好是抛物线[①]。

这样的抛物线拱,相对以圆为基础的组合形,能更充分地消除在截面上的弯矩。今天的拱桥多采用抛物线拱,而不再采用历史上常用的组合双心圆拱,就是这个道理。

值得注意的是,几何上和工程中称呼的"双曲面"意义有时可能不同。例如,我国北京火车站屋顶,名为"双曲面薄壳",其实是一段抛物线沿另一抛物线"放样"而得来的曲面。因为这两条素线都是曲线,所以叫它双曲面。而这并不符合几何双曲面的严格定义:一个曲面上任一点到两个焦点的距离之差值都相等[②](图 5-8)。

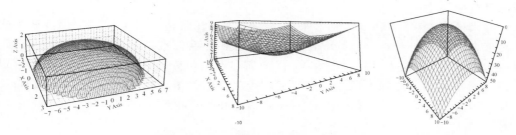

图 5-8 几何椭球、单叶双曲面、抛物面

符合受力的建筑形虽公认为是优美的,但除了抛物线拱等简单解析曲面,其他曲面中的应力计算,若考虑结构自重,用初等数学就难于描述了。直到哥特后期的教堂,也离不开用"飞扶壁"这样的"拐棍"撑着屋顶曲面[③]。

能描述曲面内应力的工具——微积分——被认为是牛顿在 1666 年前后和莱布尼茨同时分别发现的。微积分使解析几何演变为代数几何和微分几何。不仅今天 CAD 中的

---

① 这个证明如下:(符号参考诺里斯、威尔伯.1978.结构分析[M].陈东义,许崇尧,译.台南:正言出版社)
设有任意形状杠杆,其左右两绞支点 A 和 B 分别在平面坐标系 XOY 的$(0, 0)$,$(l, 0)$,杠杆受水平向下均布荷载 q,A 和 B 的水平、竖直方向反力为 R_{Ah},R_{Al},R_{Bh},R_{Bl},弯矩为 M_A 和 M_B,

$R_{Ah} = R_{Bh} = F$

$R_{Al} + R_{Bl} = ql$

$M_A = M_B = 0$

$\Rightarrow R_{Al} = R_{Bl} = \dfrac{1}{2}ql$

以从 A 点$(0, 0)$到无特性之 X 点(x, y)间的一部分作为研究对象,

$R_{Ah} = R_{Xh} = F$

$R_{Al} + R_{Xl} = qx$

$M_A = M_X = 0$(杆中无弯矩)

$\Rightarrow -\dfrac{1}{2}ql \cdot x + F \cdot y + \dfrac{1}{2}qx \cdot x = 0$

$\Rightarrow y = -\dfrac{q}{2F}x(x - l)$

此时杠杆形状恰为抛物线。

② 计学闰,王力.2004.结构概念和体系[M].北京:高等教育出版社.

③ Mark B. 1999. Antoni Gaudi expiatory church of the sagrada familia[M]//Beth D, Denis H, Mark, B, et al. City Icons. London:Phaidon Press, Ltd.

NURBS,而且理论物理中的相对论、弦论等新发现也受惠于微分几何。中国数学家陈省身和苏步青都曾在微分几何上有发现。

5.2.3 "找形法"与索引曲面

用简单解析法描述的曲面虽然精确,却是不自由的——二次曲线只能通过同一平面上互不相关的五个点,或者不指定其所在的平面的三个点。而几何上的"自由曲面"意味着构成曲面的曲线能通过一定区间内任意数量的无关点。比如,地球表面就是一种"自由曲面",它通过所有用三角法测出坐标的"地形控制点"。如果在山地上进行建设,基地这种自由曲面的形状应该被描画下来,以便建筑师估算土方和确定地坪。

清代样式雷在陵寝的设计中,采取了在平面设计网格交点上标高程的办法来表达地表曲面上的控制点,同时用连接这些控制点的近似直纹面代替天然地表缀面。样式雷把这些"高程图"叫"平子样"。因为高程点均匀分布在矩形网格上,所以可以方便地用矩阵表达这些离散点。这类似于今天在 GIS 中常用的数字高程模型(Digital Elevation Model, DEM)或者数字地形模型(Digital Terrain Model, DTM)中的一种[1]。

另一种早期对地表这种自由曲面的表达法是等值线图。等值线是把曲面上具有相同属性(比如距离一点、一个平面的距离相等)的点用近似曲线连起来以近似表达曲面的方法,其一特例是表示地形常用的等高线图。这种直观、简单的方法却诞生很晚,直到1774 年,当必须非常精确地去测量一座大山的体积和形状,以计算地球质量和万有引力常量 G 时,才由数学家查尔斯·赫顿所发明[2]。

索引离散点法和等值线法这两种最早的自由曲面表达法缺点还比较突出,它们对控制点之外的点的表述是近似的,但 19 世纪至 20 世纪中期,它们还是帮助人们完成了历史上最早的一批"受力合理的自由曲面建筑"。

胡克在 1675 年就已经发现了拱顶"找形法",他描述"拱的合理形式与倒过来的悬索一致"——因为稳定的悬索中没有压力;所以反过来,拱的截面上也不应该有拉力。历史上第一个对受力状况进行详细设计的拱顶在 1697—1710 年由建筑师雷恩主持设计的圣保罗大教堂中[3]。19 世纪末至 20 世纪初,西班牙加泰罗利亚地区的高迪采用帆布找形法设计了包含更为丰富多样曲面的圣家族大教堂。高迪拱顶曲面总体上并不是简单的抛物面,而是依荷载分布不同作了调整,这样的自由曲面是一种自由的"荷载相关找形曲面"[4](图 5-9)。

至 20 世纪 60 年代,德国建筑师弗雷·奥托(Frei Otto)采用了肥皂膜和弹性线等新材料以适应新型索膜结构外形的等应力极小曲面的找形:

---

① 吴葱. 2004. 在投影之外:文化视野下的建筑图学研究[M]. 天津:天津大学出版社.

② 比尔·布莱森. 2005. 万物简史[M]. 严维明,陈邑,译. 南宁:接力出版社.

③ Frei O. 1984. IL32: lightweight structures in architecture and nature[C]. Institut fur Leichte Flachentrawerke. 一说该建筑是从 1675 年开始设计的。参见:罗小未,蔡琬英. 1986. 外国建筑历史图说[M]. 上海:同济大学出版社.

④ Karin W. 1985. Portrait Frei Otto[M]. Berlin:Quadriga Verlag J. Severin.

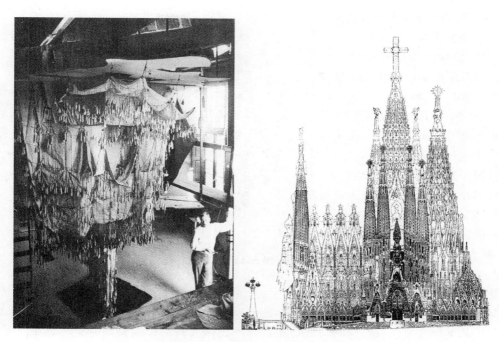

图 5-9　高迪代表作圣家族大教堂的找形用帆布模型和教堂的立面图

　　这些在找形实验得到的肥皂膜和弹性线的样子,被弗雷·奥托通过近景摄影测绘方法绘成了工程图,这些图对曲面的表达采取了索引离散点法(图 5-10)和等值线法(图 5-11)两种手段。这些图形的绘制和数据计算,可以为裁切原材料提供依据。

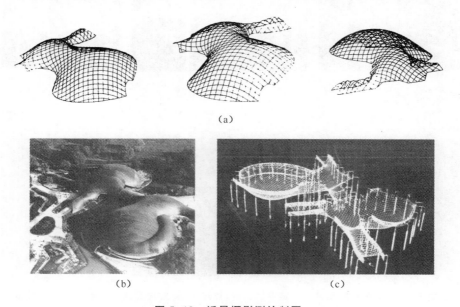

图 5-10　近景摄影测绘制图

注:(a) 索引离散点曲面图;(b) 弗雷·奥托事务所设计的建筑;(c) 找形弹性线模型

另外,细小有规律的面片,即使单个并非曲面,当数量足够多的时候,组合起来也能形成总体上优美有序的曲面。蜂巢就是自然界中的一个例子。这种形自20世纪80年代以来被作为"折叠形"的一种,而引起西方建筑界的关注[①]。图5-12是1983年莫斯科轻型结构博览会上展出的,以数列控制的索引离散点法为基础的三种建筑原型。这些与在GIS中常被使用、被称为三角不规则网(Triangular Irregular Network,TIN)的是姊妹形。美国建筑师富勒(Fuller)所发明的

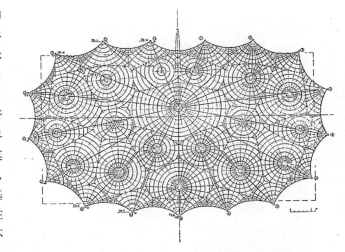

图5-11 弗雷·奥托包含了等值线思想的索膜建筑屋顶曲面工程图

空间网架结构建筑是这一类建筑最早的探索。他为1967年世博会设计的"测地线穹窿"启发了化学家克罗托、斯莫利和科尔,使其猜测出碳元素的第四种同素异形体的分子空间结构,并用富勒的名字为C_{60}命名。

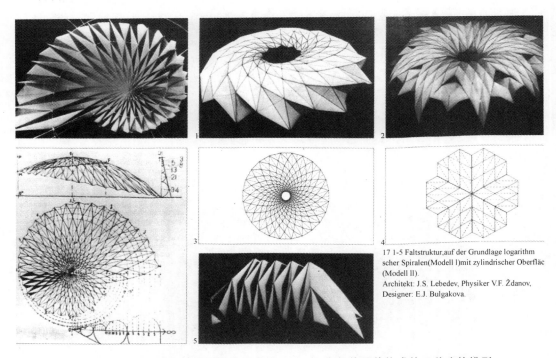

17 1-5 Faltstruktur,auf der Grundlage logarithm scher Spiralen(Modell l)mit zylindrischer Oberfläc (Modell ll).
Architekt: J.S. Lebedev, Physiker V.F. Ždanov, Designer: E.J. Bulgakova.

图5-12 莫斯科轻型建筑博览会展出的,以细小、有规律面片构成的三种建筑模型

① "折叠形"建筑专题探讨见:Architectural Design 102。

5.2.4　微分几何与样条曲面(包括 NURBS 曲面)①

如果说悬链线和抛物线是人类战胜重力的里程碑,那么样条曲线就是人类战胜流体阻力的里程碑。紧致、连续、光滑是其感觉上的三个特征。样条曲线的原形是"样条"(Spline),在采用计算机辅助设计之前,船舶、汽车和飞机的模线是借助富于弹性的匀质细木条、金属条或有机玻璃条绘制的。虽然这种东西听起来像是儿童玩具的发条,但 20世纪 50 年代计算机得到应用以前,人类就是在这些原始"样条"的帮助下,实实在在地制造出了喷气式飞机和万吨轮船②。这种样条曲线其实既是物理中的"找形曲线",又是可以用微积分表达的"微分曲线"。它相当于受节点集中荷载的匀质细梁,其所生成的变形曲线使梁处于应变能最小的状态。用这个约束作条件,在微积分的帮助下,曲线的形状就能解出。

不难发现,这种样条曲线如果和第 5.2.3 节提到的索引离散点方法结合起来,就能严格地确定自由光滑曲面上控制点之外的点③。

理想极小应变能样条曲线的计算过程很复杂,为了提高机器的运算效率,二十世纪六七十年代的先驱们简化出了几种样条曲线,如贝齐尔曲线、B 样条曲线和 NURBS等④。以发明者贝齐尔(Bezier,法国雷诺汽车公司的一名工程师)命名的贝齐尔曲线很美。这种美或许源自于她内在的、异乎寻常的简洁算法——德卡斯特里奥算法⑤。这个算法的几何表达如下:

设 A、B、C 是一条三顶点贝齐尔曲线 l 上顺序不同的三个点,A 点和 C 点的两切线相交于 D 点,B 点的切线分别交 AD 和 CD 于 E 和 F,则如下比例成立:

$$\frac{AE}{ED} = \frac{DF}{FC} = \frac{EB}{BF} = k$$

反过来,给定这个比例 k,也就可以绘出 B,大量 B 点的集合就是三顶点贝齐尔曲线 l。当 k 取 0 的时候,正好说明过 A 点的直线 AD 是样条曲线 l 过 A 点的切线。当顶点更多的时候,可通过重复上述作图得到(图 5-13)。

---

① CAD/CAM 中处理样条曲线的很多方法是从黎曼几何、拓扑学等几何分支中引进的。而这些几何分支又曾经作为爱因斯坦相对论或者"弦论"等近现代的物理学的几何工具。有些建筑理论家因此把用 NURBS 几何定义的曲面建筑称为"黎曼空间建筑"、"非欧几里得空间建筑"、"拓扑形建筑"、"非线性建筑"等。这些提法或联系见于尼尔·林奇,徐卫国.2006.涌现·青年建筑师作品[M].北京:中国建筑工业出版社;王弄极.2005.用建筑书写历史——北京天文馆新馆[J].包志禹,译.建筑学报,(3):36-41;Greg L. 1999. Animate Form[M]. New York: Princeton Architectural Press 等。

② 苏英姿.2004.表皮,NURBS 与建筑技术[J].建筑师,(4):85-88.认为 Spline 一词产生于 13～16 世纪威尼斯的工匠中,此时的 Spline 仍然是尺规曲线。

③ 格雷戈·林恩(Greg Lynn)也用"非确定但严格"(Inexactly Yet Rigorous)这样模糊的语句来形容样条曲面是自由性与可精确内插性的统一体,见:Greg L. 1998. Folds, Bodies and Blobs: Collected Essays[M]. New York: Princeton Architectural Press.

④ 除 NURBS 曲面,Coons Mesh 因其简单性,也是建筑中常用的一种曲面。我们经常使用的 Autodesk AutoCAD R14—2004 的 Edgesurf 曲面功能都是以 Coons Mesh 为基础的。AutoCAD2004 的 Edgesurf 曲面是以四条任意类型的曲面边封闭的曲面,由 M·N 个缀面构成,用 Surf tab1 和 Surf tab2 两个参数可以调整缀面的数量,最多时达到 32 766X32 766 个。见:Auto CAD User's Reference[Z]。

⑤ 施法中.1994.计算机辅助几何设计与非均匀有理 B 样条[M].北京:北京航空航天大学出版社.

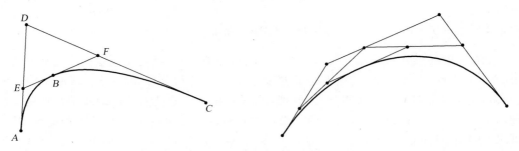

图 5-13 三顶点和多顶点贝齐尔曲线的作图方法

不过,贝齐尔曲线的不足在于:

① 每个顶点都会影响最终形成的外形,使形体整体平滑,但缺少局部特征。

② 不能精确表示除抛物线外的圆锥曲线。

B 样条曲线改善了上述缺点①,NURBS 在进一步改善缺点①的时候,还改善了缺点②。NURBS 的特性在于它引入了"控制点权重"的概念,使曲线上的各个控制点能不均等地影响曲线(图5-14),使曲线能胜任严谨地绘制圆锥、圆柱、球体等表面的需要。不过,因为建筑中所允许的误差远比机械、航空领域宽松,所以在建筑中,光滑表面有毫米级的误差,非光滑表面有厘米级误差常常是

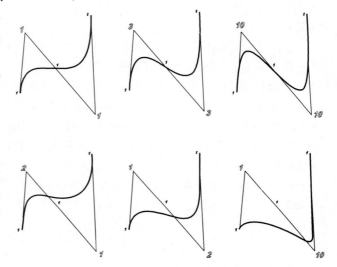

图 5-14 相同的顶点排布下,NURBS 不同控制点权重
使曲线具有不同的形状

注:图上顶点附近所标注的空心字就是控制点权重值

允许的,曲面拼接通常也是允许的,因此具有高精确性的 NURBS 还没能受到计算机建模艺术家的一致欢迎,比如陈大钢认为 NURBS 使用起来比 Mesh 繁琐①。

哥伦比亚大学的格雷戈·林恩(Greg Lynn)在《"活"的形式》(*Animate Form*)一书中认为,以样条曲线为基础的动画软件可以帮助建筑反映空间"力"和"运动"②。徐卫国在《涌现》中认为,英国建筑联盟学院等建筑学校正在研究这样复杂的几何形,并与参数化设计结合起来。而盖里事务所早在 1989 年为巴塞罗那奥林匹克公园设计雕塑时,就开始使用了以样条曲线定义形状的航空设计软件 Catia③。为了避免商业软件使用上的复杂性和"不可靠性",盖里事务所采用三维扫描仪去捕捉天然黏土模型的外形。他们设计

---

① 陈大钢. 2004. 神工鬼斧——3D 模型的最优化建立[M]. 北京:机械工业出版社.

② Greg L. 1999. Animate Form[M]. New York:Princeton Architectural Press.

③ 关于盖里使用 Catia 的情况介绍见于:詹姆斯·斯蒂尔. 2004. 当代建筑与计算机——数字设计革命中的互动[M]. 徐怡涛,唐春燕,译. 北京:中国水利水电出版社.

的毕尔巴鄂古根海姆博物馆,在外壳曲面上达到了相当诡异的程度(图5-15)。

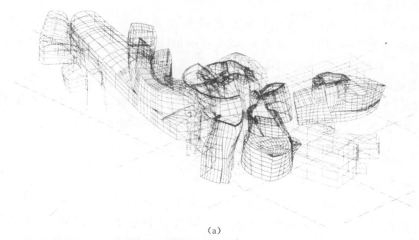

(a)

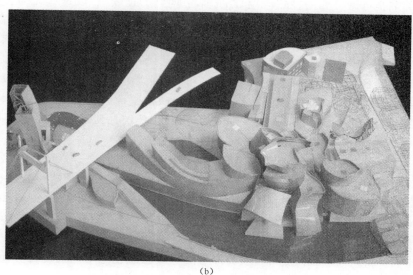

(b)

图5-15　盖里的毕尔巴鄂古根海姆博物馆

注:(a) NURBS线架模型;(b) 实物模型。

对 NURBS 等几何定义方法的研究使"画法几何"演变为了今天计算机辅助几何设计(Computer Aided Geometric Design, CAGD)这门新学科。CAGD 为更好地进行计算机工程数值分析和计算机辅助制造创造了可能性。

今天以 CAGD、CAE 和 CAM 技术为基础的盖里古根海姆博物馆(钢结构)和哈吉德沃尔夫斯堡费诺科学中心(钢筋混凝土结构)都已经落成[①]。前者借用了船舶制造技术,后者采用了预制高精度模板和特制超流动性免振捣混凝土。我国由王弄极设计的,

---

① 利维希,塞西里亚.2002.弗兰克·盖里作品集[M].薛皓东,译.天津:天津大学出版社;郭振江.2006.德国沃尔夫斯堡费诺科学中心[J].时代建筑,(5):113-118.

有大面积曲面玻璃的北京天文馆也已经建成。这些例子证明了计算机样条曲面方法在建筑应用中的实用性。

从尺规曲面—解析曲面—索引离散点表示法、等值线图—NURBS,曲面建筑的几何学在过去的两千多年间,从简单到复杂、从粗朴到细腻、从静态到动态、从拘束到自由、从迟钝到敏感、从单参数到多参数地逐渐进化。

建筑是技术与艺术的综合,我们要学习经典曲面建筑的艺术处理手法,要学习它出现的哲学和社会背景,也要学习形成它的技术方法和为什么采用那种技术方法的原因。所谓"知其然,更要知其所以然"。全面地了解,才能走向真正的创新。

5.2.5 分形几何的应用

1) 分形几何的定义和特点

前面提到的一些几何学,如欧氏几何,研究圆和直线;解析几何,研究圆锥曲线;代数几何,研究复数空间内的方程曲线;微分几何,研究 Beizier 和 NURBS 等"自由曲线",这些曲线内部都是可微可导的,在计算机图形学上叫"C1 连续"。以这些几何去描绘无生命的工厂、水轮机、超音速飞机一类物体,显得得心应手,但去描绘具有复杂结构和层次的生物体,却是低效的。例如,我们用以微分几何为基础的 CAD 软件去画一棵具有真实感的小树,那么我们需要费劲地沿着树的每片叶子描画曲线,再对叶子的轮廓曲线分别进行闭合和放样操作,即使如此,我们画出的"树"模型也不能拉近观看,因为没来得及为每片叶子都画上叶脉。这仅仅是一个小例子,但反映出来的问题对城市设计来说又非常重要:自然形式具有多层次、多尺度、多细节的特性,用传统几何来表示可能是不简洁、不经济和不优雅的。

分形几何的创始人曼德勃罗说:"分形是自然界的几何学。"——这么说,是因为年轻的分形几何学为描述蜿蜒曲折的海岸线、起伏不定的山脉、变幻无常的浮云、纵横交错的血管、眼花缭乱的满天繁星这类极不规则与极不光滑的自然物提供了一种新的视角、新的度量标准和新的表达方法。1995 年,巴蒂(Michael Batty)曾在为《自然》(Nature)杂志而撰写的《看待城市的新方式》(New Ways of Looking at Cities)一文中宣布:"在过去十年里,地理学家和规划师看待城市增长与形态的方式已经发生了巨大变化。"他所说的这个"新方式",正是以分形几何的思路来看待城市[1]。

相比传统图形,分形图形具有下面的特点(严格说不止这四个特点):

① 分形图形具有跨尺度的自相似性。

② 分形图形是非光滑的,也就是说不能用"线性内插"的方法来预测分形图形的某局部。

③ 统计分形图形具有多重层次性,数学分形图形则具有无穷的层次性。

④ 分形图形表面上的复杂不意味着其规则的复杂——非常复杂的分形图形也可以由非常简单的规则产生。

下面展示了一个著名的分形图形——曼德勃罗集,它集中体现了上面列举的分形图形的四个特点,让建筑师称奇的是,如此丰富繁杂的图形,却是用非常简单质朴的公式

---

① Michael B. New ways of looking at cities[J]. Nature, 377(19):574.

$Z_{n+1} = Z_n^2 + C$ 在复数平面上生成的(图 5-16)。

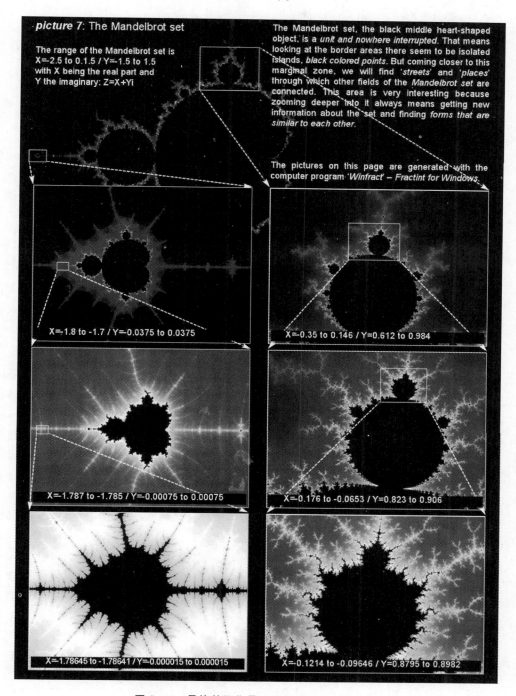

图 5-16　曼德勃罗集是一种严格意义上的分形

　　图 5-17 则是埃及阿斯旺湖区的航拍图,我们可以看出,在一定尺度上,它也具有与曼德勃罗集相类似的分形特征。

图 5-17　阿斯旺湖面在一定尺度下呈现出统计分形特征

2）分形几何学的研究历史

"分形"的英、法、德文都是 Fractal，名词与形容词也同形——这是因为"Fractal"是由在波兰出生的曼德勃罗从拉丁文"Fractus"生造出来的词。1975 年，在 IBM 公司工作时，曼德勃罗用法语写成了《分形对象：形、机遇和维数》（*Les Objects Fractals：Forme，Hazard et Dimension*）一书，两年后他又出版了英文版[①]。1982 年，增补版《大自然的分形几何学》出版。这些图书的出版，标志着"分形几何"作为最年轻的几何分支正式诞生[②]。前一本书已由文志英和苏虹从法文第四版译成了中文版，而后一本书也由陈守吉和凌复华翻译为中文。

在这两本图书出版之前，曼德勃罗曾在 1967 年《科学》（*Science*）杂志上发表过《英国的海岸线有多长？统计自相似和分形纬度》（*How Long is the Coast of Britain？Statistical Self-Similarity and Fractional Dimension*）一文，文中引用了此前理查森（Richardson）对海岸线与其他自然地理边界测量出来的长度如何依赖测量尺度的研究。理查森观察到，不同国家边界测量出来的长度 $L(G)$ 是测量尺度 G 的一个函数。他从不同的几个例子里搜集资料，然后猜想 $L(G)$ 可以通过以下函数来估计：

$$L(G)=MG^{1-D}$$

曼德勃罗将此结果诠释成海岸线和其他地理边界可有统计自相似的性质，指数 D 是边界的豪斯道夫维度（Hausdorff-Becikovich Dimension）。不同地理条件下，海岸线的豪

---

①　曼德勃罗.1999.分形对象：形、机遇和维数[M].文志英,苏虹,译.北京：世界图书出版公司.

②　伯努瓦·曼德勃罗.1998.大自然的分形几何学[M].陈守吉,凌复华,译.上海：上海远东出版社.

斯道夫维度是不同的,如南非海岸线的豪斯道夫维度为 1.02,而英国西海岸的豪斯道夫维度为 $1.25^{①}$(图 5-18)。

图 5-18　不同测量尺度下的英国海岸线长度

　　在论文的第二部分,曼德勃罗描述了不同的科赫(Koch)曲线,它们都是标准的自相似图形。曼德勃罗显示了计算它们的豪斯道夫维度(维度为 1～2)的方法。

　　那么,什么是科赫雪花呢?这是在 1904 年,由瑞典数学家科赫设计出的一种图形,它可认为是由下面的方法生成的图形:

　　取长度为 L_0 的直线段,将其三等分,保留两端的线段,将中间线段改换为成夹角 60° 的两个等长的直线,即图 5-19 中 $n=1$ 的操作。将长度为 $L_0/3$ 的四条直线段再分别进行三等分,并将它们中间的一段均改换成夹角为 60° 的两段长为 $L_0/9$ 的直线段,得到

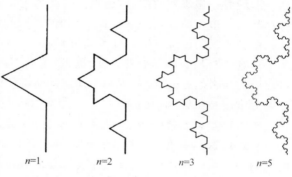

图 5-19　科赫曲线

图 5-19 中步数(n)为 2 时的操作。重复上述操作直至无穷,便得到一条具有自相似结构的折线,这就是"三次科赫曲线"。

　　除了科赫曲线,在《分形对象:形、机遇、维度》一书出版前即早已被发现的分形曲线还有不少:在 1875 年,由德国数学家维尔斯特拉斯(K. Weierestrass)构造的处处连续但处处不可微的函数,集合论创始人德国数学家康托(G. Cantor)构造的有许多奇异性质的三分康托集。1890 年,意大利数学家皮亚诺(G. Peano)构造的填充空间的曲线。1915 年,波兰数学家谢尔宾斯基(W. Sierpinski)设计了像地毯和海绵一样的几何图形。这些图形几乎都是为解决拓扑学中的问题而提出的"反例",它们的共同点在于都是数学意义上的"分形",其豪斯道夫纬度在各尺度跨度上都严格大于它们的拓扑维度^{②}。有人说,并非是曼德勃罗"发现"了分形,而是他"重新发现"了分形。今天在中图分类标准中,也将

---

　　① 　Benoit M. 1967. How long is the coast of Britain? Statistical self-similarity and fractional dimension[J]. Science,156(3775):636-638.

　　② 　凯依(Kaye B H).1994.分形漫步[M].徐新阳,等,译.沈阳:东北大学出版社.

分形几何放在拓扑几何的次级目录下。

自从曼德勃罗(1998)本人用分形研究城市现象以来,很多学者从不同角度进行了"分形城市"和"分形建筑"的研究,下面说明分形几何的一些应用。

3)分形几何的建筑应用:用"分形度"作为一项形式控制指标

欧氏几何体可采用长度、面积等"指标"去评价,"面积"指标又可以衍生出用于城市设计的"建筑密度"、"容积率"、"绿地率"等指标。而分形几何体的这样一个"指标"就是分维度。图5-20是加拿大科学家凯在他的专著《分形漫步》中演示的几条不同曲线的分维度。

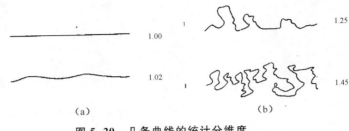

图5-20　几条曲线的统计分维度
注:(a)数字为拓扑纬度;(b)数字为统计分维度

如果我们将图5-20这条曲线看作城市实空间(以建筑和道路为主)与城市虚空间(以绿地为主)的交界线(不妨称其为城市轮廓线),那么我们可以直观地想象,在一定尺度上(大约从几千米到几十米),此轮廓线的分维度既不能太高,因为太高意味着生态绿地过于破碎;也不能太低,因为太低意味着是绿地还没有充分"嵌入"建筑,绿地的生态作用没有被城市充分地利用,可以作为参考的是,二维无规则布朗运动轨迹的分维度大约是1.5。那么,什么样的城市轮廓分维度是比较合适的呢?

英国科学家巴蒂(Batty)和朗利(Longley)在1994年研究过上面这个问题,并写进了《分形城市》这本书里[1]。他们发现,不论是英国的伦敦还是德国柏林,近年来对城市的不断人为规划和改进的结果,使城市轮廓线的分维度向1.7趋近(图5-21)。巴蒂用统计学将结果进一步精确化为1.701±0.025,他认为越接近这个数,城市轮廓越显得理想。

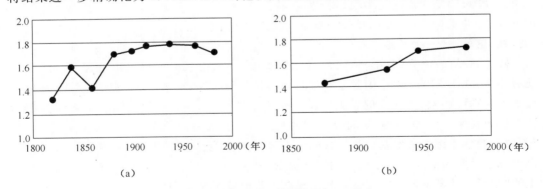

图5-21　伦敦和柏林的城市轮廓线分维度
注:(a)伦敦;(b)柏林

---

① Batty M, Longley P A. 1994. Fractal Cities: a Geometry of Form and Function[M]. London: Academic Press.

　　上面已经简要介绍了"分维度"的意义,下面具体说上面的"分维度"是如何得到的。豪斯道夫纬度的数学定义比较复杂,计算也相当繁琐,而且城市或建筑并非严格意义上的"数学分形",它们的分形特征只体现在某些特定尺度和层次上,所以城市轮廓线并不适合用数学解析法计算其维度,而更适合采用变通的统计方法。

　　其中一种方法最早是在 1929 年由 Bouligand 引进的,这种方法被称为盒维数(Bouligand)法,或"包围盒计数法(Box-Counting Method)",其具体方法如下[①](图 5-22、图5-23):

　　① 在图形上覆盖边长为 ε 的小正方形,统计有多少正方形中含有分形图形,记入 N 中。

　　② 缩小正方形的边长,使 $\varepsilon=\varepsilon/2$,再统计一下有多少正方形含有分形图形,记入 N 中,以此类推。

　　③ 统计不同的 ε 值下记入的 N 值,然后分别取对数,在双对数坐标系中画出统计曲线。

　　④ 计算曲线的斜率,即分维数 D。

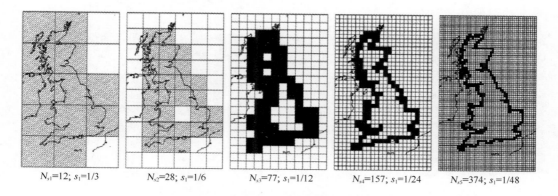

$N_{s1}=12;\ s_1=1/3$　　　$N_{s2}=28;\ s_1=1/6$　　　$N_{s3}=77;\ s_1=1/12$　　　$N_{s4}=157;\ s_1=1/24$　　　$N_{s5}=374;\ s_1=1/48$

图 5-22　不同尺度英国本岛海岸线的包围盒

注:N 代表含有分形的包围盒数量;s 代表包围盒的欧氏几何边长

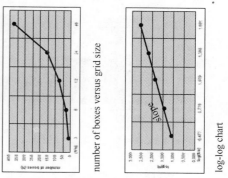

measurement between different scales: $D_{b(s2-s4)}=(\log N_4-\log N_2)/(\log(1/s_4)-\log(1/s_2)=(\log157-\log28)/(\log24-\log6)=1.244$

图 5-23　英国海岸线分维数的计算图表

　　① Wolfgang E L. 2003. Fractals and fractal architecture[EB/OL]. http://www.iemar.tuwien.ac.at/fractal_architecture/subpages/01Introduction.html.

　　用类似的方法也可以衡量建筑立面的美感,因为如果分维度过高,建筑立面会显得"繁琐";而过低,则立面又显得"空洞",我们推测,最符合视觉美的建筑立面分维度也会在某个定值左右。图5-24、图5-25是赖特的建筑"罗比住宅"(Robie House)以及维也纳技术大学建筑和数字化设计专业的劳伦兹(Lorenz)对罗比住宅立面和镶嵌玻璃窗的分维度所做的测量。

图 5-24　赖特的罗比住宅

注:(a) 罗比住宅的沿街透视图;(b) 1906 年的镶嵌式玻璃窗

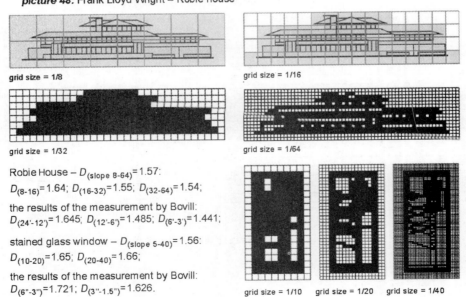

图 5-25　罗比住宅和镶嵌式玻璃窗在各尺度跨度上具有不同的分维度

4) 分形几何的建筑应用：作为生成新图形的工具

虽然"分形"这个名词还很年轻，但分形作为一种辅助设计的方法其实已有比较悠久的历史。如果说欧氏几何下，建筑是"构成"的，如我们常说的"直曲构成、立体构成、色彩构成"等，那么分形的建筑是"生成"的，如"简单递归生成、L-体系生成、元胞自动机生成"等，这些方法是近年来西方参数化设计中的形态生成（Morphology Generation）或涌现建筑（Emerging Architecture）得以产生的技术基础。下面介绍几种常用的分形生成方法在建筑和城市设计中的应用。

（1）迭代法

观察前面介绍的科赫雪花的迭代，再观察从古典至巴洛克时期欧洲多边形城市的发展，是否已经意识到这二者之间的相似性呢？ 劳伦兹用图示的方法对二者进行了比较，如图 5-26、图 5-27 所示。

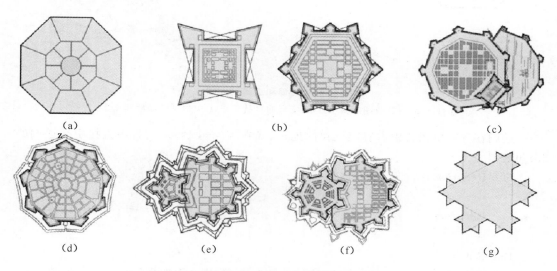

图 5-26　从古典到巴洛克时期的欧洲多边形城市

注：(a) 理想城市——公元前 1 世纪，由维特鲁威设计；(b) 具有方格形道路网和四边至十二边形城墙的城市——16 世纪，由 Pietro Cataneo 设计；(c) 有堡垒的要塞城市——1554 年，由 Pietro Cataneo 设计；(d) 意大利帕尔马诺维（Palmanova）——1593—1595 年，巴洛克理想城市；(e) 具有独立堡垒的理想要塞城市——大约 1600 年，建筑师不详；(f) 德国南部城市曼海姆（Mannheim）——1622 年；(g) 科赫岛（Koch Island）

这两者之所以在形式上有相近之处，是因为欧洲多边形城墙在设计演变过程中，不自觉地运用了类似于科赫雪花的迭代"递归"思想。"递归"是指系统在一定程度上重复其自身。在上面的例子中，城墙的锐角在向外扩展过程中，不断引用缩小后的自身形式——迭代的次一级是上一级在某种程度上的重复，从本质上符合《建筑空间组合论》所认为的"形式美是在变化中达到统一"，因此整个城墙图形具有非常和谐统一的感觉①。

① 彭一刚.2008.建筑空间组合论[M].北京：中国建筑工业出版社.

(a)　　　　　　　　　　(b)　　　　　　　　　　(c)

图 5-27　城墙和工事放大图

注:(a) 维特鲁威理想城市;(b) 变形的科赫雪花;(c) 后世的城墙和工事

递归在计算机语言中占有很重要的地位,如在 Visual Basic 语言中直接引用递归的语句是:

Sub Recur(n)

　　…

　　　　Recur(m)

　　…

End Sub

如果我们熟悉 Maxscript 或者 VBscript 语言,可以方便地在 3ds MAX 或者 XSI、Rhinoceros 等软件中绘制这类和谐的递归图形。

(2) L-体系(Lindenmayer System)方法

美国语言学家乔姆斯基在 20 世纪 50 年代研究出一种特殊的递归生成语法,通过指定一个或一组"生成规则",将生成规则反复作用到初始字母和新生成的字母上,就可以产生出比较复杂的语句。这种方法曾被艾森曼用来解释自己的创作理念。

例如:

字母表:L,R

生成规则:L→R, R→L R

初始字母:R

则有:

R→L R→R L R→L R L L R→R L R L L

L R→L R L R R R R L R→…

如果我们设 R 为 -45°的直线段,L 为

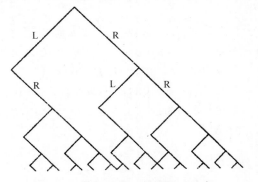

图 5-28　递归生成语句的图形形式

—135°的直线段,那么上面的规则语言又容易转化为如图5-28的图形形式。

匈牙利生物学家林登梅耶(Aristid Lindenmayer)在研究植物形态的进化与构造时,于1968年提出了一种与上述很相近的文法描述系统,他将这种系统称为"Graftal",后来Graftal发展为形式语言的一个重要分支,称为L-体系。1984年,史密斯(A. R. Smith)首次将L-体系引入计算机图形学领域。

L-体系是一类独特的迭代过程,其核心概念是重写。作为一种形式语言,L-体系用字母表和符号串来表达生成的对象的初始形式,然后根据一组产生式重写规则,将初始形式的每个字符依次替换为新的字符形式,反复替换重写,最后生成终极图形。

今天在电脑图形中不少模拟植物的软件正是采用L-体系。而规划和建筑中有不少"枝状结构",如以尽端路为主的规划平面,或者建筑中的枝状结构物,都可用L-体系模拟。为了增加模拟结果的丰富性,除了恒常条件外,建筑师还常加入一些"随机条件",如图5-29中,ArchiGlobe公司为阿根廷巴塔哥尼亚地区(Patagonia, Argentina)设计湖滨住宅时,就引进了随机条件。

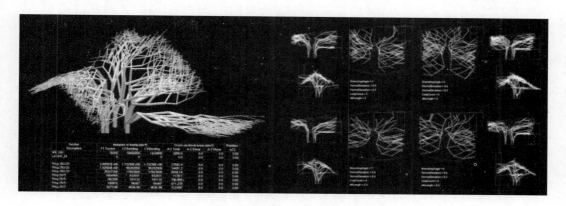

图5-29 阿根廷巴塔哥尼亚地区的湖滨住宅设计图
注:ArchiGlobe公司为阿根廷巴塔哥尼亚地区(Patagonia, Argentina)
设计湖滨住宅时采用L-体系模拟,并引入了随机条件

德国GMP建筑事务所曾以设计了灵活而轻巧的树枝状候机楼结构而闻名[①]。而苏黎世联邦理工学院(ETH)在意大利那不勒斯加里波第广场(Piazza Garibaldi, Naples)的地铁入口设计中引入了L-体系发展了这种枝状结构,软件能对生成的200代结果进行结构受力的检验,每一代又都有大约40种不同的变化(图5-30)。

老子曾在《道德经》中说:"道生一,一生二,二生三,三生万物。"——而L-体系也正是由"字母表、生成规则和初始字母"这三者生长出变化无穷的可能性的,这是个有趣的巧合。

(3)模拟特定动力下的复杂城市形

"模拟"是解析几何诞生后几何学的一项新使命——如果知道重力加速度和一个抛

---

① Klaus B, Manfred G, Oliver T. 2008. Form, force, performance: multi-parametric structural design[J]. Architectural Design, 78(2): 20-25.

图 5-30　那不勒斯加里波第广场地铁入口设计中的枝状结构物

射而出的物体的初始速度和角度,那么我们不难求出此物体未来在空中的运动轨迹。在微分几何的帮助下,NASA 曾经计算出太阳系每颗星球在某时某刻的位置,并且选择了一个每 176 年才"凑巧"出现一次的机会,将两颗"旅行者"(Voyager)号探测器送向遥远的太空,它们按"计划"依次接近木星、土星、天王星和海王星。1989 年 8 月 24 日,飞行了12 年计 45 亿 km 的"旅行者"2 号(Voyager 2)在离海王星很近的距离上清晰地拍摄并传回地球 6 000 多幅彩色照片,令当时的东西方都惊叹不已,而这一时刻却是在 1977 年发射之前就预先"模拟"好的。

　　基于微分几何和牛顿力学的空间飞行模拟的成功无疑会激励城市设计师。我们知道,今天的城市政策一定会对未来的城市造型产生影响,如果我们能模拟出特定动力下的城市在未来的形,无疑能提高今天制定城市政策的水平。但城市形非常复杂,不再适于采用微分几何描述,而更适合采用元胞自动机等方法进行描述。

5.2.6　拓扑几何的应用

　　·1858 年莫比乌斯(August Ferdius Mobius)发现,一个扭转 180°后再两头粘接起来的纸条具有特别的性质。普通纸带具有两个面——一个正面,一个反面;而这样的纸带只有一个面(即单侧曲面),一只小虫可以爬遍整个曲面而不必跨过它的边缘。沿中心线切割莫比乌斯圈,莫比乌斯环不会一分为二,而会延长为原来的两倍。

　　由于莫比乌斯圈和克莱因瓶的空间解析图示在建筑设计分析图中大量采用,"拓扑几何"这个词越来越频繁地出现在近来的建筑期刊上,不少建筑师也津津乐道地宣称自己的设计为"拓扑建筑"[①]。例如,由 UN Studio 的本·范·贝克(Ben van Berkel)在1993—1998 年历时六年设计的"莫比乌斯住宅"就是其中比较早,也比较"像那么一回事"的作品(图5-31)。

---

　　① 付已榕.2005.无限的空间——莫比乌斯住宅之挑战[J].新建筑,(6):85-87.

这的确也可以算是"拓扑几何"在建筑中的一种运用,但拓扑几何在建筑和城市设计中的作用,还不止于此。

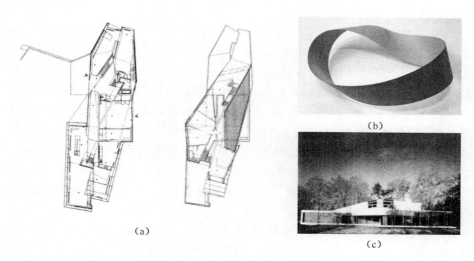

图 5-31 UN Studio 设计的莫比乌斯住宅
注:(a) 平面图;(b) 莫比乌斯圈的模型;(c) 建筑照片

1) 拓扑几何的起源和定义

拓扑几何的诞生来源于"七桥"问题——著名古典数学问题之一:在哥尼斯堡的一个公园里,有七座桥将普雷格尔河中两个岛及岛与河岸连接起来。那么是否可能从这四块陆地中任一块出发,恰好通过每座桥一次,再回到起点。

欧拉把实际问题抽象简化为平面上的点与线的组合,每一座桥视为一条线,桥所连接的地区视为点。这样若从某点出发最后再回到这点,则这一点的线数必须是偶数。欧拉最后给出任意一种河—桥图能否全部走一次的判定法则:如果通奇数座桥的地方不止两个,那么满足要求的路线便不存在了。如果只有两个地方通奇数座桥,则可从其中任何一地出发找到所要求的路线。若没有一个地方通奇数座桥,则从任何一地出发,所求的路线都能实现(图 5-32)。

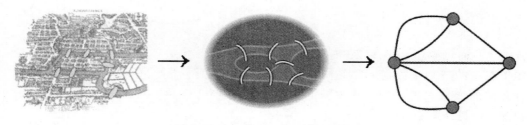

图 5-32 欧拉求解"七桥问题"的思路

也就是说,如果图中含有三个和三个以上的连接奇数根直线的点,那么这个图形就不能一笔画成。

欧拉的这个思路非常重要,它表明了数学家处理实际问题的独特之处——把一个实际问题抽象成合适的"数学模型"。这种研究方法就是"数学模型方法"。

1736 年,欧拉在交给圣彼得堡科学院的《哥尼斯堡七座桥》的论文报告中阐述了他的解题方法。这就是"拓扑几何"的起源。

拓扑是"研究几何图形在连续变形下保持不变的性质(所谓连续变形,形象地说就是允许伸缩和扭曲等变形,但不允许割断和粘合),现已发展成为研究连续想象的数学分支。"拓扑空间是一种数学结构,在这种数学结构里面,人们可以把诸如收敛、连通、连续等概念加以形式化。拓扑空间是欧几里得空间的一种推广。给定任意一个集,在它的每一点赋予一种确定的临近结构便成为一个拓扑空间。在拓扑学里不讨论两个图形全等的概念,而是讨论拓扑等价的概念。比如,尽管圆和方形、三角形的形状、大小不同,在拓扑变换下,它们都是等价图形;换句话讲,从拓扑学的角度看,它们是完全一样的。在拓扑变换下,只要点、线、块的数目仍和原来的一样,就是拓扑等价。一般地说,对于任意形状的闭合曲面,只要不把曲面撕裂或割破,它的变换就是拓扑变换,就存在拓扑等价。

拓扑学被形象地称为"橡皮薄膜的几何学"。比如有一个洞的一块橡皮薄膜,我们可以任意改变它的形状,只要不把它剪开或者把它的两点粘在一起,这块橡皮薄膜有一个洞的性质不会改变。因此"洞"是一种典型的大范围拓扑性质。而在橡皮薄膜的塑性形变下,我们通常熟悉的距离、朝向、大小等性质的改变,并不会完全改变橡皮膜上元素之间的相互关系。

拓扑学不是研究不变的距离、角度或面积问题,而是基于接近(Proximity)、分离(Separation)、继承(Succession)、闭合(Close)、连续(Continuity)等关系。它最初得到的秩序是基于接近关系,但这样形成的各个"聚合"(Collection)不久就发展成进一步结构化的整体,由连续性和闭合性构成特征①。

2)拓扑几何的建筑应用:生成一组有内在关系的图形

Greg Lynn 的《"活"的形式》(*Animate Form*)中认为,拓扑变换是一种塑造复杂性造型的方法:通过拓扑变换,可以从一个方案得到一组方案。图 5-33 是 Greg Lynn 书中的插图,反映了从面包圈到茶杯,以及一组甲壳虫的造型是如何利用拓扑几何的变换来生成的。其中甲壳虫的拓扑变换引自 Thompson《论生长与形式》一文中的研究成果。

在参数化设计中,类似的拓

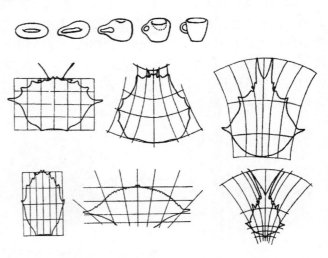

图 5-33　Greg Lynn "*Animate Form*"书中关于拓扑几何的插图

---

① 王科奇.2005.激进形式的探索——拓扑与分形[J].建筑科学,21(4):62-67.

扑变形是非常容易由计算机去完成的,例如,我们可以轻松地在 3ds Max 中,利用"Morpher"或"FFD"等命令绘制一组表面上看起来不一样,但其实具有相同的内在拓扑关系的图形(图 5-34)。

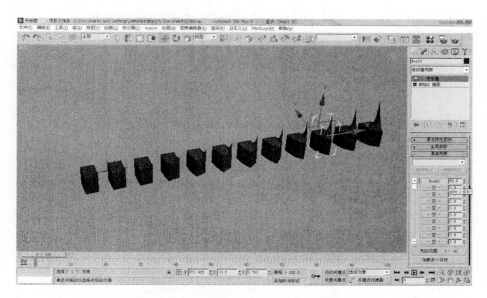

图 5-34 利用"Morpher"命令绘制一组具有相同的内在拓扑关系的渐变图形

3)拓扑几何的建筑应用:将图论用于分析空间连接关系

哥尼斯堡七桥问题可以看作"空间分析"的第一个问题。不可能不重复地一次走完七座桥——这个结论是客观的。建筑和规划本质上可看作探求空间组织的关系。许多问题有可能通过将形形色色的实际形状抽象为数学模型而得到比较客观的分析结果。

保罗·拉索曾在《图解思考》中介绍了"泡泡图"方法,并将这种方法当成解决复杂功能的建筑设计的一种辅助手段,如辅助航站楼、火车站和医院的设计(图 5-35)。这种方法就是放弃建筑空间的面积因素,而只看空间是如何连接起来的。这其实就是拓扑几何中的图论最基础的应用。

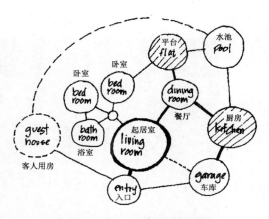

图 5-35 保罗·拉索的图解思考

而在城市生态领域,Linehan 等研究者将拓扑几何中的图论运用到评价生态网络的效率上,通过连通度、点线率等指标来衡量一个城市的绿色廊道系统的效率。

而受到理查德·罗杰斯赞扬的"空间句法"方法,也是建立在"拓扑几何"基础上的。空间句法可以给出许多关于人使用空间的结论,将建筑理论从"规范性"理论转化为一种"分析性"理论。图 5-36 是比尔·希列尔的"空间句法"理论中对空间的抽象方法。

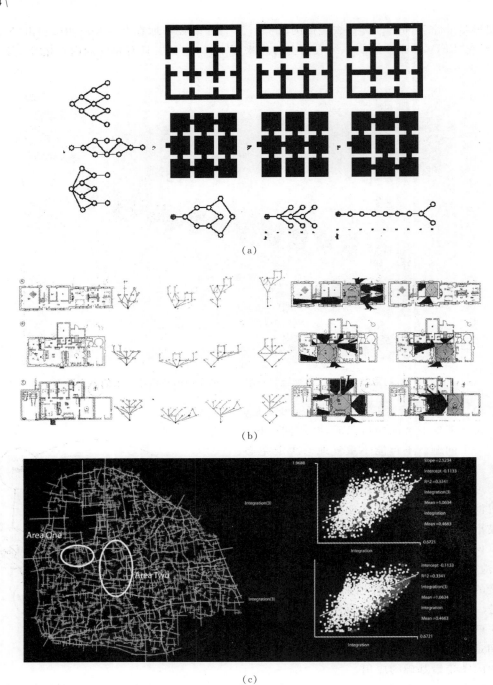

图 5-36 比尔·希列尔的"空间句法"中的抽象方法

注:(a) 对建筑进行"凸形分割"并绘制"连接图";(b) 对建筑进行"视区分割"并绘制"连接图";
(c) 对城市路网做轴线抽象,并分析"集成度"

5.3 本章小结

本章总结了可能在自然形态城市设计中起作用的几何学的相关内容。而在后几章中,将结合具体实例比较具体地介绍如何在计算机平台上利用这些几何知识来解决自然形城市设计中的问题:例如,如何用 NURBS 来绘制复杂曲线、曲面,如何利用空间句法理论来分析城市空间中人群的活动趋向等。

几何的作用,不只是用来画图,而且在分析设计问题、给出设计的"优化解"方面,发挥出越来越大的作用。

著名批评家查尔斯·詹克斯在提出"功能追随形式"之后,近来又大胆地提出了"建筑追随宇宙观"的假说。而几何学通过影响人们普遍的宇宙观,也可以潜移默化地影响建筑的发展。

6 (关联)参数化方法

本章将深入探讨与自然形态城市设计有关的(关联)参数化技术的应用历史、技术发展阶段、主要实现手段、相关软件、通常工作程序等问题。

6.1 建筑领域应用(关联)参数化设计方法的历史

6.1.1 西方早期的应用——盖里和格雷姆肖等建筑师的实践

参数化设计方法为建筑界所引进,应追溯至 1989 年,盖里事务所为了完成为 1992 年巴塞罗那奥运会设计的鱼形雕塑——虽然叫做"雕塑",但这个鱼形雕塑比许多建筑都要巨大(长 54 m,高 35 m),这是盖里与 SOM 合作设计的 14 000 m² 的商业综合体的一部分(图 6-1)。

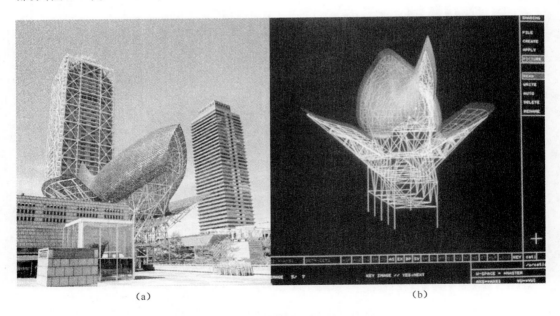

(a)　　　　　　　　　　　　　　　(b)

图 6-1　巴塞罗那奥运会的鱼形雕塑

注:(a) 照片;(b) Catia 软件中建模时的图片

首先,盖里手工制作了这条鱼的金属和木头的混合传统模型,然后开始为绘制施工图作准备(在美国,施工图是由施工单位而非建筑师绘制的)。

盖里事务所在当时只买了两台计算机,且并不是用来画图,而是给会计记账用的。

他让当时还在哈佛大学任教的威廉·米切尔[①]和他的学生伊文·史密森（Evan Smythe）来帮忙。这两人用在哈佛大学的机器上安装的类似于 3D Studio 的 Alias 软件建模，Alias 虽然能精确绘图，但在当时，以细分曲面为基础的图形还不能方便地用来控制数控加工（不过现在细分曲面也可以控制数控加工了）。

盖里让吉姆·格里菲（Jim Glymph）再想想办法。1991 年，吉姆最终找到了与 IBM 公司合作的法国达索系统公司的 Catia 软件[②]，请来航空界的技术精英里克·史密斯（Rick Smith），以较低价格租借来了运行 Catia 的 Unix 工作站。Catia 当时已经出色地完成几个重要的航空工业项目，如阵风战斗机。而另一个重要项目，第一次全"无纸化"的波音 777 的设计，也正在紧锣密鼓地进行中。

Rick Smith 在 Catia 上建模，将曲面片状构件展开后用激光雕刻机输出到塑料纸板上，再通过弯折塑料片进行"编织"，并与曲面龙骨相胶结——这条鱼就活灵活现地从电子文件又变回了模型，和盖里当时手工做成的那个模型形状几乎一模一样。这种"面向建造"的计算机绘图方式，让盖里喜出望外。鱼的结构设计是请 SOM 公司的工程师完成的——今天 SOM 在参数化设计方面仍保持领先，并一直选择 Catia 以及从 Catia 衍生出的 DP（Digital Project）。这条"大鱼"是由意大利公司 Permasteelisa 施工的。Permasteelisa 计划先建造足尺模型来验证设计图和建造方法的正确性，保证成品的高质量，同时还能让盖里能直接面对足尺模型，再提些修改意见。因为工程的复杂性，Permasteelisa 前六次面对二维图纸搭建原尺寸模型的尝试都没完全成功。第七次，Rick Smith 带着 Catia 工作站前往意大利帮忙。应意大利工人的要求，Smith 把 Catia 文件直接输出到计算机数字控制机床（Computer Numerical Control，CNC）上，这一次取得了圆满成功。最后经过全站仪和激光轨迹器的测量，每 1 000 个节点中只有两个节点的误差在 3 mm 以上。而 Permasteelisa 公司经过这件事情以后，也购买了 Catia 软件和工作站[③]。

紧接着，盖里事务所又在 Catia 软件支持下，完成了汉诺威世博会公交车站项目。在此之后，1998 年，盖里 60 岁的时候，完成了古根海姆博物馆的设计，获得了普利兹克奖。其中，汉诺威公交站是"完全无纸"设计。在这些设计中，Catia 的参数化功能在初始创意中并不占有很明显的成分，它主要体现在消除设计与建造之间的巨大裂隙上。从"建造"出发，将设计中一些实际因素，如"造价"数量化。以技术支持和限制创意——这些是盖里应用 Catia 的特色。

Catia 的早期建筑应用还应包括法国三位安瑟姆工程学院（著名的法国工程学院）的

---

① 威廉·米切尔（Willian Mitchell）后来兼任了 MIT 媒体实验室和建筑系的系主任，他的著作包括：The Logic of Architecture：Design, Computation, and Cognition（MIT Press, 1990），Placing Words：Symbols, Space, and the City（MIT Press, 2005），Me＋＋：The Cyborg Self and the Networked City（MIT Press, 2003），E-Topia：Urban Life, Jim—But Not as We Know It（MIT Press, 1999），High Technology and Low-Income Communities, with Donald A. Schon and Bish Sanyal（MIT Press, 1998），City of Bits：Space, Place, and the Infobahn（MIT Press, 1995），The Reconfigured Eye：Visual Truth in the Post-Photographic Era（MIT Press, 1992）等，这七本中的三本被译成中文，分别为《比特之城——空间、场所、信息高速公路》《伊托邦：数字时代的城市生活》和《我＋＋——电子自我和互联城市》。

② Catia 软件是"Computer Aided Tri-Dimensional Interface Application"的缩写。Dassault System. 2009. CATIA - design excellence for product success[EB/OL]. http://www.3ds.com/cn/products/catia/welcome/.

③ Bruce L. 2001. Digital Gehry：Material Resistance, Digital Construction[M]. Basel：Birkhäuser Basel.

学生的实践,他们从 1991 年开始在 Catia 平台上对法国勃艮第地区的查鲁尼修道院进行复原设计。虽然这个修复设计并未真正建成,但 Catia 还是将复原设计做成了互动漫游,并导出"*Memoires de Pierres*"影片中的部分视频①。

另一个应用"参数化设计"方法的早期工程是 1993 年由英国尼古拉斯·格雷姆肖(Nicholas Grimshaw)事务所设计的伦敦滑铁卢车站(London Waterloo Station)②。这座建筑既有非常精巧纤细的剖面结构——采用彼此相扣的正反双向索承结构;又具有非常特殊的平面形式——以适应铁路弯曲的连续变化,而将这二者以不可思议的戏剧性方式结合起来的,正是参数化方法与有限元计算的巧妙结合(图 6-2)。

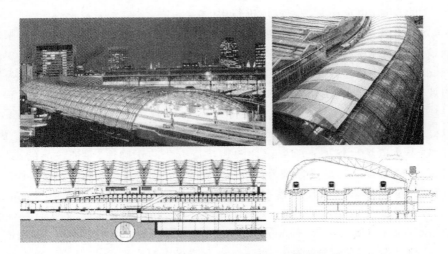

图 6-2　采用参数化方法设计的伦敦滑铁卢车站

从早期应用可以看出,参数化设计方法在很大程度上是为了表达和建造复杂几何形体而被引进的。

6.1.2　国内（早期）实践

同国外类似,我国参数化设计也是先在别的行业,如机械和出口优势行业——纺织业中得到研究,然后才有建筑行业的运用。在施工图设计阶段,比较早的应用是 20 世纪 90 年代末由航空部建筑设计研究院设计的北京天文馆。

在新兴事务所中,马岩松曾经利用参数化设计技术完成了一些让人耳目一新的高层建筑,且获得了实施的机会,如获得国际设计竞赛奖的密西沙加市的公寓"梦露大厦"和天津开发区的中钢大厦。这两个设计中的技术运用都异常简单有效(图 6-3)。

马达思班建筑设计事务所的马清运也利用参数化设计与有限元计算的结合,设计了雷诺卡车公司总部等自由曲面形的建筑作品。

① IBM 公司. 2009. IBM 的知识与技术帮助建筑业联结过去和将来[EB/OL]. http://www-900. ibm. com/cn/smb/industries/other/othcon_ibmknow_c. shtml.

② 大师系列丛书编辑部. 2006. 尼古拉斯·格雷姆肖的作品与思想[M]. 北京:中国电力出版社.

图 6-3　马岩松设计的"梦露大厦"和中钢大厦

6.2　参数化设计思路的发展

参数化设计同任何事物一样,也是循着从简单到复杂的规律进化的,下面介绍参数化设计发展的几个阶段。

6.2.1　几何约束

虽然今天,参数化设计仍是建筑和城市设计中的一个新颖的概念,但实际上,当伊凡·苏泽兰(Ivan Sutherland) 20 世纪 60 年代在电子管计算机上构思第一代 CAD 软件"SketchPad"的时候,已将今天参数化设计中一项基本的功能——几何约束(Geometric Constraints)包括在内了(图 6-4)。

所谓几何约束,是通过设定几何关系,让图中的某些部分发生改变的时候,另一些部分做出相应的改变——例如,我们绘制图 6-5 中小房子的山墙立面时,设定窗户在墙面中心位置,如果我们把墙面的左边界再向外扩展一些,那么窗户也会跟着向左侧移动;提高檐口,窗户也会跟着提高位置。

图 6-4　Ivan Sutherland 在操作 SketchPad

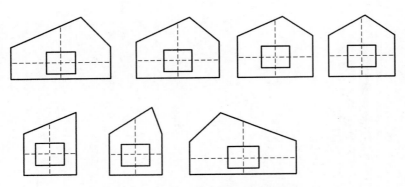

图 6-5　设定了几何约束的建筑立面

　　图 6-5 中这些房屋的立面虽然各不相同,但又有一个共同点:那就是它们的窗户都在各自墙面的中心位置。"几何约束"就是为了限定这个"共同点"的(图 6-6)。

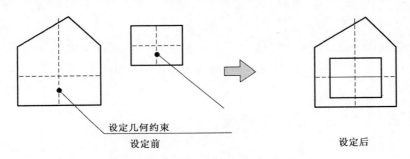

设定几何约束

设定前　　　　　　　　　　　　　　　设定后

图 6-6　设定几何约束前后对比图
注:设定几何约束使窗户的中心线与墙面中心线二者相合(Coincident)

　　马岩松的梦露大厦可以看作一个采用几何约束进行设计的例子。这个建筑各层平面图略有不同。而这些所有不同的平面,其实只需要控制一个参数,就是椭圆旋转的角度。而其他平面上的要素,都可随这个角度的变化而自动变化(图 6-7)。

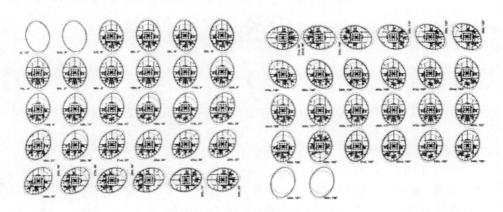

图 6-7　梦露大厦的各层平面

6. 2. 2 几何关联

上面的"小房子"例子中，虽然"几何约束"解决了在墙面布置一扇窗户的问题，但如果墙面再大一点，可能就需要多扇窗户，这时候，可用代码对程序进行控制，例如采用最简单的"If…Then…Else If…Then…Else…End If"语句。我们可以对上面这个例子用如下 VB 形式的伪代码进行设定：

```
Sub"在墙上放窗户"
Dim"墙面宽度","窗户宽度"As Single
Dim"窗户 A 的有无","窗户 B 的有无","窗户 C 的有无" As Boolean
    If"墙面宽度" ＜ 1.5 ＊ "窗户宽度" Then
        MsgBox("墙面宽度超过预设范围，没有空间放窗户")
        "窗户 A 的有无" = False
        "窗户 B 的有无" = False
        "窗户 C 的有无" = False
    Else If "墙面宽度"＜＝ 3 ＊ "窗户宽度" Then
        "窗户 A 的有无" = False
        "窗户 B 的有无" = True
        "窗户 C 的有无" = False
    Else If"墙面宽度"＜＝ 4 ＊ "窗户宽度" Then
        "窗户 A 的有无" = True
        "窗户 B 的有无" = False
        "窗户 C 的有无" = True
    Else If"墙面宽度"＜＝ 5 ＊ "窗户宽度" Then
        "窗户 A 的有无" = True
        "窗户 B 的有无" = True
        "窗户 C 的有无" = True
    Else
        MsgBox("墙面宽度超过预设范围，窗地比可能无法满足日照规范")
        "窗户 A 的有无" = False
        "窗户 B 的有无" = False
        "窗户 C 的有无" = False
    End If
End Sub
```

上面这段代码是为了告诉程序，当墙面尺寸在 1.5 至 5 倍窗户宽度之间的时候，可以在墙面上设置一扇、两扇或三扇窗户：当墙面宽度为 1.5 至 3 倍窗户宽度的时候，设一扇尺寸较宽的 B 窗；当墙面宽度为 3 至 4 倍宽度尺寸的时候，设两扇尺寸较窄的 A、C 窗；当墙面宽度在 4 至 5 倍窗户宽度的时候，设 A、B、C 组合窗。

图 6-8 是程序执行的几种效果。

由于选择结构的局限性，我们必须穷举每种情况。而如果我们采用循环结构语句，

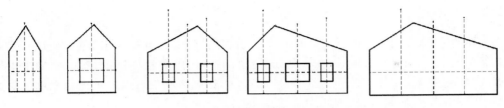

图 6-8　用代码使程序做出应变反应

则不论墙面多宽,都可以绘出窗户来。采用迭代方法,还可以绘制许多令人惊叹的分形图形,这对设计立面有很大帮助。图 6-9 是塞西尔·巴尔蒙德设计丹尼尔·里伯斯金的维多利亚·艾伯特博物馆时采用的由数学家罗伯特·阿曼在 20 世纪 70 年代发现的"阿曼拼贴"分形算法所生成的饰面。

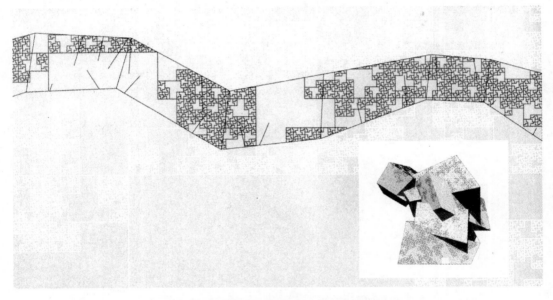

图 6-9　维多利亚·艾伯特博物馆采用的分形饰面

软件能接受用户的代码定义而做出更复杂的应变反应,这就比采用单纯的几何约束能解决更多实际问题,例如,它基本上可以解决城市设计中控制性规划指标与建筑形体之间的"联动";解决日照间距的判断和调整等问题,而这是在 20 世纪 70 年代以后的事情了。开发这项技术的工程师包括 Hillyard 和 Gossard 等。

6.2.3　意义关联

第 6.2.3 节窗户与墙面发生几何上的应变反应——墙的宽度会影响窗户的个数,但实际生活中的因果关系,有时候比纯粹的尺寸、个数这样的几何因素更为复杂,例如我们设计一座玻璃材料的拱形雕塑,为了安全,拱的形状与应力有关,而应力比第6.2.3节的几何上的关系更复杂,不过这在 Catia 等结合了有限元分析的软件中是可以完成的。

例如，综合应用 Catia"创成式曲面设计工作台"、"零件设计工作台"、"自由形体设计工作台"可绘制图 6-10、图 6-11 的玻璃拱形雕塑。

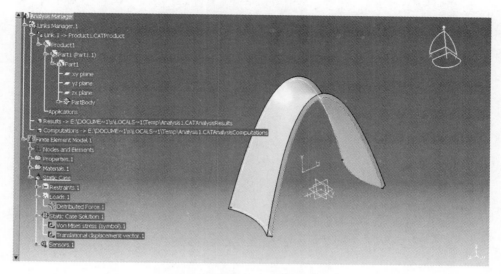

图 6-10　玻璃拱形雕塑的几何形体

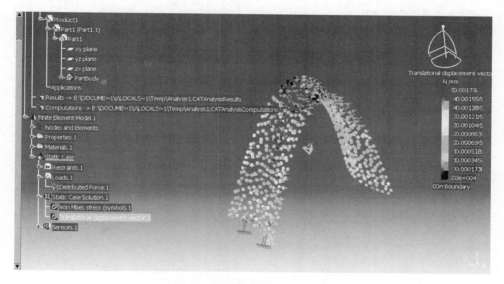

图 6-11　玻璃拱形雕塑的有限元分析计算结果

完成上面这些工作，大约需要花费一个多小时的时间，其中 70% 的时间是用于三维几何建模，25% 的时间用来设置荷载条件，而 5% 的时间是供机器来执行有限元分析计算。如果这时候甲方提出，希望拱顶部分再窄一些，整体风格再"飘逸"一些，则要对这两点进行修改，传统的设计程序几乎必须要再花同样多的时间。而有了意义上的应变反应，我们就可以通过在建模过程中预设的参数修改整体形状，时间也缩减到 20 分钟左右。图 6-12、图 6-13 是修改后的拱的形状和应力计算。

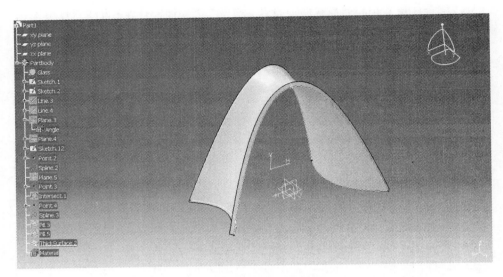

图 6-12　修改后的拱形雕塑

图 6-13　修改后的拱形雕塑的有限元分析结果

6.2.4　人工智能和复杂科学

　　虽然与人脑相比,计算机的智能还是初阶的,胜任于重复劳动远远胜过创造,但让计算机拥有像人一样思考的能力,这个念头一直在电脑工程师的心中盘桓。早在 20 世纪 30 年代,晶体管电子计算机诞生之前,阿兰·图灵(Alan Turing)就提出了"图灵测试"的设想:让一个人隔着屏障与计算机或者人交谈,如果这个人仅从交谈内容无法判断屏障后坐着的是真人还是计算机,就认为计算机已经通过了"图灵测试",可以称为"智能计算机"了。

麻省理工学院的约翰·麦卡锡在 1956 年的达特茅斯会议上，正式开始采用"人工智能"（Artificial Intelligence，AI）这个词。与"人工智能"有关的还包括，1975 年美国密歇根大学 J. Holland 教授发表的专著《自然和人工系统的适应性》（*Adaptation in Natural and Artificial Systems*），书中提出了遗传算法。这个算法能模拟生物界中存在的遗传、变异、优胜劣汰等行为。随后，人们又提出了 BP 神经网络等算法。通过利用神经网络编程，就最基本的应用来说，可以解决消防站在城市中的布点、定位等问题。而城市用地布局等更复杂的优化，是由更复杂的非线性算法给出的。1976 年，随着"模拟放电"算法的发明，困扰人类 100 余年的"四色猜想"终于被计算机辅助证明解决。1996 年，国际象棋大师卡斯帕罗夫与 IBM 的"深蓝"比赛象棋，深蓝以三胜二和一负的成绩取得胜利。赛后，卡斯帕罗夫评价："深蓝完全没有通常机械式的惯性，我不相信有这样优越的计算机。"

发明扫描识别技术的库兹韦尔（Kurzweil）曾写过一本名为《灵魂机器的时代》的书，预言未来计算机的智能可能超越人类的智能。我们也容易注意到，人本身其实也是被 DNA 里的四种碱基 A、G、T、P 所编码的，人类思考的生理学机理虽然复杂，但总是有限的，因而也可以说人本身其实就是一种特殊的计算机——这是哲学家丹尼尔·丹尼特（Daniel Dennett）在著作《意识的解释》（*Consciousness Explained*）中所表达的主要观点[①]。

另外，"人工智能"这个词也包含有对纯形式和简单的物理因素之外的城市和社会方方面面的实际问题进行思考的意味。未来参数化设计软件必能与模拟软件更紧密、有机地结合起来，从对城市中的种种复杂现象的分析中得到结论，最终完全代替人来做方案。今天的 Catia 软件把与参数化设计直接相关的这一部分工作平台称为"知识专家工作台"，Catia 软件通过引进一些封装的算法，如模拟退火算法（Simulate Anneal Arithmetic，简称 SAA），已能对机械设计中的材料选择、构件形状等比较简单的内容进行自动优化。

充分由人工智能辅助的"关联参数化设计"，从表面上看，与前面的方法不同，因为这是"无参数"、"无关联"的设计。这时候不再需要设计师去手工设定公式和写代码了，软件可根据实际情况自动对参数进行调整和控制。

6.3 参数化设计软件

6.3.1 "参数化设计软件生态圈"的概念

不少软件公司都乐于采用"参数化设计软件"一词，例如 Autodesk 公司就将 Revit 称为"参数化设计软件"。但在本书中，还是将这样的软件称为"参数化绘图软件"，这是因为城市设计参数化设计的开展，其实难以在一个软件上完成，通常的流程需采用的软件包括：制表、统计分析、数据整理软件，如 Excel、SPSS、Adobe LiveCycle Designer；开发

---

① 蔡曙山. 2001. 哲学家如何理解人工智能——塞尔的"中文房间争论"及其意义[J]. 自然辩证法研究，17(11)：18-22.

环境,如 Microsoft Visual Studio 和 Monkey;数据可视化软件,如 Tecplot 软件;GIS 类软件,如 ArcGIS;图形图像视频处理类软件,如 Photoshop 和 Premiere;草图识别和模型三维输入软件,如 PhotoModeler 和 Teddy 等。另外,分析和模拟软件也是重要的一方面,本书随后将专用一章来讲解城市设计中的分析和模拟软件。既然所有这些软件合在一起才可以较好地完成参数化设计工作,因而本书认为不宜单单把这个完整的流程中的任何一种软件叫做参数化设计软件。

这些软件的全体,借用鲍威尔的说法,构成了一种"软件生态",我们可以想象:参数化设计好像整个鱼缸;上面提到的各方面软件,好像鱼缸里的一只(类)鱼;参数化绘图软件就好像水一样,它为其他软件提供数据,塑造整个设计的技术框架,比其他软件的重要性又要高一些。它们之间的关系如图 6-14 所示:

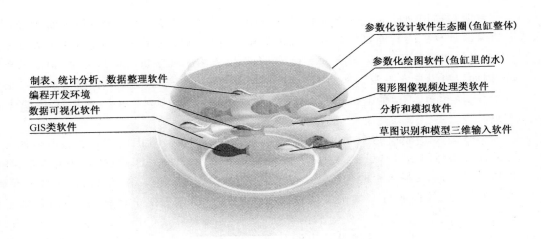

图 6-14　参数化设计软件生态圈

6.3.2　参数化绘图软件

参数化绘图软件的类型很多,都可实现前文提到的"几何约束"、"几何关联"、"意义关联"等功能;但是,这些功能在具体的软件中的实现程度和方式又有很大差别。不同的参数化绘图软件的"个性"大不一样。可将参数化绘图软件依其背景和来源的不同而分为:

① 传统的三维和二维绘图软件,借助脚本语言实现参数化功能。

② 利用插件将传统绘图软件转化为参数化绘图软件。

③ 来源于航空、机械领域的经典参数化绘图软件。

④ 为建筑设计需要而专门开发(或从第三类软件移植而来)的参数化绘图软件。

⑤ 其他类型的参数化绘图软件。

1) 传统的三维和二维绘图软件,借助脚本语言实现参数化功能

本节标题中的"脚本语言"(Script)是与"系统化编程语言"相对而言的,通常的系统化编程语言,如 C++,用做整个程序的设计,功能强大、执行效率比较高,但不容易学会。而脚本语言的特点在于:语法和结构通常比较简单,学习和使用通常比较简单,通常以容

易修改程序的"解释"作为运行方式，而不需要"编译"，对程序的开发产能的要求优先于对运行效率的要求。因为脚本语言易学易用的灵活性，它被广泛地用做传统设计软件的"二次开发"，因而也被用做传统软件的参数化功能扩展[①]。几乎任何一款传统的绘图软件都可支持一种至几种脚本语言，如表 6-1 所示：

表 6-1 传统绘图软件及其支持的脚本语言

绘图软件	所支持的脚本语言
AutoCAD	AutoLisp、VBA Visual Basic for Applications、ARX AutoCAD Runtime eXtension(使用 C++)
3ds Max	MaxScript
Rhinoceros	VBS(Visual Basic Script)
Maya	MEL(Maya Embedded Language)
XSI	VBS、JS(Java Script)、PearlScript、Python
SketchUp	Ruby
Blender	JS、Python

下面显示一段采用 VBS 脚本在 Rhinoceros 软件中绘制的正弦曲线，以大致反映如何采用 VBScript 在 Rhinoceros 中进行参数化绘图。它也是 Robert McNeel & Associates 的工程师 David Rutten 在*"RhinoScript101"*教程中采用的一个例子，这个例子运用了"For...Next"循环语句，其代码和生成的图形如图 6-15 所示。

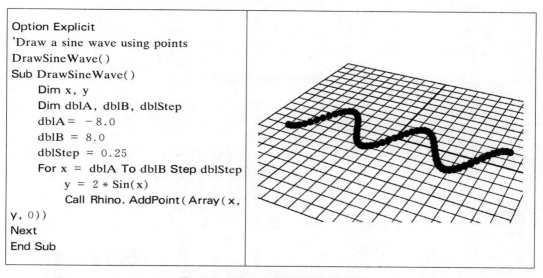

```
Option Explicit
'Draw a sine wave using points
DrawSineWave()
Sub DrawSineWave()
    Dim x, y
    Dim dblA, dblB, dblStep
    dblA = -8.0
    dblB = 8.0
    dblStep = 0.25
    For x = dblA To dblB Step dblStep
        y = 2 * Sin(x)
        Call Rhino. AddPoint( Array( x,
y, 0))
Next
End Sub
```

图 6-15 VBScript 及其生成的图形

这类实现方法的优点是，绘图的灵活性、可扩展性非常高；缺点主要在于，建筑师学

① 维基百科. 2009. 脚本语言[EB/OL]. http://zh. wikipedia. org/wiki/%E8%84%9A%E6%9C%AC%E8%AF%AD%E8%A8%80.

习和研究代码需要时间。

2）利用图形化插件将传统绘图软件转化为参数化设计软件

脚本语言虽易学易用，但繁忙的建筑师可能仍没有足够时间来学习脚本语言，特别不利的情况是建筑师常年的形象思维习惯使他们的大脑不再娴熟于做逻辑推理，于是CAD工程师想到利用图形化方法把最常见的参数化功能用图标表示出来，用箭头连接来表示逻辑关系，成为一种"参数化插件"。这类软件目前包括 Rhinoceros 上的 Grasshopper 插件、Microstation 上的 GC(Generic Components)插件等。

这类软件，除了软件本身提供的不少参数化功能外，还可以自己写脚本并做成"图标"；还可增加脚本使用的语言类型，如 Grasshopper 软件除了 VB 外还支持 C♯语言。

图 6-16 显示的沿自由曲面排列的多彩环的例子，是完全不借助代码在 Grasshopper 的图形化界面上用"图标＋关系图"绘制的，这个图形在图 6-17 的图形化界面中生成。

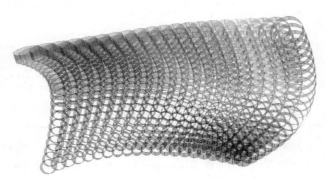

这个图形包含下面一些参数：

① 所沿曲面横向排列的圆环数量——"U-number"。

② 纵向排列的圆环数量——"V-number"。

图 6-16　曲面多彩连环

③ 每个圆环的高度——"offset distance"。

④ 圆环总体的大小——"ratio of pipe"。

⑤ 圆环着色的透明度——"Transparent"。

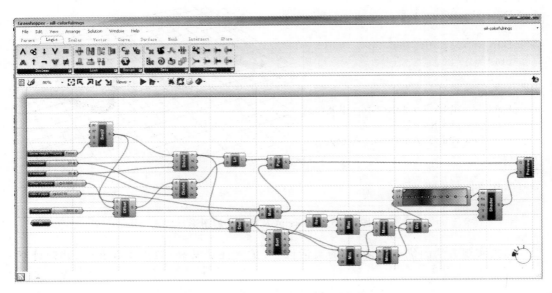

图 6-17　Grasshopper 的图形化界面

　　其中，圆环大小是由圆环与一个三维点之间的距离决定的。我们通过改变上面这些参数，就可以对图形做出调整与修改，如图 6-18、图 6-19 所示。

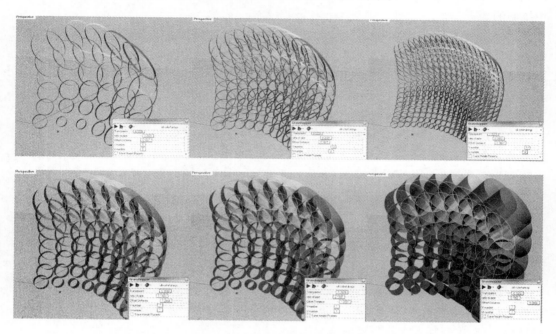

图 6-18　在 Grasshopper 中通过遥控面板"Remote Control Panal"
上的滑动条"Slider"修改参数引起图形的改变

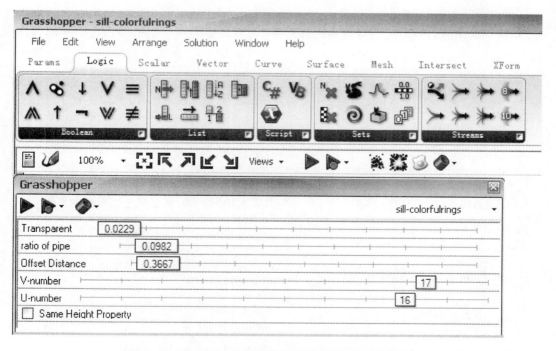

图 6-19　Grasshopper 软件的编辑工具栏和参数遥控面板

图 6-20 的二维图形，也是采用相似的方法，在 Grasshopper 中绘制的。

这类实现方法的优点是，绘图灵活性比较高，学习周期比较短，参数化过程直观性强；缺点是建筑师容易陷入到一两种固定的"模式"中去，而 Grasshopper 的另一个缺点在于它对于现实空间关系和实际建造问题等方面考虑得比较少。马岩松曾说，"实际上使用某种软件，也就是默认了软件编写者的思路"，可能主要是针对这类软件而有感而发的。

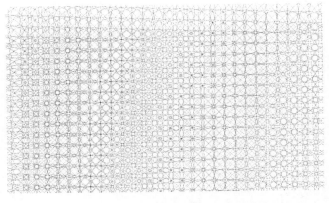

图 6-20　在 Grasshopper 软件中绘制的二维参数化图形

3）来源于航空、机械领域的经典参数化软件

这类软件，如达索航空的子公司达索系统（Dassault Systems）研发、IBM 销售的 Catia，PTC 公司的 Pro-Engineer（Pro-E），Missler 公司的 TopSolid。这些软件大都非常完善，特别适于以建造为目标的设计，本身往往还包含非常丰富的分析和模拟功能。历史上许多重要的参数化建筑项目是在这类软件平台上完成的。如果在机械行业与人谈起参数化设计，工程师首先就会想到这类软件。

Catia 的操作思路具有这类参数化设计软件共有的特点，包括如下的内容：

（1）历史树

每设立一个几何形（包括 B-rep，Surface，Curve 等），Catia 都会自动给这个几何形取个"名字"，同时对几何体的可能属性都起个"名字"，记录下几何形是通过怎样的操作历史得到的。例如，在 Catia 中建立一个圆柱形，Catia 会记录：此圆柱形（Pad.1）是由一个草图（Sketch.1）通过 Pad 命令得到的。圆柱形包括了表 6-2 中的参数。

表 6-2　在 Catia 中建立一个实心圆柱形时，软件自动命名的属性

属性（参数）	解　释
PartBody\Pad.1\FirstLimit\Length	柱形超过水平面的高度
PartBody\Pad.1\SecondLimit\Length	柱形低于水平面的高度
PartBody\Pad.1\Sketch.1\Activity	是否采用 Sketch.1（也就是底面的圆形）
PartBody\Pad.1\Sketch.1\Absolute-Axis\Activity	是否采用 Sketch.1 的坐标系
PartBody\Pad.1\ThickThin1	假设柱形是空心的话，那么其壁厚在中心参考面之外的厚度
PartBody\Pad.1\ThickThin2	假设柱形是空心的话，那么其壁厚在中心参考面之内的厚度
PartBody\Pad.1\Activity	是否在设计中采用这个柱形

　　"历史树"通常在 Catia 图形界面的左上方，它用关系图的方法，对经过命名的图形进行整理、归纳。在历史树任何位置双击，都可以回到历史上生成的某个图形中去。例如，在历史树的 Sketch.1 上双击，就可以回到生成圆柱形的底面圆那一步中去，我们也可以把圆形换成方形，于是圆柱也就变成了棱柱（图 6-21）。

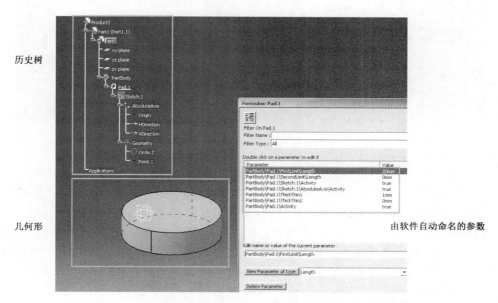

图 6-21　Catia 的界面：历史树、几何形和由软件自动命名的参数

（2）关系式

　　Catia 中可利用方程对几何体进行控制。例如，在上面的例子中，我们再建立一个棱柱，我们希望棱柱的高度为圆柱高度的二倍，则我们可以用"关系式"进行如下设定：

$$\text{PartBody}\backslash\text{Pad.2}\backslash\text{FirstLimit}\backslash\text{Length} = 2 * \text{PartBody}\backslash\text{Pad.1}\backslash\text{FirstLimit}\backslash\text{Length}$$

其结果如图 6-22 所示。

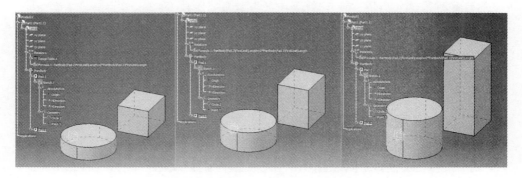

图 6-22　Catia 的关系式

（3）约束

　　约束既可以包括二维平面内的约束，也可以包括三维空间内的约束，第 6.2.1 节介绍参数化思想中的"几何约束"的那些圆就是采用 Catia 绘制的，我们在这里再举一个三

维空间中的例子：可以把棱柱"放"到圆柱的上面，给予"接触约束"，可以得到一系列不同的，但都满足"接触约束"的情境。这些设定具有实际建造含义（图6-23）。

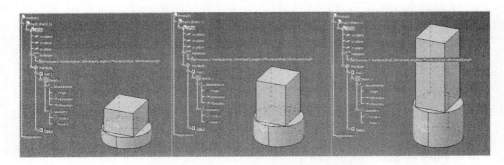

图 6-23 Catia 的"接触约束"

（4）规则

规则用于说明比关系式更复杂的情况，前面介绍中采用了伪码形式，下面则是在 Catia 中输入的真实代码，与标准的 VBS 略有区别：

if PartBody\Pad. 1\FirstLimit\Length ＜20mm

　　　{ PartBody\Pad. 3\FirstLimit\Length ＝1 * PartBody\Pad. 1\FirstLimit\Length }

　　else if PartBody\Pad. 1\FirstLimit\Length ＜30mm

　　　{PartBody\Pad. 3\FirstLimit\Length ＝ 2 * PartBody\Pad. 1\FirstLimit\Length}

　　Else

　　　{PartBody\Pad. 3\FirstLimit\Length ＝ 3 * PartBody\Pad. 1\FirstLimit\Length}

图 6-24 显示了其中的几个结果。

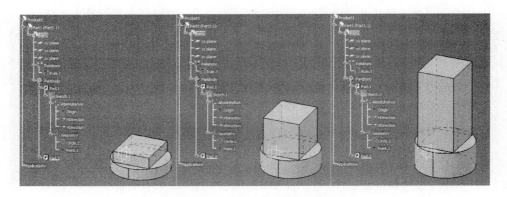

图 6-24 Catia 的规则示例

（5）检查

由于一切命题几乎全在特定条件下才是符合实际的，因而需要设立检查。例如在上面的例子中，我们注意到，当柱子的长细比比较大的时候，需要考虑柱子是否会"失稳"。

在 Check 中编写条件：

PartBody\ Pad. 1 \ FirstLimit \ Length ＋ PartBody \ Pad. 3 \ FirstLimit \ Length ＜750mm

并在 Check 的 Message 框里输入："柱子可能会失稳,请注意!"

当柱长不足或等于 750 mm 的时候,检查通过;而当柱长超过 750 mm 时,软件会弹出消息框,说明目前已经超出了设计条件。在城市设计中常有绿地率、建筑限高、容积率范围等参数,这些都可以设定"检查"(图 6-25)。

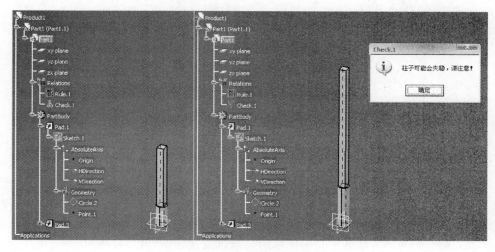

图 6-25 Catia 的检查示例

(6) 设计表

可将设计与 * .txt 文本表格文件,或者与 Excel 文件连接起来。例如,可以将柱子的不同情况输出到 * .txt 文件中;也可反过来,由 * .txt 文件或者 Excel 文件来"驱动"图形的变化,如图 6-26 所示。

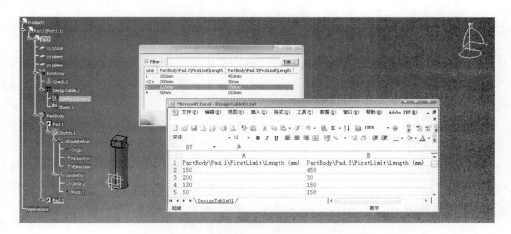

图 6-26 Catia 的设计表及其与 Excel 表格的联动

（7）分析和模拟

前文已经介绍，当在一定程度内改变图形时，Catia 的模拟和分析也会做出相应的改变。本例也一样：在柱子顶部施加一个同样的侧向力以后，柱子就会因为高度的不同，而有不同的表现。同时，分析结果也可作为一项"参数"，被"规则"所用。例如，我们选择尼龙作为柱子的材料，当柱子高度不同时，其内部应力也不相同（图6-27）。

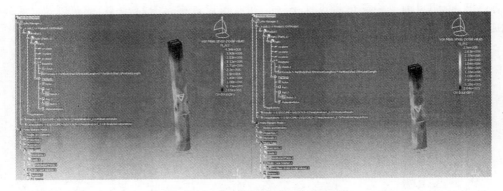

图 6-27　Catia 的有限元分析模拟

上面这几项只是 Catia 中比较基础的参数化设计内容，而 Catia 的关联参数化功能还包括：利用 SAA 或梯度优化法进行自动优化、专家规则、虚拟实验工具等。Catia 还可与为数众多的软件协同使用。

Catia 在航空制造方面几乎是最优越的参数化设计软件，但尺有所短、寸有所长，Catia 用于建筑时存在一些缺点：首先，默认参数定义过多，显得麻烦；其次，由于 Catia 本是 Unix 软件，它的 Windows 版本是采用虚拟机形式运行的，稳定性虽然好，但效率较低；最后，Catia 还不是开源项目，它本身就像是一个庞大的组织严密的帝国，它的二次开发不如基于 OpenNURBS 的 Rhinoceros 有活力。

其他的经典参数化绘图软件，如 TopSolid 也有自身的特点，它比 Catia 价廉，其二维与三维之间的衔接更自然，动态功能更完善，荷兰贝拉罕建筑研究所的关联设计研究就采用了 TopSolid。在木材加工方面，TopSolid 获得了较高的声誉。如果设计木建筑，采用 TopSolid 是最为自然的。而 Pro-E 最适于塑料。

4）为房屋设计的需要而专门开发（或从第三类软件中移植而来）的参数化设计软件

这类软件的出发点或许不是创新性，而是效率。希望能用参数化设计手段，减轻房屋设计的劳动强度。这类软件有些是从第三类软件移植而来，如盖里技术公司开发的 DP（Digital Project），是从 Dassault Catia 移植而来的，它去掉了 Catia 中与房屋设计关系不大的功能，并增强了房屋设计的参数化功能；有些软件是从头开发的，如 Autodesk 的两个参数化设计软件 Revit 和 ADT，以及 Graphisoft 公司的 ArchiCAD。它们大都具有支持 BIM 的功能，使房屋设计图形的修改和编辑功能获得较大的提高，且相对第三类软件来说，价格要低廉一些。

这类软件大都包括一个丰富的建筑组件库，例如门窗、台阶等，图 6-28 是 ArchiCAD 12 里生成的几种楼梯，以及楼梯编辑器的工作界面。

上面提到了 BIM，那么什么是"BIM"呢？它是建筑信息模型的英文缩写。目前，

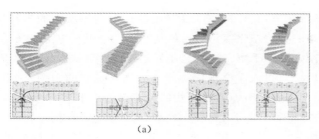

(a)

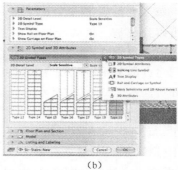

(b)

图 6-28　**ArchiCAD 12 的楼梯和楼梯编辑器工作界面**

BIM 所采用的通用标准主要是国际协作联合会（International Alliance for Interoperability，IAI）所提出的工业基础类（Industry Foundation Classes，IFC）。IFC 可视作对已在机械领域得到广泛应用的工业产品计算机表达与交换的可解释性数据标准的简化[①]。

5）其他的参数化软件

除了上面的四种外，还有一些既重要又特殊的、包含了绘图功能的参数化软件，比如"游戏中的参数化"。

今天，"游戏"与"劳动"之间仍然存在着巨大差别，但可以想象，到了社会生产力比较发达的时候，玩耍与工作之间、娱乐与创作之间、灵感与分工之间、可能性与现实之间的沟壑可能会变窄，直至完全消失。虽然我们不能预言这一天何时到来，但可以肯定的是今天的一些电子游戏中已经包含了参数化设计的内容，间接地带给建筑师很多工作上的启发，甚至也直接地提供了一些辅助设计流程。

如"孢子"（Spore）是 EA 公司在 2008 年推出的即时战略类游戏。玩家通过一个可提供部件选择功能的图形化编辑器，经过拖拽和组合操作来绘制部件，其界面如图 6-29 所示。

通过这种方法，"孢子"希望玩家可以打造属于自己的世界。在这个世界中，可以创造及演化生命、培植部落、建立文明，甚至塑造整个世界。玩家可以随心所欲地订制几乎所有的东西：生物、载具、房屋，甚至于太空船等。

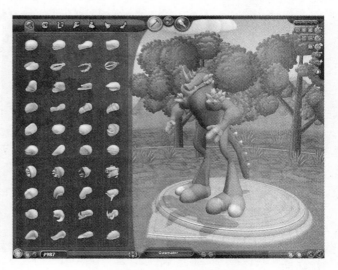

图 6-29　"孢子"的界面

①　理查德（Richard A W），等.计算机辅助制造[M].3 版.崔洪斌，译.北京:清华大学出版社;国家质量技术监督局.2010.GB/T 16656—2010.工业自动化系统与集成　产品数据表达与交换[S];邱奎宁.2003.IFC 标准在中国的应用前景分析[J].建筑科学,19(2):62-64.

第 2 章提到了 MVRDV 的 SpaceFighter,它既可以看成是一个全球城市的模拟器,也可以看成是一款城市游戏。这是一种动态化探讨城市的造型与功能间的联系的方式。

笔者也曾在 2008 年与软件学院的宾理涵、黄橙、金小军、刘宇杰等一道参加了微软公司主办的 ImagineCup 游戏设计竞赛,进入了全球前 105 名。当时竞赛的主题是"游戏与环境问题"。我们的游戏名为重生之旅(Nirvana),游戏的背景假想为核战争后满目疮痍的地球的外层空间。它分为两部分:第一部分,驾驶太空船在外层空间收集废料,变废为宝;第二部分,在太空船里培育"第二自然"。其中第二部分希望通过在资源限制的情况下(取决于第一部分玩家采集来的资源的类型和总量)合理调配资源,进行可持续发展,游戏中资源的分配和使用,是通过对参数的分配和使用来实现的(图 6-30)。

图 6-30 笔者参加开发的三维游戏"重生之旅"的界面

这个游戏的引擎是微软公司的 XNA1.0 游戏开发套件,在 Microsoft Visual Studio 2005 中采用 C 语言编写。

6.4 城市自然形态设计与参数化方法的结合

毕达哥拉斯学派曾经提出"万物皆数"的观点,认为世间事物都可以用数量描述。我们也可从本书第 2 章"当代综述"中了解到,一些实例已经体现出参数化设计方法对自然形提供的有效的技术途径;第 3 章总结部分提到,当代城市设计中的自然形大致可分为三种:

① 来源于城市自然条件本身。

② 来源于建筑师、工程师、艺术家的能动性创造。

③ 来源于大量市民的长期生活选择,他们从事各不相同,互有偏差的经济、政治、文化活动。

那么,对应于这几种不同来源的自然形,应该分别采用何种参数化方法呢?

6.4.1 来源于自然界本身的自然形态

这类参数化设计,主要应考虑城市中的地形因素,那么应该解决地形如何进行数字化描述,在山地上进行城市建设的规律如何等问题,这将在第 8 章"结合地形的城市设计及地形数字化表达与分析"及第 9 章"基于分析和模拟的城市自然形优化"等相关章节进行介绍。

从技术上来说,这部分设计主要是在三维 GIS 和各类分析和模拟软件辅助下进行的。

6.4.2 来源于感性艺术创造的自然形态

传统的建筑师和艺术家的工作方式主要是感性的,常借助草图、模型等方式推敲设计。可不可以在软件中画草图?类似于盖里采用的三维扫描仪还非常昂贵,我们能否采用可替代的方法?这部分将在第 7.3 节中探讨。从技术上说,这部分设计是可以借助于草图识别、三维扫描、近景摄影测量等实现的。

6.4.3 来源于市民互有偏差的个性化活动的自然形态

这些"群体性"活动是现实生活中城市丰富多彩的面貌的主要来源,但目前在"自顶而底"(Top-down)的城市设计框架中,这种内在的力量往往难以显现出来。

① 个性活动中带有共同性规律。例如,采用"热舒适度"、"居住舒适度"等定量化的指标来代表大多数人的看法。这部分与第 9 章"基于分析和模拟的城市自然形优化"有关系。

② 个性和"自下而上"的可选择设计模式。这部分将结合四川映秀镇灾后重建社区项目说明。数据统计类软件、互联网提交的电子表单和分形图形生成式算法的结合为这种"自发式自然造型"提供了可能性。

6.5 本章小结

本章首先追溯了建筑行业参数化设计方法的应用历史,认为参数化设计方法在很大程度上是为了表达和建造复杂几何形体而被引进的;同时讲解了参数化设计思想的发展,从几何约束、几何关联、意义关联到人工智能。然后提出,参数化设计不能交给一个单独的软件去完成,而需要依靠"参数化设计软件生态圈",参数化绘图软件在"生态圈"中起着基础性的作用。参数化绘图软件分为五种:传统绘图软件的用户代码控制、传统绘图软件的参数化插件、来源于机械和航空领域的经典参数化软件、为房屋设计专门开发的参数化设计软件、其他参数化设计软件(如游戏中的参数化设计)等。对参数化设计功能与流程的讲解,以 Catia 和 Grasshopper 为主。最后,本章分三种情况讨论了城市自然形与参数化设计的结合方式,由于自然形来源的不同,所采用的具体方法之间存在比较大的差异性。

7 传统设计方式与参数化设计方式的结合

从第 6 章可以看出,参数化设计是非常方便、适应力强的设计辅助技术。不过,参数化设计有必要与传统设计方式相结合么？二者能够用何种方式结合起来？

拉斯金曾说:"一个建筑师必定是伟大的雕塑家和画家。如果他不是雕塑家和画家,他只能算是个建造者。"①艺术化手段,如草图和模型在建筑设计中一直都是重要的——实际上,它们不仅在传统建筑设计体系中地位重要,在过去的结构和解构设计潮流中重要,而且在盖里和格雷戈·林恩的数字设计事务所里也是同样重要的。盖里开始使用 Catia 的时候已经 60 岁了,许多方案仍旧是在传统模型上推敲的,三维扫描在其中发挥了很大的作用。虽然格雷戈·林恩言必称二进制大对象和 L 体系,但他也仍然没有放弃手工模型。

为什么？

因为徒手绘图和模型表达,今天虽不是最精确的图形表达方法,但它们仍然是最简单、快捷和随心所欲的表达方式。甚至有建筑师认为,计算机可以绘图,而只有人手才能去做设计,虽然这种看法有些"保守",但目前主流商业 CAD 的工作方式的确有很大的先天不足:多数 CAD 软件是直接从办公自动化领域移植过来的,采用 WIMP(视窗、图键、表单、鼠标点)工作界面②。用 AutoCAD 或者 3ds MAX 绘制图形,就不得不把心中连续的图形先拆解为一个个断续的动作,这样做的结果是造成了绘图和设计的分离、精确性与艺术性的分离。任何学生进入社会,都会经历从绘图员到设计师的转变,而今天非参数化 CAD 系统的广泛采用,已使得绘图变成一件日益枯燥乏味的事情,职业生涯自我完善和提高的机会也就变得微乎其微。建筑市场因为早期 CAD 的采用再也不肯去重视雕塑和绘画基础比较好的人,转而需求一茬一茬更价廉、更谨小慎微的 CAD 绘图员,"理念"和"概念"大行其道,造型艺术本身被忽视了③。

今天 Catia 等软件的操作方式已经有了不小的进步,Wacom 手写板也被越来越多的建筑师所采用。而在下一个十年,有必要在参数化设计平台上逐渐放弃目前 CAD 常采用的 WIMP 输入方式,以更认真地对待建筑师的梦想,把他们当成艺术家而不是打字员。

这就是本章要探讨的内容,它由几个部分构成:三维扫描、草图数字化、数字加工等。在我国,由于硬件和资金的限制,有时需要采用一些价廉的替代方法,因此本章中也介绍了采用基于 PhotoModeler 的摄影测量方法来替代盖里所采用的三维扫描。

---

① John R. 2009. No person who is not a great sculptor or painter, can be an architect. If he is not a sculptor or painter, he can only be a builder[EB/OL]. http://quotationsbook.com/quote/2857/.

② 维基百科. 2009. 用户界面[EB/OL]. http://zh.wikipedia.org/wiki/%E7%94%A8%E6%88%B7%E7%95%8C%E9%9D%A2.

③ 金秋野. 2009. 理念与谎言[J]. 建筑师,(1):96-100.

7.1　草图和草图数字化

7.1.1　草图和草图数字化的意义

草图是简单的,即使草图纸和铅笔一时找不到,用圆珠笔画在便笺纸上,最后也能成为新作品的基础。画徒手草图不必记那么多复杂的 AutoCAD 命令,能最迅速地把头脑中的想象转变为形象。

草图是独特的,就像没有两片叶子的形状是完全相同的,也没有人能画出完全同样的草图。

草图能辅助创造性思考,如机械设计专家孙守迁认为:草图是一种跨语言、文化和时代的交流方式,草图设计的过程和创造性密不可分,是激励造型构思、发展想象力的独特的视觉思维方式,是整个设计活动中将构思转化为可视形象的重要步骤[1]。计算机专家 Stahovich 也指出,草图是一种有效的推理工具,因为当一个问题比较抽象和深奥难懂时,草图可以为我们提供一个特殊的样例,作为思考的起点[2]。

盖里在创作的初始阶段,也采用草图构思。如图 7-1 所示的是迪斯尼音乐厅的草图,虽然只有寥寥几笔,却已让主要的形态特征和"动势"都"跃然纸上"。

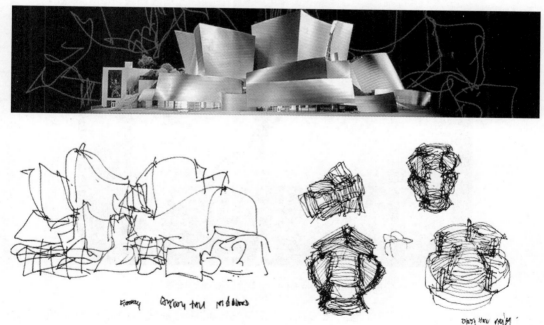

图 7-1　盖里设计的迪斯尼音乐厅项目的草图和模型

---

① 孙守迁,孙凌云.2006.计算机辅助草图设计技术研究现状与展望[J].中国机械工程,17(20):2187-2192.

② Stahovich T F. 1999. LearnIT:a system that can learn and reuse design strategies[R]. Proceedings of the 1999 ASME Design Engineering Technical Conferences.

虽然草图具有上面这些优点,但传统草图又有不少缺点,如不容易保存、不能直接在三维空间中描绘草图、从草图到精确图的连续性不好等。草图数字化技术的目标在于改善传统草图的这些缺陷,使草图在设计中的应用内容更为丰富,应用方式更灵活。

7.1.2 各种草图数字化技术

草图数字化包括多项性质不太一样的研究内容,如草图输入、草图识别、草图理解、草图表现等等。它们的技术核心虽然较不一样,但实际应用又常常集合在一起,因此这里仍然放在一起介绍。

1) 草图输入——三维软件的"模糊性"输入和输出

草图输入可采用两种方式——光栅图扫描及使用数位绘图板。

光栅图的矢量化可将草图通过扫描仪扫描得到光栅图,并可再由一些软件转变为矢量图,省去徒手描绘草图的工作。

用数位绘图板进行输入,则可直接输入矢量。

数位绘图板包括两种类型:显示功能的绘图板和不包括显示功能的绘图板。由于 Microsoft Vista 和 Windows 7 操作系统都已增强了笔式输入功能,因而一些平板笔记本也包含了笔式输入功能。图 7-2 是包括了显示功能的 Wacom Cintiq 12 绘图板和绘图笔。

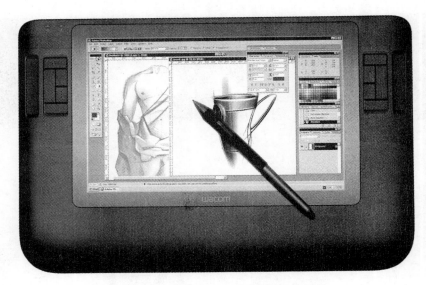

图 7-2　Wacom Cintiq 12 绘图板和绘图笔

在笔式输入设备中,不仅笔的位置被录入计算机,而且笔轴线与绘图板的夹角、笔的压力、笔的扭转度等信息也可被录入。如对第 5 章所介绍的 NURBS 来说,可以用这 3 项"额外的"输入内容去控制曲线的曲率、控制点权重等项目,以更精确地控制曲线形状[1](图 7-3)。

---

① 彼得·绍拉帕耶.2007.当代建筑与数字化设计[M].吴晓,虞刚,译.北京:中国建筑工业出版社.

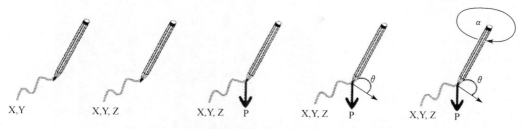

图 7-3　笔式输入设备录入电脑的 5 项信息

对软件来说,如何用草图输入来控制图形呢?

传统的 CAD 软件,图形的输入依赖于精确的坐标、距离、角度等,而在草图阶段,这些量其实还是模糊的。随着 SketchUp 这样的软件的采用,软件的界面变得直观了,再结合数位绘图板,不再需要预先精确地知道坐标、距离、角度,而可以在电脑上比较自然地调整距离、长度、角度等。

SketchUp 软件最初是 Atlast Software 开发的产品,后被 Google 所收购。SketchUp 软件的三维操作虽然和传统的三维 CAD 软件差不多,但它尽可能地减少了操作命令的复杂程度,只留下有限的几种,避免给使用者造成繁琐、重复的感觉。它将平常会碰到的许多物体,如树木、车辆、配景人物等做成块,可以直接插入使用[1]。它与 GoogleEarth 有接口,可以在 GoogleEarth 社区发布三维模型,并在 GoogleEarth 上显示出来。

参数化设计软件也重视草图,Catia 软件中就包括"草图"工作台,相比 SketchUp,它的特点在于:

① 更容易操作的参考面——在 SketchUp 中,当模型变复杂时,常常不容易确定"铅笔"到底在哪个平面上绘图;而 Catia 的参考平面功能让人可以更轻松地完成类似于"在立面上摆窗户"这样的操作。

② 模糊与精确的结合更好——我们可以用画草图的方式在 Catia 上绘图,然后再为图元增加约束关系,可以到任何历史纪录中做更改,这就让设计输入变得更加模糊化,因为不清楚的地方可以在比较后面再补上。

2) 草图识别——用草图上的"关系"来控制图形

草图所包含的信息是很丰富的,不过其中最重要的信息可能还不是绝对信息(如圆形或者正方形的尺寸究竟多大,中心坐标如何),而是相对信息,例如圆在正方形内部。业主常会提出一些要求,如"去掉某条路"。这时候,我们简单地在这条路上画上一个"叉",而让电脑根据路的位置和大致的形状去判断被打上"叉"的路是第几条路,并做出相应反应:在 CAD 图纸中删除这条路——这就是一个由徒手模糊草图控制精确制图的例子。

在一些领域中已经出现了这样的应用软件,例如用于网页和用户界面设计的 Silk 软件(图 7-4),就是通过绘制一系列不精确的草图来生成精确的网页或界面的设计方案。Silk 经过发展,又产生了 DENIM 等软件[2]。

---

① Google. 2009. SketchUp[EB/OL]. http://sketchup.google.com/.

② James L, Mark W N, Jason I H, et al. 2013. DENIM: an informal sketch-based tool for early stage web design[EB/OL]. http://guir.berkeley.edu/denim/.

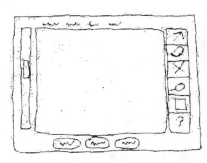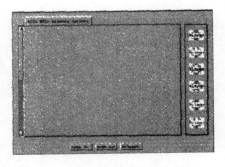

图 7-4　silk 软件可由粗略的徒手草图生成精确的软件界面设计方案

　　一些游戏设计也采用了这样的思路,例如"Sketch IT"游戏:用户可以绘制比较随意的圆、三角或方形物体,然后用软件去生成规则的圆,通过圆、斜面等位置的组合来推动小球。

　　3）草图理解——由二维至三维

　　建筑师一般经过训练都有比较出色的立体感,也喜欢通过徒手绘制透视或者轴测图方式来表达立体物体。目前已有一些由徒手立体图生成三维物体的方法,如以表现平面、直线物体为主的 Viking、Digital Clay、Masry 草图自动三维化系统和以表现曲面物体为主的 Teddy 等。

　　Masry 开发的草图自动三维化系统利用一些二维线条生成三维物体[①]。

　　中国科技大学、微软亚洲研究院的陈学金等发明了一种包括圆柱、曲面、直线和索引图的混合型建筑草图三维化系统,并以一个设计为例做了演示[②](图 7-5)。

图 7-5　陈学金发明的建筑草图三维化系统

---

　　①　Wallace D, Jakiela M J. 1993. Automated product concept design: univying aesthetics and engineering[J]. Computer Graphics and Application, IEEE, 13(4):66-75.

　　②　Xuejin C, Sing B K, Yingqing X, et al. 2008. Sketching reality: realistic interpretation of architectural designs[J]. ACM Transactions on Graphics, V(N):1-21.

其中,第10步以后的体块是计算机给出的三维体块,而前面的线条是手工二维输入的。

由日本用户界面设计大师 Takeo Igarashi 发明的 Teddy 软件设计非常巧妙,它可实现通过手写板直接在任何三维空间的平面上绘制曲面玩具模型。虽然其输出结果目前还不够精确,只适合辅助设计儿童玩具这样尺寸要求不太严格的物体,但经过发展,特别是与参数化的尺寸约束功能结合起来,将来则有可能发展为一种辅助曲面建筑设计的技术方案[①](图 7-6)。

图 7-6 Takeo Igarashi 发明的 Teddy 系统

另一种二维草图三维化的方法是一种"标签式"的方法,对整个二维图进行判读,并对三维图库中的图形作出比对,它依靠于一个非常丰富的三维图库。这种方法在古建筑设计中的应用比较有现实性,因为构件比较系统化和标准化[②](图 7-7)。

图 7-7 二维草图的"标签式"识别

① Takeo I, Satoshi M, Hidehiko T. 1999. Teddy: a sketching interface for 3D freeform design[J]. ACM Siggraph 99,(21): 409-416.

② Xuejin C, Sing B K, Yingqing X, et al. 2008. Sketching reality: realistic interpretation of architectural designs[J]. ACM Transactions on Graphics V(N): 1-21.

4）草图表现——实时草图与草图渲染器

过去,CAD 的输出和打印只能采取精确的风格,但草图表现有它独特的作用,例如它可以对还不太清楚的地方给予模糊化表现,草图样的图形给人一种"未完成感",暗示着方案是"可调整的"。

最常采用的草图表现软件是 SketchUp,它对图形的显示做出了不少"模糊化"的调整,如通过增加"出头"、"两端加粗"、"轮廓加粗"、"近深远浅"、"随机弯曲"等处理来模拟手绘草图的效果。而在其他三维软件中,也有创造类似效果的渲染器,包括 Piranesi、FinalToon、Penguin 等①。后几种渲染器输出耗时比较多,但效果更加丰富,Piranesi 也可以与 SketchUp 结合运用。

7.2 手工模型的三维扫描

7.2.1 手工模型的价值

20 世纪不少经典建筑,在设计过程中都曾制作过出色的手工模型——巴黎蓬皮杜文化中心那些复杂的管道系统,是先用小 PVC 管在模型中搭建起来的;慕尼黑奥体中心有非常准确的肥皂膜"找形"模型;高迪的圣家族大教堂项目中,1/10 石膏模型被用来作为施工的依据;盖里的大多数方案,是通过模型进行推敲的,他曾大胆地采用过多种材料制作工作模型,如金属线、丝网、木条、喷蜡的天鹅绒、软木块等;库克(Peter Cook)和林恩也都采用这种方法设计过建筑。

《生态城市伯克利:为一个健康的未来建设城市》的作者瑞杰斯特(Richard Register)曾说:"城市设计师其实是木匠。"这就说明了"动手能力"对城市设计方案的重要性。用模型推敲曲面设计方案是一种有效的方法:我们或许会在 26 岁才学会 NURBS 或 Mesh中的一种曲面建模方式,才学会 Maya,Rhinoceros,Blender,Catia 几种软件中的一种,但是我们几乎不用学习就能制作实物模型。而罗丹(Auguste Rodin)、亨利·摩尔(Henry Moore)等雕塑家也充分显示了黏土和石膏等材料丰富的造型潜力。那些既有整体动势,在细部上又不乏解剖精神的雕塑佳作,怎能不让人相信泥土是可以有生命的呢?

7.2.2 自由曲面形式模型的制作方法

通常以平面和直线为主的模型大都采用面材切割制作,而自由曲面形式的模型则更多采用黏土、泡沫块、桐木、软木、布片或者金属网材料制作。其中,黏土模型制作较为省力,造型的可能性也比较多。

黏土是一种传统的、天然的雕塑材料,它大致由不同形式的水、氧化铝和硅酸盐组成。当黏土湿着的时候,水在氧化硅和硅酸盐颗粒间充当润滑剂,黏土是柔软的;当水分散失,黏土就变硬;当烧黏土后,氧化铝和硅酸盐反应,变得更硬,杂质多的成为陶,杂质少的成为瓷。黏土的化学性质稳定,不仅烧结后的陶瓷可以留传下来,连干燥黏土也可以,在法国比利牛斯山脉的洞穴里曾经发现过两万年前的一对野牛的雕像,全用黏土制

---

① Informatix. 2009. Piranesi[EB/OL]. http://www.informatix.co.uk/piranesi/index.shtml.

作而成,风干后保存至今仍然有型①。

为了始终保持黏土的柔软,可通过喷水和用塑料布包裹模型,增加湿度。

另一种保持柔软可塑的办法是在黏土中掺入一定比例的油和蜡,这就形成了"油泥"——美术品商店出售做好的油泥。它价格便宜、无毒无害,其柔软程度不是由湿度,而主要是由温度控制的。制作一个比较大的恒温箱,将待用的油泥块都放在恒温箱里,就能提高工作效率。因陋就简也常采用水浴法加热备用油泥块;采用电吹风吹拂半成品模型表面,使硬化的半成品模型受热重新软化,来做出修改和调整。油泥不能被烧制成陶瓷,因为油和蜡在高温下会完全熔化掉。天津生产的"飞蝶"牌油泥的软化温度大约45℃,接近于雕塑家塔克·朗兰特所建议的41℃。

7.2.3 三维扫描

手工模型的数字化转化这一关键步骤,主要是采用多关节三维扫描仪辅助完成的——古根海姆博物馆就是其中的一个例子。格雷戈·林恩和彼得·库克等建筑师也在不同的项目中采用过三维扫描方法(图7-8)。

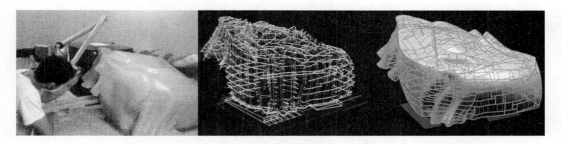

图7-8　盖里事务所采用多关节三维扫描仪辅助从实物模型向数字化模型的转化

三维扫描仪是撷取模型表面的全部三维信息(有时还包括表面颜色信息)的仪器,有多种,可分为接触滑轴(转轴)式、接触式多关节、光机结合式、激光反光镜式(结构光)、射线体层式等。它们并不是都适于扫描曲面建筑模型,而不同的建筑师在使用时也各有偏好,下面分别介绍其特点。

1)接触滑轴(转轴)式三维扫描仪

设计三维扫描仪,最容易想到的方法就是从 X, Y, Z 三轴各伸出一把尺子指向同一点,用尺子读数,该数值就是点的坐标: $X=dx+0$; $Y=dy+0$; $Z=dz+0$。不停改变点,就能得到物体表面的"点云"图。实用的滑轴扫描仪也是基于这个原理设计的。是不是太简单呢?简单也有简单的好处,一是便宜,二是精度相对高。日本罗兰 MODELA MDX 20 是一种接触滑轴式扫描仪,价格 36 000 元,可获得 304 mm×203 mm×60 mm 的扫描范围,测量精度 0.05 mm(XY)和 0.025mm(Z),几乎是最便宜的三维扫描仪。它同时还能被当成一台小铣床,加工泡沫、蜡、软木,甚至铝及黄铜。

当然,它的缺点也明显:活动不灵活,一次只能测一个面或者测外轮廓,如果用它扫描一个包括凹槽的花瓶会很麻烦,因为凹面口处会挡住测头。这种情况可用转轴式扫描

---

① 塔克·朗兰特.2001.从黏土到铜雕——人体雕塑工作室指南[M].王立非,等,译.南京:江苏美术出版社.

仪,它有一个转轴,沿着物体的对称轴转动一圈,就除了底面都能照顾到。实际上,很多物体,比如石膏头像,都能用转轴式扫描仪,而不只局限于中心对称的物体。

2)接触式多关节扫描仪

不论是滑轴还是转轴,扫描仪动作都比较笨拙,而且必须做得比被测物体大。

20 世纪 70 年代,德国 Zeiss 的机器人工程师找到了办法——复制类似人的手臂一样的结构:由三个关节(相当于肩、肘和手关节)将三段杆(相当于大臂、小臂、手指)连起来,该仪器就像手一样灵活,且体积缩减。他们把这个结构用在了今天三维扫描仪的前身——坐标测量机上。

精确测量关节处的角度和减轻杆件的挠曲变形是工程师的主要任务。当代产品几乎都用碳纤维来制作杆件,用特种陶瓷制作关节。我国华中科技大学的胡寅等在 2003 年开发的 DLCS-400 型三维扫描仪就属于这种类型。国外厂家主要有 Faro, CimCore 和 Immersion。前两者针对工业用途,精度高,价格昂贵;后者有直径 1.67 m,精度分别为 0.38 mm、0.23 mm 和 0.10 mm 的低端产品, 为 MicroScribe G2 (图 7-9), MicroScribe G2X 和 MicroScribe MX,它们的价格分别是 4 万、6 万和 8 万多元。

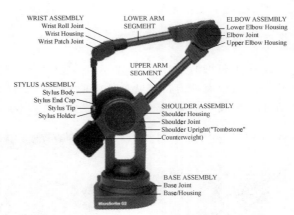

图 7-9 MicroScribe G2 多关节扫描仪构件图

为防止累积误差,多关节扫描仪在使用前应该校准。

3)光机结合式三维扫描仪

多关节扫描仪在扫描过程中,测针要接触物体,在还没干透的黏土上会留下印痕,测针本身也被污染了。另外,受机械运动的制约,采样速度达不到电子采集卡的潜力。于是,人们想到用光学装置代替上述三种扫描仪的其中一部分,形成"光学测头"。

较简单的光学测头是成像式的,激光器发出的激光在电荷耦合元件(Charge-coupled Device, CCD)上成像,$dx = -(u/v)dx'$。由于所用到的光几乎是纯色,消除色差容易,因此镜头组比照相机上用到的镜头简单而视域大。更精确的测头是光栅式的。

罗兰 PICZA LPX-250 是一种装了光学测头的转轴式扫描仪,价格约 10 万元(图 7-10),能扫描 ø 254×406 mm 范围。因为用到激光,所以其安全性受到关心:一般的扫描仪采用 Class 1、Class 2 至 Class 3R 级别的激光:Class 1 打在物体上的光斑能较长时间入眼;而 Class 2, Class 3R 的则应避免,但不至于灼伤皮肤。比如 PICZA LPX-250 用到了 Class 2 级激光,不过它有个漂

图 7-10 罗兰 PICZA LPX-250

亮的蓝色玻璃罩,关上玻璃罩就可以观察扫描情况了。

激光测头的进一步发展激光扫描枪,它发出一个光面(叫结构光)代替单一的光束,将它安在多关节扫描仪,如 3D Scanners 公司的 ModelMaker Z 上,就不再需要把光束或测针压在被测点上了。

4)激光反光镜类扫描仪

在毫米以上的尺度,光沿直线传播,像尺子,却比尺子运动得快。因此,光学工程师现在已能采用反光镜制作出机身更为小巧,测量范围更大的扫描仪——常说的激光三维扫描仪多数是这种类型。瑞士 Leica(徕卡)并购了 Cyra 后用"High Definition Survey"这个名称代替原来著名的激光三维扫描仪 Cyrax。另一家生产这种产品的著名厂家就是日本的 Minolta(美能达)。美能达已经把它的单反相机部门卖给了索尼,但这个扫描仪项目还是保留了下来。

当物体比较近的时候,测量采用三角测距原理:激光镜发出的光线和 CCD 相机接收到的反光两者延长线相交的位置,就是物体上的测点。

这种方式无疑具有较高的效率;但是,这类扫描仪的扫描效果与物体表面的反光率有关系,光滑的物体或反射率很低的物体在测量时会有很大的误差,造成"飞点"。盖里喜欢在模型材料上进行不拘一格的选择,因此他就没有采用这类扫描仪。

还有一些产品,如 Fasterscan 公司的 Cobra,它依据单次测量中总有部分表面与上次测量重叠的原理,像 Canon PhotoStitch 软件拼接图片似的,把几次测量的表面也"拼"起来,这样测头就不再需要安在关节臂上了。这种方式对采样计算机的速度和稳定性要求较高,中央处理器(Central Processing Unit,CPU)的主频应达到 2.0GHz 以上,而测量精度也比有关节臂的产品低。其优点是方便。

5)射线体层式扫描仪

建筑是空间的艺术,因此获得模型内部的情况非常重要。而一些形体复杂的建筑模型,因为前后构件之间的遮挡,因此也不适合采用前面提到的四种扫描仪进行三维扫描,此时,射线体层式扫描仪就具有不可替代的作用。

使用 X 射线体层摄影方法(Tomography)始于 1921 年。X 光片和 X 射线管沿特定直线、圆或螺旋轨迹关联运动,非目标层像在曝光时间内移动,同时目标层像相对静止,则移动像变模糊甚至消失,只留下清晰的目标层影像。

1972 年 Hounsfield 为英国 EMI 公司试制成功世界上第一台计算机体层扫描仪(Computerized Tomography,CT)。不同于 Bocage 方法,CT 将射线控制在目标层附近很小的范围内,通过测量穿越物体的 X 光的衰减量,计算出物体的密度与形状。这也是 CT 之谓的来由。放射医学界用发明者的名字 Hounsfields 来定义 CT 扫描中 X 光的吸收值,其与物体密度正相关,如致密骨为 +1 000,水为 0,空气为 -1 000,通常,CT 照片上像素明度与 HU(Hounsfield Unit)正相关(图 7-11)。

磁共振成像(Magnetic Resonance Imaging,MRI)的原理是通过测量构成物质的原子内的核子(带正电的质子和不带电的中子)在外磁场下的自旋方向,来测算特定元素,特别是 H 的空间分布;再经过复杂的数学方法,得到特定层面图像。MRI 可以得到与机器成任何角度的切片,而 CT 的切片只能平行于机器,它的明度定义也与 CT 不同;但扫描速度通常较慢。笔者认为,在特别情况下,可考虑使用。

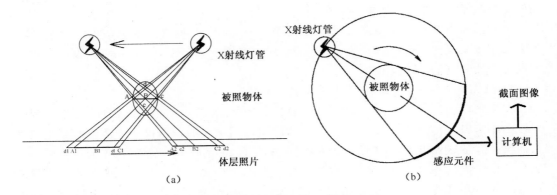

图 7-11　模拟体层扫描和 CT 原理示意图

注：(a) Bocage 体层摄影法；(b) CT

三维重塑技术(3D Reconstruction)是作为一种辅助诊断技术在 20 世纪 90 年代被开发出来的，用于表达不易从切片上直接发现的病理变化，如支气管堵塞。它以一组相隔很近的断层像为起始数据，由插值得到物体的立体形状。

三维重塑过程可以在扫描同时在 CT 工作站上完成，也可以将原始扫描文件带回处理，现在很多医用辅助诊断软件，如提供 30 天免费试用的 Merge efilm 软件，可以在 PC 上对 CT 和 MRI 结果以一定算法(如错切变换计算)进行三维重建。重建后，通过 Direct X，可以在屏幕上生成任何方向高于一定 HU 值的物体的投影图，还可以生成非扫描平面甚至曲面的断面影像。这些断面影像对认识复杂三维物体，就像不同层的平面图、横剖面、纵剖面一样必不可少。在放射医学中，它们被称为多平面重新格式化(Multi-Planar Reformatting, MPR)。除此之外，还可生成数字模拟内窥镜图像和带有透明度的投影图。

有了关键位置的 MPR，就可以方便准确地进行曲面建筑的建模，因为大多数 CAD/CG 软件的建模命令，如拉伸、旋转、沿单向放样、UV-NURBS 生成等都是从输入关键线形状和位置开始的。

生产医用 CT 扫描仪的企业包括 GE，Siemens，Philips 和我国的东软集团等，表 7-1 列举了几种常见的 CT 扫描仪的技术参数，以供参考。

表 7-1　常见医用 CT 的技术参数

CT 型号	扫描范围圆的直径（cm）	原始图像矩阵（像素）	精度（mm）	最薄扫描层厚（mm）	扫描 1 层或多层的时间（s）
GE 9800	50	512×512	0.3	1	2
Siemens Somatom Plus	70	1 024×1 024	0.25	1	1
Siemens Sensation 16	70	1 024×1 024	0.25	0.6	16 层/0.5
东软 C3000	50	512×512	0.3	1	1
东软 C2800	70	512×512	0.3	1	1.5

CT 型号	扫描范围圆的直径（cm）	原始图像矩阵（像素）	精度（mm）	最薄扫描层厚（mm）	扫描 1 层或多层的时间（s）
Philips Brilliance 6-slice	70	1 024×1 024	0.3	0.6	0.75(6 层)
Philips ACQSim	85	1 024×1 024	0.25	0.5	0.75(16 层)

　　扫描完成后,从服务器拷贝一份扫描的原始文件 ＊.dcm,或刻录一张标准医学数字成像和通信(Digital Imaging and Communications in Medicine, DICOM)光盘。如果机器输出的文件不是 DICOM 格式的,可从其生产厂家获取转换软件。在没有转换软件的极不利情况下,只好求助于程序员手工改编文件。

　　相比普通图片文件,DICOM 格式文件有以下特点:

　　① 它是一组图片,包括各切片的空间位置信息及图片像素与实际长度的比例。这是它能进行三维重建的信息基础。

　　② 它是 14 位色,动态范围为 16 384 灰阶,高于通常的 256 灰阶。

　　③ 它包括扫描时间、机种、扫描切片模板、病人姓名、年龄等信息,传统 CT 片周围的标注都可以在 DICOM 格式文件中找到。

　　得到 ＊.dcm 数据文件后,就可以在 Merge efilm 中完成三维重建。

　　盖里早已使用 CT 做三维形体的扫描,如 1998 年 10 月迪斯尼音乐中心项目中的花形喷泉(图 7-12～图 7-15)。此音乐中心直到 2006 年才建成,其间 Catia 软件都已经更新了数版,并从 Unix 移植到了 Windows 上。盖里所使用的 CT 属于加州大学洛杉矶分校的心脏病研究中心。笔者曾希望研究这种方法,遇到的障碍主要如何说服医生使用他们的 CT 机。

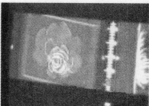

图 7-12　盖里将迪斯尼音乐中心喷泉模型放进盒子后进行 CT 扫描

图 7-13　喷泉的实物模型和利用 Froebel 重塑法进行的三维重塑

图 7-14　迪斯尼音乐中心喷泉模型的 CT 断面图

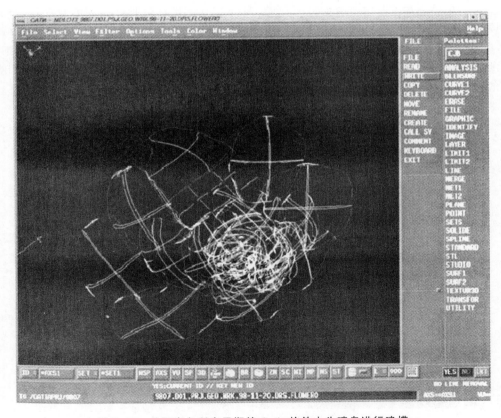

图 7-15　盖里事务所在早期的 Catia 软件中为喷泉进行建模

　　虽然今天已经有了影像归档和通信系统(Picture Archiving and Communication Systems，PACS)和 DICOM，但 CT 的发展并未止步。不少学校(包括天津大学)都购买或租赁了三维激光扫描仪，对中国古建筑的测绘来说，三维激光扫描仪并不是最适用的——天花常常挡住梁架使得测绘难于开展，而斗拱这样的空间立体交叉结构难以用三维激光扫描仪进行无遮挡的测绘，光滑的琉璃瓦也可能造成"飞点"。因此，笔者热切盼望工程师们能研发出大型射线体层式扫描仪，给我们提供透视的"眼睛"。

　　目前，哈佛大学设计学院的 CAD/CAM 实验室使用四种扫描仪：SensAble Technologies Phantom Freeform，Immersion MicroScribe 3D，Minolta Vivid 700 3D Scanner 以及 Roland Modela MDX 15 Automatic Digitizer 分别是一种滑轴、两种多关节和一种激光型产品。值得注意的是，四种中三种是多用途产品，MDX 15 可以兼作铣床；SensAble Phantom Freeform 是一种力回馈多关节扫描仪，它同时又是虚拟现实设备——握着它的末节杆，可以模拟做手术执刀、做模型切东西时的感觉；而 Vivid 700 在尺度上有较大的灵活性。

　　三维扫描仪对中国学建筑的学生来说显得有些昂贵，因此笔者曾尝试自己制作三维扫描仪，或采用数码近景摄影测量方法(如采用 PhotoModeler 软件)代替三维扫描仪。关于自制三维扫描仪可参考笔者的硕士论文《从像素到体元、体素和体量——城市、建筑中自由曲面的造型设计技术研究》，而关于近景摄影测量的方法可参考第 7.3 节。

7.2.4　三维扫描的计算机输入

　　三维扫描仪与设计软件的结合可包括两种方式：一种方式是用多关节扫描仪输入线条和关键点。这种方式，三维扫描仪的作用就好像"三维空间里的鼠标"一样，用法和二维鼠标比较类似，不过定位点在空间中。而另一种方式则是用数据量比较大的"点云"输入的方式。这种方法需要对"点云"再进行"后处理"。

　　在参数化设计软件 Catia 中，点云是利用数字化外形编辑器(Digital Shape Editor，DSE)工作台进行处理的。其后处理的内容包括：点云的删除、点云的拼合、利用不光滑的点云数据拟合出比较光滑的曲面、点云空洞的修补、接触式三维扫描仪的球形直径补偿等内容。

7.3　替代三维扫描的近景摄影测量方法

7.3.1　近景摄影测量和 PhotoModeler 软件的工作原理

1) 近景摄影测量

　　虽然使用三维扫描仪采集模型表面的三维信息是一种行之有效的工作方式，但目前三维扫描仪还比较昂贵，限制了这种方法在我国建筑事务所中的应用。

　　这里详细介绍了一种替代的方法——采用数码相机拍摄和 PhotoModeler 软件进行计算机辅助近景摄影测量，采集手工模型表面的形状信息。

　　近景摄影测量，是先从多个角度为物体拍照，得到物体的一组相片。然后利用光线沿直线传播的原理，通过相片上原物体表面像点的位置，反求出光线。进而求出这些光线在三维空间的近似交点，这些交点都落在原物体表面上，这样，原物体的形状就能以这些点为基础绘制出来。

其实,早在 20 世纪 60 年代,德国建筑师弗雷·奥托在慕尼黑奥体中心膜结构建筑设计中,就已经通过近景测量记录下肥皂膜表面的形状,作为其后绘制建筑工程图的依据。不过,受当时技术限制,必须采用量测型专用照相机和摄影经纬仪,过程也比较繁琐①。

2) PhotoModeler 的原理

PhotoModeler 是由美国 EOS 公司研发的一种新颖的近景摄影测绘(Close-Range Photogrammetry)软件,它支持普通数码相机,无需测量照相机空间位置和使用摄影经纬仪②。

PhotoModeler 不必测量照相机的位置的原理可简单地解释如下:

在图 7-16 中,若已知角 1、角 2、角 3、角 4、角 5、角 6,则角 α 和角 β 可通过三角形内角和为 180°求解出来。如果我们把 D 点、E 点、F 点看成是为景物 A、B、C 拍摄照片的相机镜头的光心,那么角 1、角 2、角 3、角 4、角 5、角 6 是可被求解出来的。

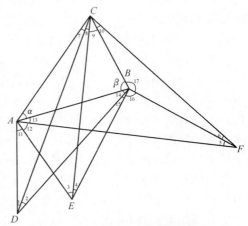

图 7-16　PhotoModeler 近景摄影测量的原理分析图

3) PhotoModeler 的功能

PhotoModeler 的主要特点在于融合了"摄影测绘"和"三维建模"这两个过去相互独立的工作环节,能更快地获取数字模型。PhotoModeler 包括两个版本:PhotoModeler Pro 和 PhotoModeler Scanner。前者包括四个功能模块:

① 校准模块(A PhotoModeler Calibration Project):可校准照相机和镜头。

② 标准模块(A Standard PhotoModeler Project):以手工或"半自动"找寻方式,指定目标点,进行测绘。

③ 自动编码目标模块(An Automated Coded Target Project):以软件全自动找寻方式,对"自动编码目标"进行测绘。

④ 快速设定模块(A Quick-Setup PhotoModeler Project)。

而 PhotoModeler Scanner 还包括了高密度表面建模(Dense Surface Model)模块,能更好地测绘非规则形,并减少标记工作的负担,但 Scanner 版本非常昂贵。我们在本书的例子中,主要采用 Pro 版本的前三个模块。

7.3.2　利用 PhotoModeler 完成项目的步骤和方法

1) 选择合适的相机、镜头

选择适于项目的照相机和镜头,应综合考虑下面的因素:

---

① 程云杉,戴航. 2008. 最柔的奥运建筑——弗雷·奥托与慕尼黑奥林匹克中心屋顶[J]. 建筑师,(3):74-80.

② EOS System Company. PhotoModeler 6 help file[EB/OL]. http://www.photomodeler.com/downloads/default.htm.

① 镜头视角应能满足工作空间的限制,例如用 35 mm 规格的相机从正面拍摄对角线长度为 1 m 的物体,当焦距为 28 mm 时,照相机离物体大约为 0.8 m;当焦距为 50 mm 时,照相机离物体大约为 1.4 m;而当焦距为 100 mm 时,照相机离物体大约为 2.8 m。

② 优先考虑采用定焦镜头,特别是透镜组为对称结构的定焦镜头,这样可减少畸变像差。若手头只有变焦镜头,则应固定变焦环,使镜头在测绘过程中不会因为偶然触动而改变焦距。

③ 照相机具有较高的像素,镜头的锐度好。我们采用奥林巴斯 4/3 系统单反相机是因为考虑到相对较小的 CCD 幅面能获得比 APS 幅面或 35mm 全幅面更深的景深,不采用幅面更小的数码相机是为了采用可交换定焦镜头。

2）对镜头实施校准

任何镜头或多或少都有像差,用于近景摄影测量时,会造成误差。镜头的焦距、CCD 幅面等参数的实际值与标称值之间也有差距,计算过程中不应采用镜头标称值,而需采用实际值。Photo-Modeler 可采用数学方法分析多幅"校准格点"的相片,测算出镜头的焦距、CCD 幅面和镜头的像差等。Photo-Modeler 实施校准可通过下面的步骤进行:① 制作镜头校准格点板,此格点板的大

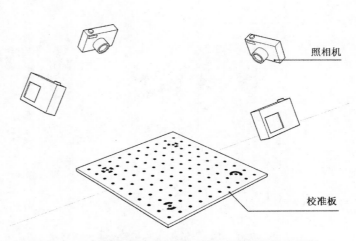

照相机

校准板

图 7-17　从不同角度拍摄多幅标准格点板的相片示意图

小宜与待测绘的建筑模型的大小相仿。②拍摄标准格点板——大致保持镜头主光轴与标准格点板间呈 45°,如图 7-17 所示,从四个方向先拍摄四幅横幅相片;再以镜头主光轴为轴旋转 90°,拍摄四幅纵幅相片,共拍摄八张相片(为提高精度,还可拍摄更多的相片)。③进入 PhotoModeler 软件的"校准模块",导入相片,软件随后会自动计算镜头的实际焦距和 CCD 幅面等。

3）在模型上设置标签

曲面建筑模型可采用黏土、金属网、卡纸、泡沫塑料等多种材料制作。我们参考利维希(Levehe)编纂的《弗兰克·盖里作品集》提供的盖里原模型照片和设计图纸重新制作一个模型。盖里事务所制作的原模型如图 7-18 所示。这样的模型并不适合直接用来进行摄影测量,因为曲面模型表面看起来比较光滑匀质,难于找到特征点。

为解决这个问题,可在模型表面做出标记,目前可采用下面两种方法之一:

一是采用幻灯机将点状图案投影在模型表面。

二是在模型表面粘贴标签,或用笔在模型表面做记号。

前者效率比较高,但投影仪的风扇会产生振动,投影胶片也可能有位移或变形,容易产生误差或失误。后者效率低一些,但比较准确、可靠。我们在这里使用第二种方法。

图 7-18　盖里事务所为波士顿儿童博物馆扩建项目制作的模型

标记形式有三种：

①"自动编码目标点"标记。如图
7-19 所示，由实心圆点和与圆点同心
的呈特定方向与角度的多条弧形粗线
组成。同一个项目中使用的每个自动
编码目标点的形状都应该是独一无二
的：采用 10Bit 编码共有 45 种标签可
选，采用 12Bit 编码有 161 种，而采用
14Bit 编码有 561 种。

②"自动目标点"标记。其对应的
图形是实心圆点，软件可自动计算出
圆心。

③ 自设形状标记。主要用于手工

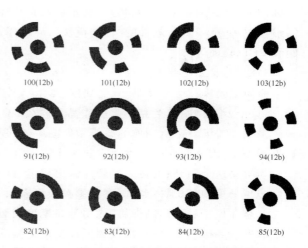

图 7-19　一些 12Bit "自动编码目标点"标记的形状

指定目标点,目标点的形状以实用为准则,可因人而异。

这些标记都应该在明度上与模型有显著的反差:我们的模型颜色比较浅,故采用黑色标签,如图 7-20 所示。

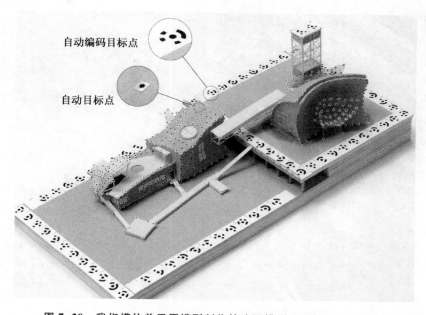

图 7-20　我们模仿盖里原模型制作的油泥模型经过标记后的情况

直射光产生的阴影可能干扰对模型形体的判断,也可能造成阴影或高光部分超过CCD 的容度而丢失细节,所以拍摄工作宜在充足的漫射光下进行。如果拟使用高密度表面建模模块,应该采用恒定的光照或同时采用多台相机。拍摄时,可适当地缩小光圈,以求扩大景深;采用三脚架固定相机拍摄,并启用延时拍摄或接快门线揿动快门,以减少晃动,提高相片清晰度。拍摄相片的数量和角度,以模型上每处细节至少能反映在两张以上的相片,而这两张相片又与其他相片有相当多的重叠部分的原则为准。

这个模型在拍摄时的困难在于:岸上部分入口等处的棚架(以金属网制成)挡住了后面的曲面形立面,所以对模型的拍摄分成两轮进行比较好:第一轮移去棚架拍摄,第二轮在棚架上进行标记后,放在原位置进行拍摄,这一步应该非常小心,谨防改变原来模型的形状。

4) 导入相片,由软件识别出"自动编码目标点"标签,并计算照相机位置

各个不同角度的模型相片导入 PhotoModeler 的自动编码目标模块中,由软件识别出这些"自动编码目标点"。不论这些"自动编码目标点"在相片的什么位置,呈现出什么样的角度,软件都可以从单张相片上识别出,用特定的名称来对这些点进行命名——这些名称以方括号括起来的数字表示。以这些被识别出的自动编码目标点在相片上的二维位置作根据,照相机的三维位置及方向均可被 PhotoModeler 软件求解出来。图 7-21显示了软件识别出的自动编码目标点及照相机的位置。

5) 描绘曲面上的"自动目标点"

"自动编码目标点"识别起来非常方便,但是自动编码点的标签尺寸比较大,曲面上

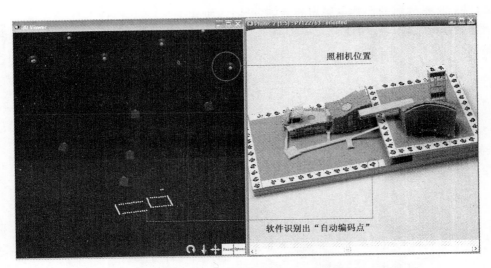

图 7-21　软件识别出的自动编码目标点及求解出的照相机的位置

无法紧密地容纳很多这样的标签。所以，曲面表面更适合采用实心小圆点标签（或称为
"自动目标点"）进行测绘。PhotoModeler 也可以从相片平面上识别出每个"自动目标点"
的位置，但不能通过单张相片区分出这些点，而需要通过多幅相片了解这些点彼此之间
的关系来区分这些点，并给出它们的三维位置。

　　当模型包含前后交错搭接的曲面时，就变得容易出错。需要先把模型拆分为若干个
简单的曲面构成，再利用 PhotoModeler 的图层工具，依曲面个数建立多个图层，将同一
个曲面上的点置于同一图层后，对每个图层分别进行操作。

　　例如，对带有圆形天窗的屋顶曲面上的点进行测绘，如图 7-22 所示。

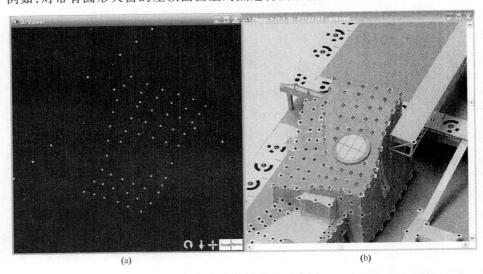

(a)　　　　　　　　　　　　　　　(b)

图 7-22　在 PhotoModeler 中绘制的带有圆形天窗的屋顶表面各目标点的三维位置
注：(a) 三维视图；(b) 相片

6）描绘其他形状，设定模型的坐标轴等

除了点，模型上还有许多其他形状需要测绘。PhotoModeler 提供了不少绘图工具来描绘这些形状，如直线（Edge）、线段（Line）、曲线（Curve）、圆柱形（Cylinder）、圆锥形（Cone）等。这些形状的绘制，可通过描绘不同相片上图形的影像后，指定对应关系，由软件生成。例如，对封闭曲线来说，可通过在两幅以上的相片上用样条曲线分别描绘该曲线在相片上所成的像，将两条曲线在相片上的像对应起来，用软件计算出此曲线的位置；对开放曲线，还需指定曲线的其中一个端点。圆柱形只需在不同的相片上绘制其轮廓上的棱边（图 7-23）。

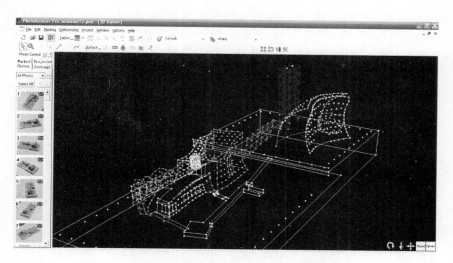

图 7-23　绘制波士顿儿童博物馆模型所包含的各种形状

当完成各种形状的绘制工作后，需要设定模型的坐标轴，以及模型的绝对长度。可以采用模型的尺寸，也可采用模型所代表的真实的建筑的尺寸。

如果模型中含有采用其他方法测量得到的精度非常高的三维控制点，例如采用全站仪测绘得到的控制点，则可采用指定控制点坐标的方法来提高模型的精度。

7）PhotoModeler 中测量误差的表示和减小误差的方法

在 PhotoModeler 中，针对点的误差的表示方式有两种：残差（Residual）和严密度（Tightness），其中，残差是以像素值为单位的一个绝对值，它反映了某点在相片上的指定位置与通过计算得出的三维点在此相片上的投影位置之间的偏差。而严密度是应该通过某点而实际未通过的光线彼此之间的最大偏差与整个模型估测大小间的百分比。我们可以在包括了所有点的信息表（Point Table）中查到点的误差，并根据误差大小对点进行排序。删除误差明显偏大的点，并重新测绘这些点。

导致 PhotoModeler 测量项目误差偏大的原因，根据我们的经验，可能有以下几种：

① 在相片上手工指定某点的二维位置时有偏差，因为从不同角度目视判断不同相片上的同一个点时，指定的位置或多或少总会有差异。解决方法是尽可能采用自动目标点标签对这些点做标记；而在手工指定点的位置时，要特别严谨仔细。

② 相机位置计算不准确。解决方法是尽可能多拍摄一些"自动编码目标点"，并使这些目标点在相片中尽量分布得分散些，以接近相片边缘为宜。

③ 拍摄角度不理想,比如,由两张拍摄角度很接近的相片推测点的位置时,误差比较大。解决方法是多拍摄一些照片,或先绘出相机拍摄位置的草图,制订拍摄计划后,再进行拍摄。

此外,镜头畸变偏大、模型有部分落在景深范围之外导致结像不清晰、测绘时模型本身被触动而发生改变等因素也会加大误差,这些都应避免。

8) 将测量结果导入 Catia 软件中

测量结果可用初始化图形交换规范(The Initial Graphics Exchange Specification, IGES)格式整体地输出到 Catia 软件中;也可先将结果导出为绘图交换文件(Drawing Exchange Format, DXF)格式,依图层分解为多个文件后,采用 DXF 2xyz 软件转化为点云格式文件,或采用 TurboCAD 软件转化为 IGES 格式后,导入 Catia 软件。以这些数据点为基础,再在局部作出调整、修改,完成后续设计工作(图 7-24～图 7-27)。

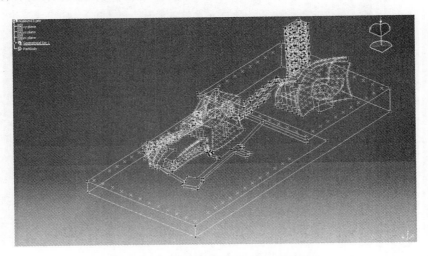

图 7-24　将测量结果导入到 Catia 软件中

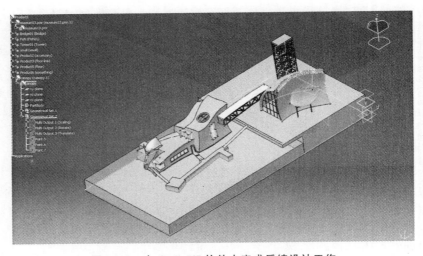

图 7-25　在 Catia V5 软件中完成后续设计工作

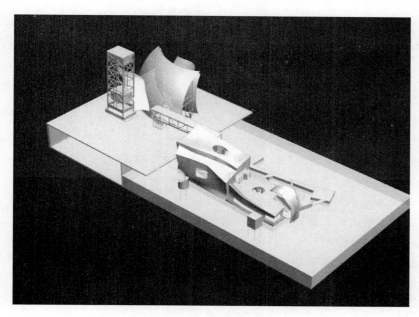

图 7-26　渲染效果

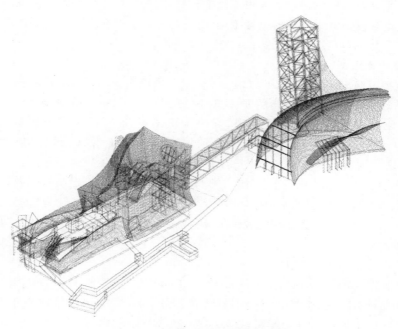

图 7-27　曲面用 **Mesh** 表达的线框图

7.3.3　PhotoModeler 替代三维扫描的现实意义

PhotoModeler 摄影测绘软件应用于设计，可比较圆满地在低成本下解决自然形式的手工模型向数字化模型转化这一问题。PhotoModeler 也有不错的易用性，建筑师经过学习是可以熟练掌握的。

7.4 数控加工和快速成型

7.4.1 针对模型的快速数字加工技术

模型的三维数控加工是根据设计方案的数字文件进行加工。以数控加工的模型构件,具有尺寸非常精确、形式非常灵活的特点,适于在设计后期运用。三维数控加工包括两类,一类是减法加工(Subtractive Fabrication),一类是加法加工(Additive Fabrication)或称"快速成型"(Rapid Prototype)。

1) 三维数控减法加工

数控减法加工比较传统,它包括车、铣、刨、钻、磨、线切割和激光切割等。这些加工共同的特点是零件的毛坯比零件体积更大。减法加工根据机床活动部件是在二维还是在三维中运动而分为二维加工和三维加工;三维加工根据运动部件的自由度又分为三自由度加工、四自由度加工和五自由度加工等,类似于航空涡轮风扇发动机里的涡轮这样复杂的形体,常常需要采用高自由度的方式,以保证表面非常平滑。目前的模型公司常常使用的模型精雕机则是一种简单的二维(二自由度)铣床或者激光切割机。

盖里和艾森曼事务所也常常采用三维数控铣床来加工软木模型,这些软木模型是表达复杂曲面建筑设计方案最不容易产生理解歧义的方式。通过数控铣床制作零件,可检查电子文件中是否存在潜在的缺陷。

2) 三维快速成型

快速成型是一种新颖的加工方式,1988 年,美国 3D Systems 公司推出了世界上第一种商品化的采用光敏树脂为原料的快速三维成型机。在探索频道(Discovery Channel)著名的纪录片"登月之旅"中,反映了更早以前 NASA 采用相似的激光固化技术制作用于风洞实验的飞行器模型的情况。加法加工常常采用逐层叠加的方法进行造型,这与泥瓦匠砌墙在原理上有共通之处。在购买三维快速成型机之前,我们也可以求助于一些专门的机构,如为神舟飞船制作坐垫的天津大学内燃机研究所快速成型中心。除了国外厂家生产的产品外,我国上海富奇凡、武汉滨湖机电、陕西恒通机电等公司也生产几种不同原理的快速成型机。下面介绍几种常见的不同原理的快速成型机。

(1) 熔融挤压式快速成型机

熔融挤压式(Fused Deposition Modeling, FDM)快速成型,是根据模型的截面轮廓信息,使挤压头在计算机控制下,在水平、纵横方向上移动,而模型基座在垂直方向上移动。用于熔融挤压快速成型的原料丝有 ABS 丝、ABSi 丝、PC 丝、PC-ABS 丝、PPSF 丝、合成蜡丝等。

(2) 激光切纸快速成型机

激光切纸快速成型机又称叠层实体制造(Laminated Object Manufacturing, LOM)快速成型机,由可在二维平面上运动的激光切纸机、纸筒传输装置、热压机构、数控升降台等机构构成。对于模型的负型部分,成型机会将其切割为小网格,这样负型就容易从原料中剥离下来。这种快速成型机生产的物体体积比较大。

（3）激光固化快速成型机

激光固化（Stereo Lithography Apparatus，SLA）快速成型机是最早的一种快速成型机。它利用光敏树脂，如丙烯酸树脂和环氧树脂在紫外线激光作用下迅速固化的原理来快速成型。这些树脂成品的抗拉强度在 $30\sim80$ MPa，成品既可以是不透明的，也可以是透明的，其中一种"Proto Therm 12120"树脂，呈现出漂亮的半透明樱桃红色。

（4）三维打印快速成型机

三维打印机（Three-dimension Printer，TDP）的优点在于可在普通办公环境下使用，无需大功率激光器，价格比较便宜。如 Desktop Factory 公司在 2007 年年底出品的 Desktop Factory 125ci 3D Printer（图 7-28），价格不到 5 000 美元。这种快速成型机是使用打印机喷头（一些喷头型号与普通喷墨打印机的喷头型号是完全相同的，只是使用的"墨水"不同）将黏结剂、光敏树脂或熔化的热塑性材料、蜡等喷出成型（图 7-29）。三维打印式快速成型工艺的缺点是制作的模型尺寸比上面几种方法都要小。

图 7-28　Desktop Factory 125ci 3D Printer

图 7-29　由 Desktop Factory 125ci 3D Printer 打印的模型

表 7-2 中汇集了一些常见快速成型机的技术参数供参考：

表 7-2　常见快速成型机的制造厂家及其技术参数

制造公司	型　号	类型	最大成形范围（mm）	机器外形尺寸（mm）	质量（kg）
3D Systems	Viper SLA	激光固化	$250\times250\times250$	$1\,340\times860\times1\,780$	463
	Viper HA SLA		$250\times250\times50.8$	$1\,340\times860\times1\,780$	463
	SLA 7000		$508\times508\times584$	$1\,880\times1\,630\times2\,030$	1 193
	SLA 5000		$508\times508\times584$	$1\,880\times1\,630\times2\,030$	1 318
	InVision SR	立体打印	$298\times185\times203$	$770\times1\,240\times1\,480$	254
	InVision HR		$127\times178\times50$	$770\times1\,240\times1\,480$	254
	InVision LD		$160\times210\times135$	$465\times770\times420$	36

制造公司	型　号	类型	最大成形范围 （mm）	机器外形尺寸 （mm）	质量 （kg）
Stratasys	FDM Dimension	熔融挤压	203×203×305	686×914×1 041	136
	FDM Prodigy Plus		203×203×305	686×864×1 041	128
	FDM Vantage i		355×254×254	1 277×874×1 950	726
	FDM Vantage S		406×355×406	1 277×874×1 950	726
	FDM Vantage SE		406×355×406	1 277×874×1 950	726
	FDM Titan		406×355×406	1 277×883×1 981	726
	FDM Maxium		600×500×600	2 235×1 118×1 981	1 134
Z Corporation	Z 310	立体打印	203×254×203	740×810×1 090	113
	Z 510		203×356×203	1 070×790×1 270	204
	Z 810		500×600×400	2 410×1 140×1 930	565
Sanders Prototype	Model Maker II	立体打印	305×152×229	686×381×686	41
OBJET	EDEN 260	立体打印	258×252×205	870×735×1 200	280
	EDEN 330		340×330×200	1 320×990×1 200	410
CMET	Rapid Meister 3000	激光固化	300×300×250	1 430×1 045×1 575	400
	Rapid Meister 6000		600×600×500	1 020×2 105×2 050	1 400
Desktop Factory	125ci 3D Printer	立体打印	127×127×127	635×508×508	41

7.4.2　针对实际建筑的数字加工技术

参数化设计中 CAM 的使用或许已经模糊了数字设计模型与实际建筑物之间本应存在的裂隙——荷兰尼奥建筑师事务所 2003 年设计的霍夫多普汽车站（Hoofddorp Bus Station）是一个完全采用纤维增强塑料作为承重结构，并与数字建构相结合的例子。在建成当时，它是世界上最大的整块纤维增强塑料建筑[①]。它的数字建构过程与制作一个"大模型"差不多，具体如下：

①　在包含了 NURBS 和实体定义功能的参数化软件中三维建模。

②　采用 CAE 软件检验结构的受力状况，决定纤维增强聚酯层的厚度和做法。

③　分段采用三维数控铣床将尺寸比较大的可发性聚苯乙烯（Expandable Polystyrene，EPS）泡沫块铣削、打磨成建筑的形状（图 7-30）。

④　将打磨好的泡沫块拼接为完整的建筑（图 7-31）。

①　尼奥建筑师事务所. 2005. 霍夫多普汽车站[J]. 建筑与都市（中文版），(3):98-103.

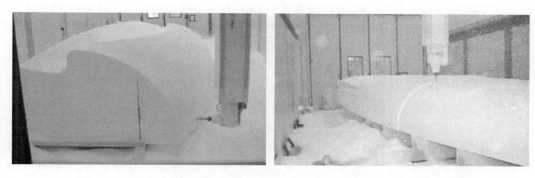

图 7-30 霍夫多普汽车站建造过程——用三维数控铣床加工 EPS 泡沫块

图 7-31 霍夫多普汽车站建造过程——将分块加工的泡沫块拼接完整

因为构件形式比较特殊，尺寸也比较大，因而采用手工方法在泡沫块外铺设纤维层和树脂，树脂在 24 小时内硬化后即成为纤维增强塑料壳。图 7-32 是建成后的建筑效果。

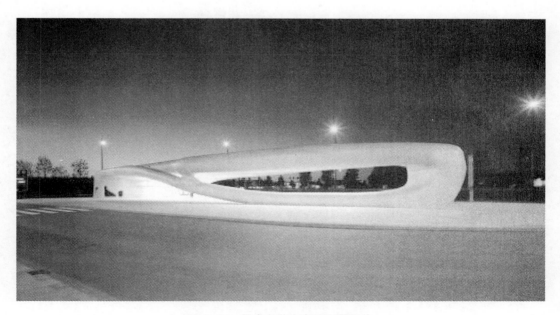

图 7-32 霍夫多普汽车站实景照片

另一个大胆的数字建构方法是特斯塔(Peter Testa)提出的。他从蜘蛛织网和家蚕吐丝结茧中得到启发,提出设计一种"修建"机器人,机器人自己搭建脚手架,按照一定方式在空间中运动,并吐出纤维束和树脂,而这些最终编织成建筑。

7.5 本章小结

本章首先指出,为了适应自然形态城市设计的需要,在参数化设计方法体系中,传统设计方式,如草图和模型仍能发挥很大的作用。从实践来说,盖里和格雷戈·林恩都曾采用过绘制草图和传统模型扫描识别技术;而从理论来说,草图具有简单性、独特性和创造性,实物模型仍是最可靠的三维表达方式。随后介绍了与参数化设计相结合的草图数字化技术和手工模型的三维扫描技术。考虑到我国国情,重点讲述了替代三维扫描的近景摄影测量方法,这种方法是借用数码照相机和 PhotoModeler 软件完成的。本章最后讲解了几种数控加工和快速成型方法,快速成型方法已成为目前最适于参数化设计实际建筑的建构方式之一。

"建筑艺术"是一个已经被城市设计师遗忘很久的词汇,早期 CAD 似乎只能培养出熟练,只有有新的界面方式与新的参数化的软件才能给了我们自我完善造型艺术的可能性。

自然界的一个重要法则是"最简律",也就是说在能达到同样目的的诸种手段中,大自然倾向于选择最简单有效的方式——例如在光学中,不同介质中经反复折射和反射传播的光线总会选择耗时最短的路径,这似乎冥冥中已有注定。传统设计方式与参数化设计结合,能取长补短,可使整体设计过程变得更简单,整体设计消耗更节省,它的生命力就在这里。

8 结合地形的城市设计及地形数字化表达与分析

8.1 自然化的城市地形设计方法

图 8-1 是旧金山的 GoogleEarth 的三维视景图片和二维城市街道及等高线图,可以看出,这套路网仅仅是叠合在原始地形上的,人工的痕迹非常强烈——旧金山的路网,已被芒福德(Lewis Mumford)在《城市发展史:起源、演变和前景》中作为反面例子进行批评:

"有些建在地形陡峭的坡地上的城市,如旧金山,由于不尊重地形,长方格形规划使当地居民不断耗费精力和时间,每天都要蒙受经济损失,消费许多吨的汽油和煤不说,还破坏了山地的天然风景;这些天然风景原本应充分利用,使城市规划得非常优美。"①

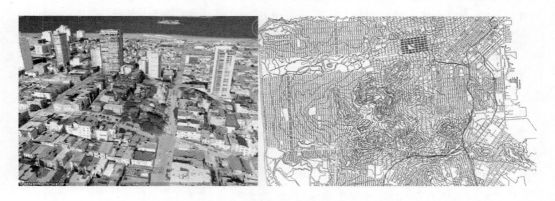

图 8-1 旧金山的 GoogleEarth 图片和街道及等高线图

第一方面,同瑞士、意大利等风景优美的国家一样,我国也是多山的国家,山地面积约占全国国土面积的 2/3,而山地城镇也占到全国城镇总数的一半②。但目前在山地城市设计中,与美国两个多世纪之前的旧金山城市规划方案相类似的"不尊重地形"的失误——比如在规划总图已基本完成的情况下,才匆匆补上"竖向设计",导致竖向设计在基本方向上不合理,填挖方量过大。

第二方面,东部沿海和中部河流冲积平原上的城市,如位于海河下游的天津和长江中游的汉口,由于地势过于平缓,而难于组织排水,在夏季暴雨时容易产生内涝,影响道路畅通,并产生卫生问题。如果在城市设计时顺应天然地形"微差",可缩短雨水管线总里程,减少修建雨水泵站的数量及节约因抽排雨水而额外损失的电力。

第三方面,江河和海洋等地形因素对城市形态有影响。从经济上说,江河海洋上的

① 刘易斯·芒福德.1989.城市发展史:起源、演变和前景[M].倪文彦,宋俊岭,译.北京:中国建筑工业出版社.
② 李和平.1998.山地城市规划的哲学思辨[J].城市规划,(3):52-53.

港口、桥梁选址必然影响城市交通之形态,而交通为城市形态之骨;从生态上说,江河海洋的位置对城市局部环境有莫大的影响。

故而,不论山区或平原的城市,都有必要考虑如何顺应天然地形。对地形,宜从城市总体规划阶段就加以考虑,并在以后控规、建筑直到施工图设计的各阶段再逐步调整、细化,景观、建筑、基础设施、道路、水利设计师宜相互商量协调,以求得和谐、统一、自然化和艺术化的解决方案,这是"自然形城市设计"中非常基础的一方面。下面探讨"自然化地形"处理的理论问题和实际设计方法。

8.1.1 顺应天然地形的城市选址和总体布局安排

1) 地形和地貌

"天然地形",意指地球表面在城市化改造之前的三维几何形状。按照《建筑设计资料集·6》的分类方法,天然地形又可分"大地形"和"小地形"。"大地形"指相当地区内的大片地表形状,一般按特性可分为浅丘地带、浅丘兼深丘地带等,若划分尺度更大一点,则分为陆地和海洋,陆地又分为高原、山地、丘陵、平原等。"小地形"则是大地形中的局部组成部分,如大地形中的"山地"又可分为山丘、山岗、山嘴、山坳、坪台、峡谷、盆地、山垭等[①]。"地貌"这个词指地表的三维形状,《辞海》对地貌的解释为,"在地理学中也叫'地形',地表各种形态的总称,由内力和外力相互作用而成。"我国20世纪50年代出版的译自前苏联地理学家斯达楚克的《地貌学原理》被认为是中文中地理术语"地貌"最早的应用[②]。"地貌"与"地形"同时使用时,更强调地形背后的形成机理。地貌与"地质"有联系,地质主要是指地球的物质组成、结构、构造、发育历史等,包括地球的圈层分异、物理性质、化学性质、岩石性质、矿物成分、岩层和岩体的产出状态、接触关系,地球的构造发育史、生物进化史、气候变迁史,以及矿产资源的赋存状况和分布规律等。《中国自然地理》中做过对"地貌"的划分[③]。

(1) 大陆巨地貌:构造高原与构造盆地、构造山系、大陆架巨地貌、大陆裂谷。

(2) 地质构造地貌:水平岩层的构造地貌、单斜岩层的构造地貌、褶曲构造地貌、断层构造地貌、岩浆活动构造地貌。

(3) 风化作用地貌:地表岩石与矿物在太阳辐射、大气、水和生物的作用下,其物理化学性质发生变化,颗粒细化,矿物成分改变,从而形成新物质的过程,叫风化作用。风化是剥蚀的先驱,对地貌的形成、发展与地表夷平起着促进和推动作用。

(4) 坡面重力地貌:是指斜坡上的岩体、土体,主要在重力作用下,在其他各种自然地理因素和人类活动的影响下发生滑动和崩塌,而形成滑坡和倒石堆地貌。

(5) 流水地貌:地表流水在流动过程中,侵蚀地面,形成各种侵蚀地貌,并将侵蚀的物质搬运到山前谷口,在河流下游或河口进行堆积,形成各种堆积地貌,凡由流水作用形成的地貌,称为流水地貌。

(6) 喀斯特地貌:是在碳酸盐类岩石地区,地下水和地表水对可溶性岩石溶蚀与沉

---

① 张立磊.2008.山地地区城市公园地形设计研究[D].重庆:西南大学.

② 毛敏康.1993."地形"与"地貌"辨异[J].山东师大学报(自然科学版),8(4):121-122.

③ 赵济.1995.中国自然地理[M].3版.北京:高等教育出版社.

淀,浸蚀与沉积以及重力崩塌、塌陷、堆积等作用形成的地貌。以南斯拉夫喀斯特高原命名,在我国也叫岩溶地貌,桂、黔、滇广泛分布。岩溶作用在地表和地下均可形成喀斯特地貌。地貌发育可分为幼年期、青年期、壮年期和老年期四个阶段。

(7)冰川地貌:是指第四纪古冰川及现代冰川作用形成的各种侵蚀地貌形态和堆积地貌形态的总称。包括冰蚀地貌、冰碛地貌和冰水堆积地貌三大类型。

(8)风成地貌:由风力对地表物质的侵蚀、搬运、堆积所形成的侵蚀形态和堆积形态,称为风成地貌。包括风蚀地貌和风积地貌。

(9)雅丹地貌:形态与风蚀残丘近似但山有蚀余松散土状堆积物,如河湖相地层形成的一类特殊风蚀残丘。雅丹"维语"意为陡壁小丘,后来泛指风蚀土墩,风蚀垄、槽相间的形态组合。它以罗布泊西北古楼兰附近最为典型。

(10)黄土地貌:主要是第四纪风力搬运堆积的土状物质,多分布在干旱半干旱区,在我国集中分布于黄土高原。黄土颜色呈各种黄色调,以粉砂为主,结构疏松,富含碳酸岩类,层理不明显,孔隙度大,湿陷性强,抗蚀性弱,极易遭受流水侵蚀。

(11)海岸地貌:是海岸带由波浪、潮汐、沿岸流等海洋水体动力与陆地作用形成的地貌。其中以波浪作用最重要。

我们设计地形时,应该理解地形背后的规律性。如大致知道地貌内部的"地质",表层土之下是坚硬的花岗石或玄武岩,还是柔软的粉砂,或者是有可能产生空洞的石灰岩,这些都决定了改变地形的可能性与经济性,也关系到其上建成的城市长期的安全性。

麦克哈格(Ian Lennox Mcharg)在《设计结合自然》、《海洋与生存——沙丘的形成和新泽西海岸的研究》中分析了新泽西海岸沙丘的形成(图8-2、图8-3)。麦克哈格指出[①]:

在沙洲的形成过程中,决定因素是受到控制之下的风和波浪。暴风雨将近岸较深的海水冲开,在海底的沙中挖出一条槽沟,造成在近岸的海底沉积成一条低的海底沙洲,与海岸相平行,当这条沙洲不断升高,高出水面时,就形成了一条沙丘,这是一条直接受风影响的沙丘。海底面以 5°～10°角与沙洲及继而形成的沙丘相连。沙洲之间是分离而不连续的,以后逐渐结合成一条连续的沙丘。沙丘与海岸之间的水域就形成了一个浅的泻湖或海湾。

当沙丘形成以后,在海的一边会接着发生什么呢?这里会形成另一条近海的海底沙洲,它不断地升高,最后高出海面,成为另一条沙丘。两条沙丘的中间地带,由风力将沙子填入其中,结果形成一个典型的断面:从海的一侧开始,首先是一条潮汐涨落的地带,然后是海滩和一条主要的沙丘(对防护来说是主要的,但时间上是次生的);主丘后面是条谷地,一直到里面的第二条沙丘升高起来,越过第二条沙丘,从其背后逐渐下降,形成一条平坦的地带,一直延伸至海湾边和海湾为止。

波浪通常以一定的角度逼近岸滩,海水漫过沙滩,然后又与海岸成直角退回大海。退回的波浪把沙子带下海去,其结果使原有的海滩往下漂移。这种现象称为"海岸漂移"(Littoral Drift),这是决定海滩形状的一个重要因素。

这一现象的结果是沙子会向一个方向不断地移动。新泽西的海岸是朝南的。因而,

---

① 伊恩·伦诺克斯·麦克哈格. 2006. 设计结合自然[M]. 芮经纬,译. 天津:天津大学出版社.

这里的一些岛屿的北端不断被侵蚀，如果得不到沙子的补充，就会向里退缩，而岛的南端向外不断地延伸。海岸的历史考察表明这种现象确实是一直在发生。

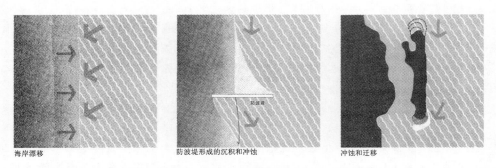

海岸漂移　　　　　　　防波堤形成的沉积和冲蚀　　　　　冲蚀和迁移

图 8-2　海岸漂移、防波堤形成的沉积和冲蚀、冲蚀和迁移

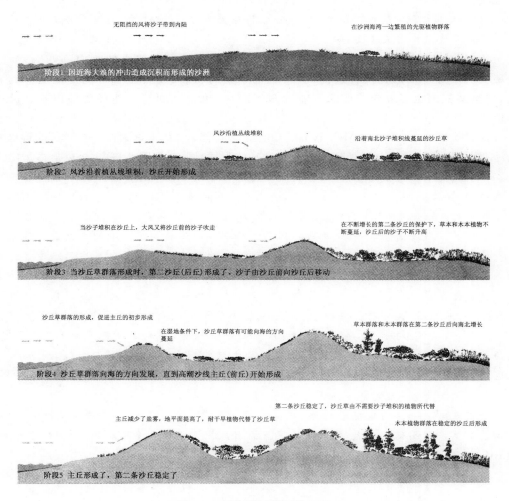

图 8-3　沿海沙丘地形的形成

在城市设计中,传统的地质实地勘察调研和现代的 3S 技术(地理信息系统,遥感,全球定位系统)都很重要,如四川地震地质灾害,实际滑坡、崩塌位置,与用遥感法和 GIS 按一定规律预测的位置尚有不小的偏差。

2)地形对城市环境的影响

天然地形对其上城市的太阳辐射条件、温湿度状况和风流场都有影响,因而能显著地影响城市环境。

地形的绝对海拔影响城市接收太阳辐射的强度,而地形相对的坡度、坡向可改变其上建筑的阴影长度,位于南坡的建筑,阴影变短;而位于北坡的建筑,阴影变长。坡度越大,改变就越明显。

地形,特别是地形与海洋和河流的关系,影响着城市温度和湿度。苏联学者克罗基乌斯研究认为,高出河谷 50~100 m、朝向较为理想的坡地,由于较少受到有害强风侵袭,再加上它们大多位于那些在低洼地区形成的导致地表冷却或比重大的冷空气沿坡下沉形成的逆温层和"冷湖"区上方,一般都具有较佳的温湿环境;而坡顶和坡谷则往往形成冷高原和冷气坑,环境不佳。绝对高度与城市气温负相关[1]。

地形能够明显改变大气总循环中近地气层气流的方向,再加上前述坡态冷热温差共同作用,可形成地区性的大气循环,从而对城市风环境产生很大影响,形成局部地形风。局部地形风作为局地微气候的特殊现象,其影响规模约为水平范围 10km 以内,垂直范围 1km 以下。丘陵和山区地形对气流的影响比城市建筑物对气流的影响要大。有关主导风向与风速受地形影响的结论应成为城市设计方案构思和选择的重要依据。

山谷风是一种与大气循环无直接关系的特殊地方风,一般产生于长而狭窄的陡峭山谷内,具有昼夜循环的周期性特点。这种风通常比较轻微,是因为夜间空气沿着山坡下降,在与土地接触的过程中被冷却而产生的,在静风情况下对城市局地气候的改善起着很大的作用。虽然山谷风对局部风环境的影响不如海陆风那样显著,但也足以改变一个地区的某一季节的主导风向[2]。

从上述分析中我们发现,影响城市局地微气候环境的基本地形如丘陵、山脊、山坡、谷地等,它们都有着相对独立的自然生态特点。分析不同地形及与之相伴的局地微气候条件,能为城市设计提供一定的理论依据(表 8-1)。

表 8-1 不同地形共生的生态特点

地形	升高的地势			平坦的地势	下降的地势			
	丘、丘顶	垭口	山脊	坡(台)地	谷地	盆地	冲沟	河漫地
风态	改变风向	大风口	改向加速	向坡风/涡风/背坡风	谷地风	—	顺沟风	水陆风
温度	偏高易降	中等易降	中等背风坡高热	谷地逆温	中等	低	低	低

---

① 克罗基乌斯.1982.城市与地形[M].钱治国,王进益,常连贵,译.北京:中国建筑工业出版社.

② 徐小东,徐宁.2008.地形对城市环境的影响及其规划设计应对策略[J].建筑学报,(1):25-28.

续表 8-1

地形	升高的地势			平坦的地势	下降的地势			
	丘、丘顶	垭口	山脊	坡(台)地	谷地	盆地	冲沟	河漫地
湿度	湿度小易干旱	小	湿度小干旱	中等	大	中等	大	最大
日照	时间长	阴影早时间长	时间长	向阳坡多背阳坡少	阴影早差异大	差异大	阴影早,时间短	
雨量	迎风雨多,背风雨少							
地面水	多向径流小	径流小	多向径流小	径流大且冲刷严重	汇水易淤积	最易淤积	受侵蚀	洪涝洪泛
土壤	易流失	易流失	易流失	较易流失	—	—	最易流失	—
动物生境	差	差	差	一般	好	好	好	好
植被多样性	单一	单一	单一	较多样	多样	多样	—	多样

在不同的大气候条件下,最利于提高城市局部小环境的地形选址是不同的,韦斯特(Anne Whiston)1984 年总结[①]如表 8-2:

表 8-2 不同生物气候条件下结合地形的选址原则

气候/类别	生物气候设计特征	地形利用原则
湿热地区	最大限度遮阳和通风	选择坡地的上段和顶部以获得直接的通风,同时位于朝东坡地以减少午后太阳辐射
干热地区	最大限度地遮阳,减少太阳辐射热,避开满是尘土的风,防止眩光	选择处于坡地底部以获得夜间冷空气的吹拂,选择东坡或东北坡以减少午后太阳辐射
冬冷夏热地区	夏季尽可能地遮阳和促进自然通风;冬季增加日照,减轻寒风影响	选址以位于可以获得充足阳光的坡地中段为佳,在斜坡的下段或上段要依据风的情况而定,同时要考虑夏天季风的重要性
寒冷地区	最大程度利用太阳辐射,减轻寒风影响	位于南坡(南半球为北坡)的中段斜坡上以增加太阳辐射,且要求既防风,又避免受到峡谷底部沉积的冷空气的影响

---

① 徐小东,徐宁. 2008.地形对城市环境的影响及其规划设计应对策略[J].建筑学报,(1):25-28.

3) 中国传统"风水"对地形和选址关系的看法

"风水说"本身源于中华民族早期对居住地环境的自然领悟,距今 6 000 多年前的陕西西安半坡仰韶文化村落就是一个典型的风水例证。从中可以看出,风水的最初含义是先民对环境的反应和一种潜意识的自我保护。在这种吉凶意识的支配下,在漫长的选择适合自己居住的生态环境的过程中就形成了关于人居环境的选择改造术——风水。

中国古代"风水",又称"堪舆",是中国术数文化的重要分支。长期以来,国内外建筑史学界的专家常常为这样一个问题所困惑,即为何中国古代建筑在空间环境的整体处理上,在人文景观和自然景观的有机结合及大规模建筑组群布局等方面,有着较强的科学性。王其亨(1992)认为"风水"实际上是集地质地理学、生态学、景观学、建筑学、伦理学、美学等于一体的综合性、系统性很强的古代建筑规划设计理论[1]。

先人注重人居环境的选址,在长期的经验积累中形成一套模式化的风水理论体系并付诸实践。其中,水向、水形、四灵、山形是其基本模式。水向,是指河流的走向,风水中认为水自西北向东南流是最佳的水流走向,因为西北地势高为"天门",东南地势低为"地户",而古人认为"天不足西北,地不满东南"。水形,是指水体与地形地势的结合情况,宅前池塘或河流呈半月或环抱状,其作用是使基址之地生气凝聚不散泄。"四灵"即天上的"四象",具体为山(玄武)、河(青龙)、路(白虎)、池(朱雀)等环境要素。在具体的应用中理想的位置应是左青龙、右白虎、前朱雀、后玄武,也就是左山右水。山形(山脉),风水中称之为"龙",注重地形的高低起伏变化,主次分明,即山形的隶从关系一定要明确,山环水抱是理想格局。以上的几种模式影响了水形、地形、聚散等方面的处理,对城市或居民点选址和地形改造起到了模式化标准的作用[2](图 8-4)。

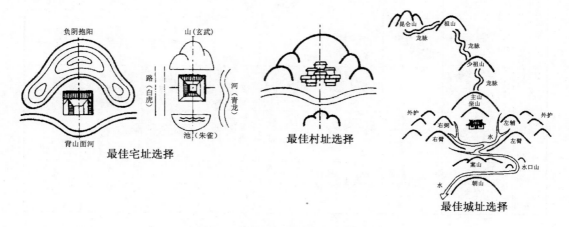

图 8-4　风水理念中宅、村、城的最佳选址

①　冯建逵.1992.关于风水理论的探索与研究[M]//王其亨.风水理论研究.天津:天津大学出版社.
②　尚廓.1992.中国风水格局的构成、生态环境和景观[M]//王其亨.风水理论研究.天津:天津大学出版社.

除上述这些对"小地形"的研究之外,风水还具有整体性,将局部小地形看成大地形的有机组成部分,如杨柳(2005)在其博士论文《风水思想与古代山水城市营建研究》中,将中国的山水龙脉比喻成一棵大树,而全国城镇就是这棵大树结下的果实,并用一幅图解来形象地说明这种分形与同构的关系[1](图8-5)。

4)丘陵、山区城市的几种城市布局模式

苏联学者克罗基乌斯(1982)总结了城市与地形有关的几种布局模式,分别为集中型结构、带状结构和组团结构,其在各种地形条件下应用产生的多样性如表8-3所示[2]。

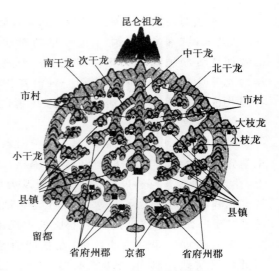

图8-5 风水全国城市网络图

表8-3 地形与城市规划布局结构的关系表

		地形状况							
		陆地				海滨			
		高地	冲沟—丘陵	谷地	盆地	半圆剧场海湾	河谷海湾谷地	半岛	河口
规划结构类型	集中型结构 平原								
	集中型结构 坡地								
	带状结构 线状								
	带状结构 枝状								
	组团结构 同高度								
	组团结构 异高度								

黄光宇(2006)在《山地城市学原理》一书中,将山地城市布局模式分为:①集中紧凑型结构;②组团型结构,其中又可分为单中心组团和多中心组团型结构;③带型结构,又

---

① 杨柳.2005.风水思想与古代山水城市营建研究[D].重庆:重庆大学.
② 克罗基乌斯.1982.城市与地形[M].钱治国,王进益,常连贵,译.北京:中国建筑工业出版社.

可分为单中心带型结构和多中心带型结构;④糖葫芦型结构;⑤长藤结瓜式结构;⑥绿心结构,其中又可分为单中心环绿心结构、多中心环绿心结构;⑦指掌型结构;⑧树枝形结构;⑨星座型结构;⑩新旧城区分离式结构;⑪城乡融合型结构①。

8.1.2 顺应天然地形的道路和交通设计

类似旧金山这样,道路以机械、无特征之方格网在平面上展开,强加于天然地形之上的设计,易产生较陡的道路纵坡。另一方面,也造成行人、车辆进行无意义的"先上坡后又下坡",损失爬坡时消耗的能源。

如果道路设计能顺应天然地形,则可使坡度缓和或距离缩短,节约能源和时间消耗。

道路与交通设计对地形的适应,可分为三部分:①交通方式对地形的顺应;②道路总体布局和选线对天然地形的顺应;③道路局部线形对天然地形的顺应。

除了机动车、非机动车和步行交通这几种常规交通方式外,还有一些专门针对山地的比较特殊的交通方式,如自动扶梯、单轨轻轨、缆车、索道、齿轨车辆等,可在坡度比较大的场合,以及在江河上空使用。这些交通工具有安静、视线好等优点(图8-6)。

图8-6 几种特殊交通方式

注:(a)自动扶梯;(b)索道;(c)单轨轻轨;(d)缆车;(e)齿轨车辆

表8-4是克罗基乌斯总结的几种适于坡地的特殊交通方式的性能指标②。

① 黄光宇.2006.山地城市学原理[M].北京:中国建筑工业出版社.
② 克罗基乌斯.1982.城市与地形[M].钱治国,王进益,常连贵,译.北京:中国建筑工业出版社.

表 8-4　几种特殊交通方式的性能

交通 工具	无换乘交 通距离(m)	交通速度 (km/h)	运载能力 (千人/h)	对客流变化 的适应性	相对建设 运营费用
电梯	100	≤2.5	0.5	+	中等
自动扶梯	100	≤3.5	8.0	—	很大
运输带	200	1.5～2.0	8.0	—	大
小车运输带	2 000	3.0～6.0	1.5	—	很大
缆车	2 500	3.0～10.0	0.5～0.6	+	中等
摆式索道	3 500	5.0～10.0	0.3～0.4	+	小
环形索道	≥10 000	7.0～8.0	0.4～0.8	—	小
齿轨电车	不限	15.0～30.0	10.0	+	中等

　　同时,另一些交通方式,如常规地铁、轻轨对坡度要求比较严格,通常上限为 0.3%。因此,常采用高架使轻轨轨道保持相对水平。

8.2　城市自然地形设计的图形表达——从"平子样"至数字高程模型 DEM

8.2.1　地形的图纸表达

　　《万物简史》中说,地形的等高线表示法虽然直观、简单,但却是直到 18 世纪才发明的。古希腊和中世纪城市很多是在山地上修建的,那时候还没有等高线,制图采用三角形不规则分布的控制点,比较繁琐[①]。

　　地形图在我国绘制历史很长,马王堆汉墓出土了精致的表现河流形式的地形图。公元 2 世纪西晋裴秀著有中国最早见于记载的地图集《禹贡地域图》,并在其序中提出了对中国古代地图绘制影响很大的"制图六体",即分率、准望、道里、高下、方邪、迂直。"分率"指比例尺,"准望"指标定的方向,"道里"指地与地之间的距离,对"高下、方邪、迂直"的解释,肯定与地面高差有关,而具体指什么,今人仍存有较大分歧,这是因为古地图集《禹贡地域图》已经失传[②]。

　　在中国传统城市设计中,处理高程的手段同"屋面曲线"绘制手段类似,有非常强的"格网"控制观念。明清陵寝在平面上采用控制组群性整体空间的"千尺为势";而组群内各单体建筑的尺度和相互间距与近观视距的构成,则由"百尺为形"的模数网格控制。根据王其亨教授的研究,"样式雷"在斟酌基址和酌拟设计方案时,要进行多次平面及高程测量,称为"抄平子"。抄平子以穴中(即金井)为中心和高程基准,用灰线向四周划出"平格"(即经纬网),每格方 5 丈或 3 丈;平格网上要抄出各经纬线交点的地面高程,并注于图上,成为"平子样"(即地面高程图)[③](图 8-7)。

　　①　比尔·布莱森. 2005. 万物简史[M]. 严维明,陈邕,译. 南京:接力出版社.
　　②　葛剑雄. 1998. 中国古代的地图测绘[M]. 北京:商务印书馆.
　　③　吴葱. 2004. 在投影之外:文化视野下的建筑图学研究[M]. 天津:天津大学出版社.

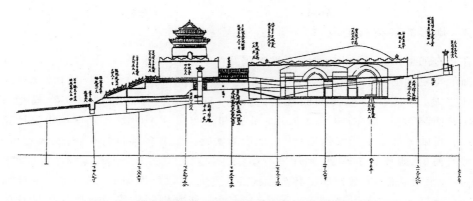

图8-7　样式雷画样——惠陵光绪元年抄平底（局部摹本）

在我国目前的《城市用地竖向规划规范》中规定,竖向规划的工程图纸可采用以下三种方法:纵横断面法,设计等高线法,标高、坡度结合法(即直接定高程法)。

根据调查,平原及微丘地形常用设计等高线法;山区、深丘地形常采用标高、坡度结合法;丘陵地形两法兼用;道路和带状用地宜采用纵横断面法;深丘、山区大的台块用地为适应特别精度要求,也可使用设计等高线法①。

（1）纵横断面法:按道路纵横断面设计原理,将用地根据需要的精度绘出方格网,在网格的每一交点上注明原地面高程及规划设计地面高程。沿方格网长轴方向者称为纵断面,沿短轴方向者称为横断面。

（2）设计等高线法:为设计地面单独绘制地面等高线。

（3）标高、坡度结合法(直接定高程法):在设计道路控制点上标注原始地面标高、设计标高以及设计道路坡度,在地面上标出建筑入口处标高,在建筑物上标注首层室内标高。室外标高采用实心三角标志,建筑室内标高采用空心三角标志。地面上同时标注排水方向(图8-8)。

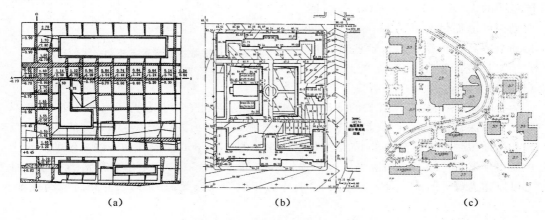

| (a) | (b) | (c) |

图8-8　三种竖向规划表达方式

注:(a)纵横断面法图;(b)设计等高线法图;(c)直接定高程法图

---

① 中华人民共和国建设部.1999.城市用地竖向规划规范CJJ 83—99[S].

8.2.2 地形的实物模型表达

在当今的城市设计中,采用实物模型仍是一种重要的手段,虽然这种手段在方案构思方面的重要性随着三维 GIS 系统的应用已经有所降低,不过,其用于向公众和评委传达设计方案,仍具有直观性强的优势。今天,建筑师仍会制作地形实物模型——如 MVRDV、斯蒂文·霍尔(Steven Holl)、张永和在 2005 年柳州城市新区城市设计竞赛中都制作了反映天然地形的实物模型[①]。地形的实物模型有多种材料和做法,大致可分为:薄片层叠模型、薄片插接模型、薄片平行模型、实心黏土(石膏、泡沫、软木)模型等[②]。又可分为:全手工制作、半数控加工和全数控加工等。半数控指加工,指采用二维计算机数字控制机床(Computer Numerical Control, CNC)切割机制作用于模型的各种片层。而全数控加工,指采用三维 CNC 铣床或三维打印机加工整个模型。

还有一些辅助器械用于测量地形的坡度,如用于薄片层叠模型的坡度卡和用于其他类型模型的铅垂测角器。

8.2.3 地形的数字化表达

1) 地形数据形式与地形测量方法

地形数字化表达的形式,与地形数据的来源有很大关系。本书不细述各种数据测量方法的原理,而只简单地用图表来表达地形数据的测量精度、耗时和成本的关系,如图 8-9 所示[③]。

除了甲方可以提供的比较精确的城市测绘图,我国七大主要流域有比较精细的 1:10 000 的 DEM,以及全国范围的 1:50 000 的 DEM。美国地质勘探局也提供大约 1 km×1 km 网格的全球高程数据资料。这些资料可在较大尺度的城市规划研究工作(如总体规划、区域规划)中采用[④]。

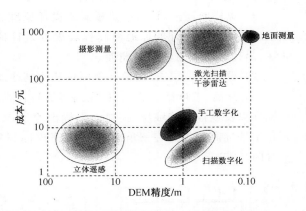

图 8-9 地形数据的测量方法和来源的比较
注:灰度表示采集速度,颜色越深,速度越慢

有时候,甲方提供给我们的地形资料还有不足,特别是在生态水环境设计中,不再只是要求用深管排净地下水,而较多采用地面溪流式排水方式,所以要求尽可能准确地反映天然地貌。在这种高要求下,详细规划常采用的 1:2 000 测绘图在一些关键的节点上也显得不够用。除了采用激光三维扫描仪,如 Leica HDS3 000,采用近景摄影测量软件也可以作为设计时的一种补充手段,弥补甲方提供的地形数据的不足,并相对节约成本。

---

① 胡绍学.2003.住区:半岛第一章[M].北京:中国建筑工业出版社.

② 克里斯·米尔斯.2004.建筑模型设计——制作和使用建筑设计模型的参考指南[M].尹春生,译.北京:机械工业出版社.

③ 周启鸣,刘学军.2006.数字地形分析[M].北京:科学出版社.

④ Wikipedia. 2008. USGS DEM [EB/OL]. http://en.wikipedia.org/wiki/USGS_DEM.

近景摄影测量软件,例如我国华宇公司开发的 LensPhoto,以及美国 EOS 公司开发的 PhotoModeler 软件,要求拍摄可重叠的地形照片,以完成三维重建。关于使用 Photo-Modeler 的方法,已在第 7 章中做过讲解①(图 8-10)。

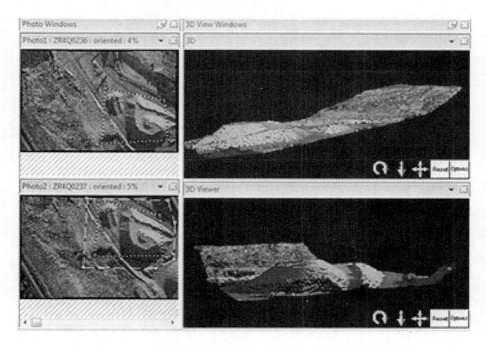

图 8-10 采用 PhotoModeler Scanner 软件辅助测量地面模型

2)二维和二维半地形数字化表达

即使在数字世界里,相当多的地形图还是二维的。因为,不少 CAD 图纸是从长年积累的传统手绘地图扫描而得来的,而二维图有时比三维模型更节约存储空间和处理时间。二维地形图的缺陷在于不能用来直观地显示天然地形。二维地型表达如图 8-11。

(1)CAD 中的二维地形表达

二维等高线(2d Contours)。这种 CAD 图与传统图纸没有区别,有些线条没有高度属性,仅仅在图面上标注了等高线的高程值。有些线条则包括高程属性,这样的地形图可看作是一种"2.5 维"的地形图。

离散二维点(2d Scattered Points,2d Mass Points)。在点的附近用文本标注标高,有时点本身包括高程属性。

垂直方向上的剖面图和断面图也是常见的二维地形表达方式。

(2)GIS 中的二维地形表达

GIS 中常用格网(Lattice,Grid)、光栅图(Raster)等。其中光栅图与其他图像的数据格式是类似的,单色图像有时受色彩深度影响,如 8 位灰度图像只能表达 $256(2^8)$ 级地形

---

① EOS Company. 2013. PhotoModeler scanner: main features [EB/OL]. http://www.photomodeler.com/products/pm-scanner.htm.

变化,而彩色图像的表达范围则可大大提高。

二维数字地形图大都可通过一定方法转化为三维地形表达。

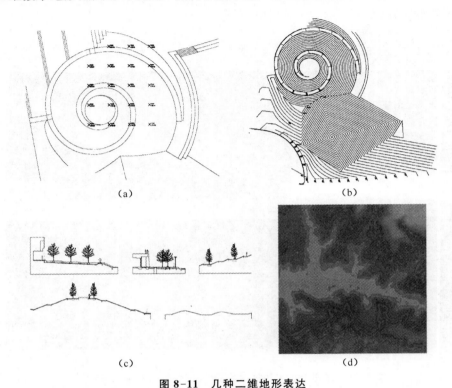

(a)　　　　　　　　　　　　(b)

(c)　　　　　　　　　　　　(d)

图 8-11　几种二维地形表达

注:(a)二维离散点;(b)二维等高线;(c)剖面图;(d)二维光栅图

3)三维地形数字化表达

地形的三维化数字表达的优势很明显:它能在虚拟现实环境中直观显示天然地形,错误(例如飞点)非常容易被检查出来,也利于各种针对地形的分析和计算。在 CAD、GIS、虚拟现实(Virtual Reality, VR)中,地形的三维数字表达都有广泛的应用。三维地形数字表达可被称作 DTM,还有如德国使用的 DHM(Digital Height Model),英国使用的 DGM(Digital Ground Model),美国地质勘测局使用的 DTEM(Digital Terrain Elevation Model)、DEM 等,其中有些用语已经成为特定的文件格式,如 DEM 有时被看成 DEM 方格形数字高程模型格式的代称。三维地形的表达方式有多种。

(1)非连续的地形(Discontinues Terrain Model, DTM):将等高线按高度拉伸而未平滑化的地形模型,或将 Raster 转化为竖条状离散模型等。这种表达看上去就像真实世界里的梯田或者不平的马赛克瓷砖表面一样。在元胞自动机法城市模拟中有不少应用。

(2)三角不规则网格(Triangular Irregular Networks, TIN):这是一种重要、灵活、直观的数据表达格式,它与测量数据的结合最紧密,因为三角不规则网格中的每个点在多数情况下就是用全球定位系统或全站仪测绘所得的数据点。三角形网格也是计算机图形学中最早的三维表现形式,它与补色渲染(Phong Shading)和高洛德着色(Gouraud Shading)都有比较方便的结合,一些三维格式,如 3ds 格式仍采用两个三角面来表现一个矩形面。

下面是斯蒂芬·欧文(Stephen Ervin)的专著《景观建模——景观可视化的数字技术》一书中对 VRML 2.0 格式的不规则三角网格的介绍[①](图 8-12)。

在 2.0 版本的虚拟现实建模语言(Virtual Reality Modeling Language，VRML)规范中,包括对不规则三角网络的拓扑结构进行编码的详细的规范和语法,如果可以选择的话,这会是一种吸引人的格式,用来在程序之间进行转换。使用其他的转换格式,例如 DXF 格式,常常会丢失拓扑连接性,它分别描述每一个三角形,因而很多点都是多次保存了所有的三个坐标值,这在大的不规则三角网络中会产生很大的浪费。在 VRML 格式中,每个点只输入一次,然后在一个表格中通过标识符来罗列每一个面中使用的三个点,这样的存储方式高效得多。

```
# VRML V2.0 utf8
# a simple TIN, with 4 points and 2 triangles
Group£°。
Children [
Transform [
rotation 1. 0. 0. 0. 0. 0. 0. 0
   children[
Shape
   geometry IndexedFaceSet[
coord Coordinate{
Point[
      0. 0        0. 0        0. 0
      100. 0      0. 0        50. 0
      100. 0      100. 0      0. 0
      0. 0        100. 0      75. 0
      ]
      }
   normalPerVertex TRUE
   solid FALSE
   creaseAngle 0. 5
   coordlndex [
   2,0,1,−1
   2,3,0,−1
    ]
   }
   } .
  ]
 }
]
]
```

图 8-12　VRML2.0 中的 TIN 样例

---

① 斯蒂芬·欧文,霍普·哈斯布鲁克. 2004. 景观建模——景观可视化的数字技术[M]. 杜鹏飞,孙傅,译. 北京:中国建筑工业出版社.

（3）平滑四边网格面（又包括 Coons Mesh，NURBS 等）

平滑化的网格有时比非平滑的三维网格更接近于真实世界中的情况，并在计算土方时有更好的精确度。平滑网格面常采用 Mesh 曲面或样条曲面方法，图 8-13 是平滑网格面的样例。

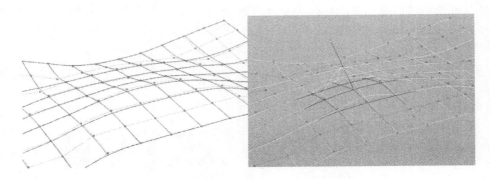

图 8-13　平滑四边网格面（NURBS 网格面）

（4）以分形几何方法模拟的三维地形

这种方法具有计算量节省的优点，有特别的美感，细节和谐而丰富。其中的一种方法是"中点置换法"（图 8-14）。

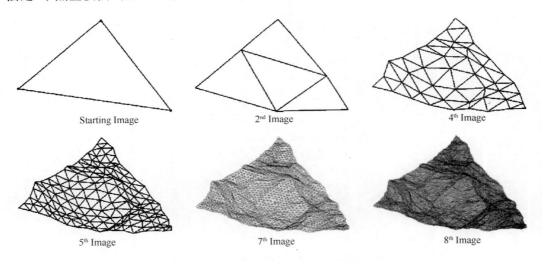

图 8-14　采用"中点置换法"模拟自然地形

8.3　GIS 平台下的地形分析和设计

8.3.1　数字地形分析基础及三维 GIS 系统的发展状况

虽然实地踏勘对于形成优秀的城市设计构思至关重要，但也有不少局限性，如时间和空间上的跨度限制了设计师进行充分的实地踏勘。有些复杂情况不能在短时间内看出来,例如百年一遇的降雨的雨水淹没范围,不可能从几次调研中就发现规律。而且实地踏勘形成的结论往往只是定性的,空间落位上也不甚准确。而通过分析,使地形的水文、环境等属性从模糊转至清晰,并给予三维地形直观的三维表达,最终得到关于复杂地形下的城市设计的依据是必要的。除了直接从地形图读取必要的数据,GIS系统是进行有效的地形分析的数据处理平台。

世界第一个投入实际操作的商业GIS系统是1967年由加拿大联邦能量、矿产和资源部门在安大略省的渥太华开发出来的。开发者是汤姆林森(Roger Tomlinson)。这套系统被称为加拿大地理信息系统(Canadian GIS, CGIS)。它在1∶250 000的比例尺下表达土壤、作物、动物、林木和现状土地利用等多种信息及其相互关系[①]。

1969年,美国环境系统研究所公司(Environmental Systems Research Institute, ESRI)在美国加利福尼亚州雷德兰兹(Redlands)成立。最初的ESRI是一家土地利用规划的咨询公司,而今天获得广泛认可和使用的软件ArcView GIS和ArcGIS软件均出自于这家研究机构。1998年,ESRI公司推出了基于ArcView GIS的插件3d Analyst Extension,使ArcView GIS系统具有了分析和显示三维地形的功能[②]。

1986年,MapInfo公司成立并推出了第一个版本——MapInfo for DOS V1.0及其开发工具MapBasic。随后,MapInfo推出了Vertical Mapper,使MapInfo软件也具有了分析三维地形的能力[③]。

我国科技部高度重视发展我国地理信息系统,将发展具有自主知识产权的GIS软件列入了"九五"重中之重科技攻关计划。在"十五""863"计划中又将发展具有我国自主知识产权的面向网络的海量大型地理信息系统软件放在重要的位置,对我国地理信息系统产业的形成和发展起了十分重要的作用。我国主要自主研发的GIS软件大多在不同程度上得到过国家863计划和国家科技攻关计划的支持。目前我国已有中地(MapGIS)、吉奥(GeoStar)、超图(SuperMap GIS)等地理信息系统软件。这三种软件平台也可以实现数字地形分析功能[④]。

8.3.2　数据读取、转化和三维TIN的生成

我国目前多采用AutoCAD二维格式存储地形数据,而ArcGIS软件通过一定设置可读取CAD中的数据,并可将二维文件格式转化为三维TIN,以满足后续分析工作进行的需要。ArcGIS 9.X可读取CAD 2004版本,而ArcView GIS 3.2可读取的CAD文件的版本较低,可采用DXF R12[⑤]。

如果等高线本身已经带有高程属性,那么可在ArcGIS中以"Polyline"的方式读入DXF文件,则等高线的高程信息在字段"Elevation"中。如果等高线采用"Spline"格式,可将其导入3ds MAX后,再转回CAD,采用"Polyline"格式存储,然后采用湘源控规等软

---

①　Wikipedia. 2013. Geometry information system[EB/OL]. http://en. wikipedia. org/wiki/Geographic_information_system.

②　Wikipedia. 2013. ESRI[EB/OL]. http://en. wikipedia. org/wiki/ESRI.

③　Wikipedia. 2013. MapInfo[EB/OL]. http://en. wikipedia. org/wiki/Mapinfo.

④　方裕. 2004. 中国GIS产业发展的10年[J]. 地理信息世界,2(5):36-39.

⑤　Anon. 2000. ESRI ArcView GIS 3.2 Help Files[Z].

件的"成组定义等高线"功能,为其指定高程。如果高程信息存储在高程点上,则可能出现两种情况:一是在 CAD 中用 Text 命令生成的文本记录高程;二是用块作为高程点记录高程。对于第一种情况,在 ArcGIS 中以"Annotation"的方式读入数据,高程信息在字段"Text"中,由于该字段类型是字符串型,需要把它转换成数值型,为此需要使用 Feature to Point 工具把 Annotation 转换为点要素,然后新增数值型字段记录高程值。对于第二种情况,在 ArcGIS 中以"Point"方式读入数据,高程信息所在的字段根据具体数据的不同而不同,可能是字符串型,也可能是数值型,处理方式要视具体情况而定。

除了上述两种办法,还可借助湘源控规插件,先将高程点或等高线转化为网格面,再将网格面炸开成很多个小缀面,然后导入 ArcGIS。这样做的优点有:①生成的 TIN 由规则网格组成,视觉上较为统一、协调,特别是高程点分布密度不均匀的情况下,不至于产生大面积的斜面,也不至于过于突出等高线,比较接近真实坡地效果;②生成的 TIN 的边缘不容易出错,而直接在 ArcGIS 中生成 TIN 最常采用的 Delaunay 算法,在 TIN 边缘处容易产生狭长的三角形,或面积格外大的三角形,效果不自然。这样做的缺点有:①湘源控规生成的 Mesh,总缀面数量有限制;②速度较直接在 ArcGIS 中生成 TIN 要慢。

8.3.3　高程、坡度和坡向分析

下面采用 ESRI 研发的软件 ArcView GIS 3.2 对地形进行分析,选取的例子是天津大学规划院 2007 年所做的山东青岛理工大学新校区的详细规划方案。

第 8.3.2 节生成 TIN 时,ArcView 已经提供了高程分析,但划分的还不合理,常采用分数对整个高程段进行划分。可按照设计要求重新用整数进行划分,如图 8-15 是按照每种颜色差距为 5 m 进行划分的。

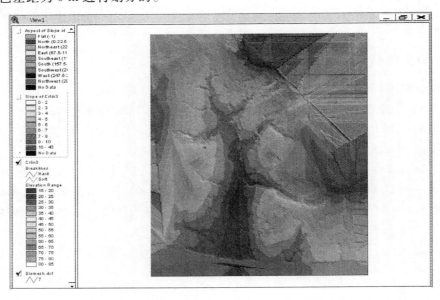

图 8-15　采用 ArcView GIS 3.2 进行高程分析

ArcView 还可对坡向和坡度进行分析(图 8-16)。

图 8-16 采用 **ArcView GIS** 进行坡向和坡度分析

在 AutoCAD 同一坐标系下的各种要素,都可以分层导入 ArcView 中,其叠放的顺序如"Theme"的叠合顺序。图 8-17 是叠合了设计方案的分析图。

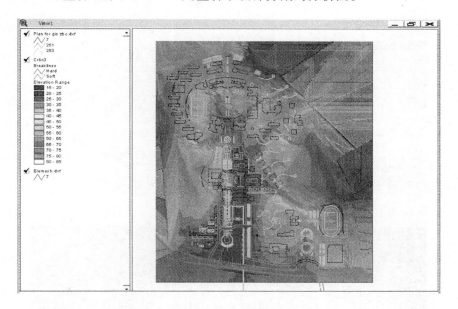

图 8-17 将设计方案图层叠合在高程分析图

8.3.4 数字地形的三维可视化和剖面操作

在 ArcView 中,可采用 3D Scene 工具观察基地的三维形式,3D Scene 工具提供视角调节功能、简单漫游功能、三维场景着色功能、三维场景数据的放大处理功能、数据点信息查询功能。图 8-18 是在 3D Scene 工具中的基地显示效果。

图 8-19 是查询框内的情况,显示了查询点处的纵横坐标、高程、坡度、坡向等信息。

有时地面坡度不大,为在设计时获得更清晰的直觉印象,可在 Z 轴上进行缩放处理。

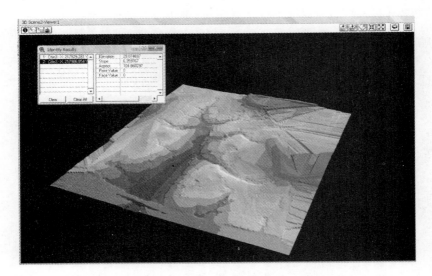

图 8-18　在 **3D Scene** 工具中显示基地的三维形式

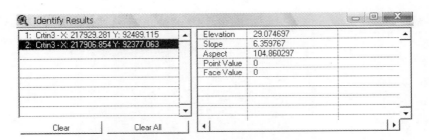

图 8-19　在 **3D Scene** 中查询基地上坐标点的信息

图 8-20 是将 Z 轴放大三倍的显示效果，其中冲沟的形态表现更为鲜明。

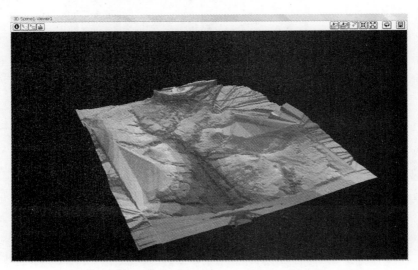

图 8-20　在 **3D Scene** 中将 Z 轴向放大三倍的效果

在湘源控规 CAD 插件和 ArcGIS 9.2 中,都可以绘制沿道路的地形断面图,图 8-21 是本方案主环路的地形断面图。在道路选线时,可绘出多幅地形断面图进行比较,以便选择上下幅度不大,较平坦的选线。

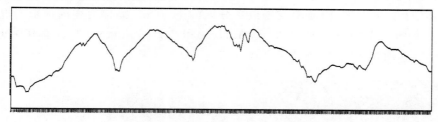

图 8-21　地形断面图的生成图片

ArcView 3D Scene 还可将三维场景用 VRML 2.0 格式(* . wrl)输出至其他三维软件。由于 GIS 在大量地理信息分析方面的功能比较强,而在三维绘图方面的功能比较弱,因此宜与三维设计软件相结合,利用它们完整、高效的三维绘图功能如利用 3ds MAX,特别是可以结合 Zbrush 软件,对天然地形进行各种虚拟"编辑操作",在用纵横断面法图、设计等高线法图和直接定高程法图几种传统图纸表达之前,在三维空间中形成完整的对方案定性的看法。

导入 3ds MAX 的 VRML 文件,不仅包括地形表面的全部信息(以"VIFS-"开头),还包括与 3D Scene 相对应的灯光(以"VDLT-"开头)、照相机(以"-view"结尾)等(图 8-22)。

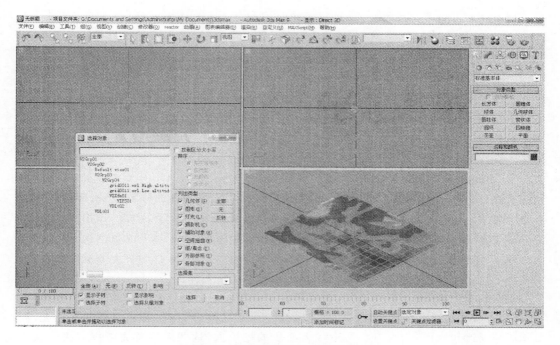

图 8-22　将 TIN 导入到 3ds MAX 中

8.3.5 ArcView 辅助下的竖向设计

竖向设计过程中需要知道方案总的土方量(规划面积比较大时,或者运输条件有所限制时,须进行土方分区,因此还应知道各分区的土方量),局部改变的地形情况(图 8-23)。在 ArcView 中,这些功能可由 3D Analyst 和 Spatial Analyst 插件合作辅助完成。流程如图 8-24 所示。

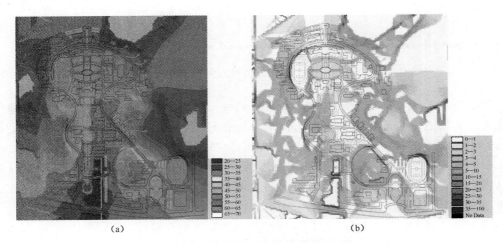

(a)   (b)

图 8-23　经过竖向设计的地形分析图
注:(a)高程分析;(b)坡度分析

其中的要点在于三次转化、三次计算和四次判断。三次转化分别是:

① CAD 转化为 TIN。这一步在第 8.3.2 节中已经作了讲解。

② TIN 转化为 VRML 2.0 格式的 *.wrl 文件。这一步应该注意坐标轴和单位的统一,而且耗时比较长,容易出错。解决办法是用湘源控规或杭州飞时达软件公司出品的 Fast GP-Cad 工具在 AutoCAD 中生成方案的三维地形。

③ TIN 转化为 Grid。这一步应该保证所有转化的 Grid 的范围和划分单元格的空间大小都一致,如果不一致,进行计算时就可能会出错。

三次计算主要指:

① 在 Spatial Analyst 工具中,设计土方范围多边形栅格 Grid[0]与地面高程栅格 Grid 1 和 Grid 2 之间的乘法运算,这主要是为了限制土方平衡的计算范围,而在较高版本的 ArcGIS 中,如 9.2 版本,已经可以用多边形切割 TIN,以起到同样的作用。

② 设计地面与天然地面之间的挖填方运算。这一步可将挖填方的范围视觉化。

③ 设计地面与天然地面之间的减法运算。这一步可为计算挖填方土方量做准备,其结果将挖填方土层的深度视觉化。

四次判断主要指:

① 第一次判断方案道路和建筑的大致落位是否合理,应该注意到一些体育设施,如足球场需要比较大面积的平地,常造成大面积的挖填方,这些应该首先考虑进去。从生态角度出发,即使在山地,也应该多使用自行车交通,而自行车要求坡度比较平缓,因此在平面选线上要更加注意贴近等高线,防止忽上忽下。

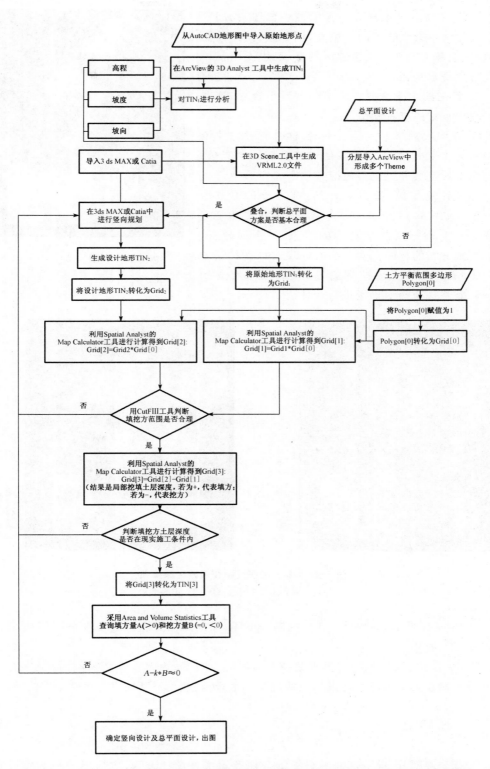

图 8-24 采用 ArcView 软件辅助竖向规划和结合地形自然形总平面的参数化设计流程图

② 第二次判断挖填方的范围是否合理,我们应该尤其注意生态敏感区的挖填方,例如,应保护天然湿地,不使填方改变生态敏感区的环境,也不应盲目填塞自然排水路径。

③ 第三次判断挖填方土层深度是否合理,这取决于改变土方的工具和手段。

④ 第四次判断土方是否平衡,这时应考虑使填方量略大于挖方量,因为紧实的土壤开挖后会变松,而且建筑的基坑开挖也会使挖方量增加。

经过计算得出,挖方总计约 90 万 m³,填方约 110 万 m³(图 8-25、图 8-26)。挖填方总量虽然是符合规范 CJJ 83—99 相应要求的,但通过图面分析,我们发现方案的构图仍有一些值得改进的地方:

① 东南角的操场挖方量过大(最大深度达到 14 m),宜考虑重新对操场进行选址。

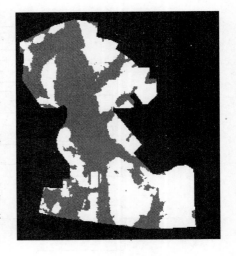

图 8-25 挖填方范围分析图
注:深色代表填方;白色代表挖方

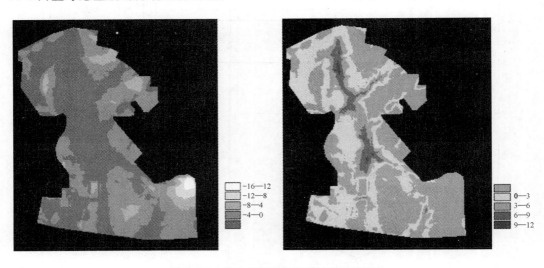

图 8-26 挖方区深度图和填方区深度图
注:(a)挖方区深度图;(b)填方区深度图

② 环路宜收小一些;另外宜再控制一下环路的坡度,使其能通行自行车,以更符合可持续发展的原则。

③ 由于本方案对原地形排水路径上的填方比较多,为防止阻断天然雨水水流,宜在原路径上设置人工水面并埋设相应的地下排水管,以减少对基地本身水文条件的破坏。

8.4 本章小结

本章分两部分,前一部分讲解了结合地形的城市设计方法,包括地形和地貌对城市布局的影响、地形地貌对城市环境的影响、中国传统风水对地形的理解等；后一部分讲解了地形的数字化表达方法、GIS 中的数字地形分析等。

城市设计中的地形造型与天然地形有着非常紧密的联系——数字化设计为准确捕捉和衡量天然地形提供了精确的工具和手段，以此为基础，建筑师在城市设计中能更充分地考虑自然地形。但这种精确和充分目前仍然是以大量计算和繁琐的操作过程为代价的，未来应考虑采用基于复杂科学的自动化方法来改善城市设计针对复杂地形时冗长的工作流程和较差的工作效率。

9 基于分析和模拟的城市自然形态优化

9.1 概述

路易斯·沙利文(Louis Sullivan)曾说:"有机和无机世界中的万物,不论在形而上学或在物理学所研究的范畴里,不论是人力还是非人力所能为的成果,不论出乎于理智,出乎于情感,或从灵魂深处所迸发出的真实的艺术表达,它们内在的生命力一定会外在地显露出来,亘古不变的法则就是,'形式追随功能'。"[①]

这句话有力地说明了在设计中采用分析和模拟清晰建立起造型与功能间联系的必要性。前文已提到了城市设计中几种分析和模拟方法,如反映区域尺度人口、经济、交通和用地之间关系的"劳瑞模型",反映城市多主体交互活动关系的"MVRDV-SpaceFighter",以及相对简单的"空间句法"、"网络分析方法"等。

什么是(计算机)"分析"和"模拟"呢?

"分析"一般采用数学抽象方法,将种种现象简化为"数学模型",用求解方法得到相关的定量结论;"模拟"一般采用数量关系尽可能全面、准确地描述现实世界中物质的特性,用数学方法概括物质间作用的规律,以预测系统在一定条件下、一定时间段内会做出怎样的反应和表现。模拟软件(或分析软件)大致都可认为由三个层次构成——核心算法、功能实现和人机界面。核心算法多为物理和数学家所提供;功能实现也就是"编程":用各种类型的计算机语言,从高执行效率的汇编语言至各种方便简捷的高级语言建立"输入参数"和"输出参数"间的联系;而人机界面则是给予软件运行以视觉化的环境,让它能为使用者所理解和操作[②]。

严格说来,"分析"的结果应该是纯数学的或统计学意义上的,如前文已提到的"曲率"、"豪斯道夫纬度"等;而"模拟"的结果本身应该有比较明确的实际意义,如"水位"、"水流速度"等[③],但现实中有时并不对它们进行区分,如"日照分析"和"日照模拟"就几乎没有什么语义上的差别。

计算机分析和模拟与参数化技术是互相结合的,其通常有三种形式:一种是循环流程,一种是选择流程,还有一种是自动流程。最后一种,实际上是参数化设计与分析和模

---

① "It is the pervading law of all things organic and inorganic, of all things physical and metaphysical, of all things human and all things super-human, of all true manifestations of the head, of the heart, of the soul, that the life is recognizable in its expression, that form ever follows function. This is the law."
见: Christopher. 2009. Tectonic thinking after the digital revolution[EB/OL]. http://www.andrew.cmu.edu/course/48-305/ppts/tectonic_thinking02.ppt.

② Anon. 2013. NaOH game development[EB/OL]. http://imaginecup.com/MyStuff/MyTeam.aspx? TeamId=9454.

③ 郭绍禧,关亚骥,陆学华.1989.计算机模拟[M].徐州:中国矿业大学出版社.

拟技术的相互融合。

① 选择流程是让分析软件从参数化设计方法的一组方案中选择出较优秀的方案。

② 循环流程是利用参数化制图可方便地用参数来改变方案的特点,设计出一个方案后,用分析或模拟软件对它的属性进行判断,然后修改方案,循环多次,直到方案符合要求。

③ 自动流程是将条件输入分析和模拟程序,由程序自动地给出最佳的方案。

其示意图如图 9-1 所示:

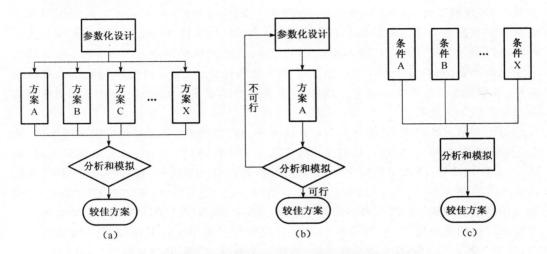

图 9-1　参数化设计与分析和模拟软件相结合的三种流程
注:(a)选择模式;(b)循环模式;(c)自动模式

9.2　分析和模拟方法的沿革

分析和模拟是逐渐改进而发展起来的,它也遵循从简单到复杂、从质朴到细腻的一般规律。

9.2.1　实物模型模拟

这种方法采用较小的模型来模仿实际的物体,例如以斗大的水池模仿真实的大海,古人以盆景象征心中的河山、仙境。计算机模拟也是从实物模型模拟发展起来的。在悉尼歌剧院设计项目中,声学工程师乔丹(V. L. Jordan)把悉尼歌剧院内部按照 1∶10 的比例尺用胶合木板制成模型,用连续的条带板制作观众座椅,观众则采用断开的卡纸板制作。高压火花塞作为声源,通过电容麦克风测量得到空间中的"早期衰减时间"[1]。美国陆军工程师团在研究穿过城市的密西西比河的水流行为时,也采用实物模型的方法,他们用成排的卡片纸模仿河漫滩上的树木,用带有高差的混凝土槽模仿密西比河河

---

① Philip D. 1999. Jorn Utzon Sydney Opera House[M]//Beth D, Denis H, Mark B, et al. City Icons. London: Phaidon Press, Ltd.

床①。今天,在一些必要的场合中,仍采用实物模型模拟。例如,常用地震实验台和缩小的建筑模型来模拟建筑在地震中的表现②。

9.2.2　简单的和线性的模拟、分析

今天类似于 EA 公司的"模拟城市"或者 MVRDV 的 SpaceFighter 的城市模拟系统已设计得非常复杂,软件考虑了很多元素,元素之间的关联也很丰富,并会有"偶然"事件的发生,但任何事物总有幼年的时候。早期的电脑模拟器,如美国陆军工程师团用来模仿降水量与河水流量之间关系的 Hec-1 软件(有时候城市设计师也用它来模拟城市管网的雨水流量)就相当简单,其输入完全采用文本,输出结果也只是一串数字③。而且简单的不只是外表,它的内在计算部分也是基于一组线性公式,当不清楚事情的全部规律的时候,就根据统计规律作出简化。例如,计算雨水会造成多少地表径流的时候,用降雨流量去简单地乘以系数。

对复杂情况的简化,有时不失为有效的方法,用空间句法方法来分析城市道路网,就是一种高度简化的方法,它采用拓扑几何方法对城市路网做了抽象,道路的实际距离、宽窄、交通管理政策、城市用地性质、地形状况等因素完全被忽略掉,但即便如此,其所预测的交通流量在一些例子中仍与现实有 60%～70% 的吻合度④。而高度简化的"中心地"理论与德国南部的实际情况也有不错的吻合度。另外,城市设计工作中有一些本来就只涉及单一方面的简单现象,利用简单公式计算就可得到与事实相符的结果。例如日照模拟,当它的时间步长取值比较小的时候,其理论预测值与实际观测值是完全相同的。

9.2.3　复杂的和非线性的模拟

城市规划复杂模拟的必要性在于:城市本身是"开放的复杂巨系统"⑤。研究城市交通、用地(可以看作"形"的范畴)和规划政策(可以看作"理"的范畴)之间的联系,比确定太阳在天空中的位置与月份、日期、时刻间的关系要复杂和模糊得多,其复杂性体现在:

(1)组成城市的子系统为数众多且相互关联。例如,城市商业区域的"人气"被人们所重视,但形成"人气"的因素不是单一的:区位、商业设施的定位、商场的建筑设计、街道的尺度和铺装、绿化、商品价格、工人工资、城市公共交通、停车场设置等因素都会共同影响商业街的"人气"。

(2)城市不是封闭的系统,而是受到全球经济、政治、生态、军事、文化等环境的动态变化的影响,例如,全球变暖、次贷危机、石油价格波动等因素等都会影响城市建设。

(3)城市的社会性所带来的"模糊性"。长期以来,自然科学被看作"精确的科学",虽然普朗克也提出了微观粒子的"测不准定律",但"测不准"中也有可定量的统计规律性,因而也有"可重复性"。但社会科学常常是"描述性科学",不能完全用"确定性"的态度来对待社会现象。

---

①　威廉·马什.2006.景观规划的环境学途径[M].朱强,黄丽玲,俞孔坚,等,译.北京:中国建筑工业出版社.

②　佚名.2008.投资上亿元 上海将建国内最大地震实验台[J].生命科学仪器,6(7):13.

③　The Hydrologic Engineering Center(HEC).2009.Hec-1 download[EB/OL].http://www.hec.usace.army.mil/+Hec-1&cd=2&hl=zh-CN&ct=clnk&gl=cn&st_usg=ALhdy29s9qzh12n9DeJ6vCg8gTMFTilZjw.

④　比尔·希利尔.2005.场所艺术与空间科学[J].世界建筑,(11):24-34.

⑤　钱学森.2005.一个科学新领域——开放的复杂巨系统及其方法论[J].城市发展研究,12(5):1-8.

正因为城市的复杂性,在研究许多问题时,常常需要采用最新的基于复杂性科学和非线性科学的模拟方法。"复杂性科学和非线性科学"是一系列处在不断演化和发展中的新的科学思想的通称,Brain Castellani 曾对复杂性科学的发展做过比较全面而清晰的综述。这些复杂性科学原理是复杂性城市模型得以生长、发展的土壤,其成果几乎都可运用到后文分析的"交通—城市政策—土地利用综合性模型"中去(表 9-1,图 9-2)。

表 9-1　复杂性科学理论和科学家

年代	类别	科学家	研究方向
19 世纪四五十年代	系统论(Systems Theory)	Ludwig von Bertlanffy	系统论和系统生物学
		Anatol Rapoport	数学心理学
		Margaret Mead	人类学
		Gregory Bateson	思维生态学
		Kenneth Boulding	经济学
	控制论(Cybernetics)	Norbert Weiner	控制数学
		Claude Shannon	信息论
	人工智能(Artificial Intelligence)	W. Ross Ashby	思维控制论
20 世纪60 年代	分散神经网络(Distributed Neural Network)	Walter Pitts	—
		Warren McCulloch	—
		Teuvo Kohnen	自组织地图
		Frank Rosenblatt	联系理论
20 世纪70 年代	生态系统理论(Ecological Systems Theory)	James Lovelock, Lynn Margulis	地球活体假说(Gaia Hypothesis)
		James Grier Miller	生命系统理论
		Donella Meadows	全球化理论
		Fritjof Capra	生命网络理论
	分形理论(Fractal)	Benoit Mandelbrot	分形几何学
	混沌理论(Chaos)	Edward Lorenz	奇异吸引子和蝴蝶效应
		Mitchell Feigenbaum	常态混沌
		James Yorke	—
		Tien Yien Li(李天岩)	—
	社会系统论(Social Systems Theory)	Jay Forrester	系统动力学
		Stafford Beer	管理学
		Niklas Luhmann	社会学
		Peter Checkland	管理学/软系统建模
	系统科学工程(Systems Science Engineering)	Deborah Hammond	系统思考方法
		George Klir	系统科学
	自组织理论(Self-Organization)	Ilya Prigogine	耗散结构理论(Dissipative Structures)
		Erich Jantsch	自组织宇宙观

年代	类别	科学家	研究方向
20 世纪 70 年代	二阶控制论 (2nd Order Cybernetics)	Heinz von Foerster	二阶控制论
		Francisco Varela, Humberto Maturana	认知科学
	模糊逻辑 (Fuzzy Logic)	Hichio Sugeno	模糊数学
		Lotfi Zedeh	—
		Bart Kosko	模糊逻辑
20 世纪 80 年代	涌现理论 (Emergency)	Stuart Kauffmann	生物进化论
		John Holland	生成算法
		Per Bak	自组织临界性
	社会控制论 (Socio-Cybernetics)	Francisco Parra-Luna	
		Felix Geyer	社会学
	人工生命 (Artificial Life)	Christopher Langton	—
	数据挖掘 (Data Mining)	Michael Berry, Gordon Linoff	商业数据挖掘
20 世纪 90 年代	多主体建模 (Multi-Agent Modeling)	Katia Sycara	—
		Michael Wooldridge	—
		Meianie Mitchell	—
21 世纪	网络新科学 (New Science of Networks)	Mark Granovetter	弱联系理论
		Barry Wellman	因特网理论
		Duncan Watts	小世界
		Albert-Lazlo Barabasi	无尺度网络
		Mark Newman	复杂网络
	全球社会网络 (Global Network Society)	Manual Castells	全球社会网络
		Immanuel Walllerstein	世界系统理论
		John Urry	移动社会理论
	电子科学 (E-Science)	John Taylor	电子科学
		Nigel Gilbert	计算社会学
		Claudio Cloffi-Revills	计算社会科学
	计算模型理论 (Computational Modeling)	Robert Axeirod	协同复杂性
		Brian Castellani, Fred Hafferty	—
		Melanie Mitchell	复杂性系统的计算
		Joshua Epstein, Robert Axtell	人工社会
		Scott Page	计算政治学
		John Miller	计算经济学

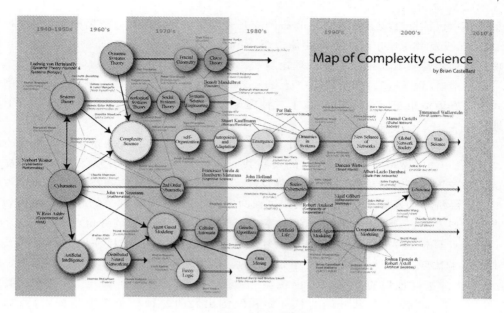

图 9-2 复杂科学的发展演变图

9.3 计算机分析和模拟的尺度性

城市设计中可能采用的模拟和分析方法林林总总。本章将模拟和分析方法依尺度划分为区域和城市尺度、分区尺度和节点尺度。有一些模拟和分析工具具有"跨尺度"、"跨类型"的特征,如空间句法方法,它既可用来分析整个城市的道路网"组构",也可以用来分析小住宅内部空间的"组构";可以分析公共空间,也可以分析交通,出现这种情况,则以其中最有代表性的尺度和类型进行划分。

本书对区域和城市尺度模拟的介绍,主要包括四个方向:①静态的城镇体系和城市布局模型;②动态模拟城市人口、交通、用地和开发策略之间的关系;③城市用地适宜度的叠图评价;④区域绿廊网络指标分析法(Analytic Network Process,ANP)等。

分区尺度的模拟,主要针对于下面的内容:①城市公共开放空间系统的拓扑分析(空间句法);②城市机动车交通和人行交通模拟;③场地设计模拟;④城市基础设施运行模拟;⑤环境指标模拟(日照与采光、噪声、水环境、大气污染、绿化效果、热工与通风等子项)等。

节点尺度的模拟,主要包括:①建筑环境和景观环境的视景仿真;②力学结构模拟;③构造方法模拟;④物理(热工、能耗、声环境等)模拟;⑤经济性分析等。

9.4 区域和城市尺度的分析和模拟

9.4.1 静态的城镇体系和城市功能布局模型

20 世纪 20 年代至 40 年代,不少学者提出各种针对均衡状态的城镇体系和城市布局模型。其中包括针对城镇体系空间分布的克里斯塔勒(Christaller)和勒施(Losch)的中心地理论,以及针对城市功能布局的伯吉斯(Burgess)的同心圆理论、霍伊特(Hoyt)的扇形理论和乌尔曼(Ullman)的多核心理论等[1]。

巴尔多(J. W. Bardo)和哈特曼(J. J. Hartman)认为,"最合理的说法是没有哪种单一模式能很好地适用于所有城市,但以上三种理论能够或多或少地在不同程度上适用于不同地区"[2]。

潘海啸(1999)认为,这些理论是对20世纪40年代之前的近代城市发展的共性的总结,它所表示的是城市空间结构存在的某些共同的状态,它们难以反映人及城市的社会经济活动与这种空间结构的关系,也不能反映大型城市基础设施的建设和用地开发对城市的社会经济活动及城市空间结构演变过程的影响。因而,难以满足物质性战略规划对城市的发展方向、带形城市、放射状发展、密度控制、布局结构进行的评价要求[3]。

由于计算机是20世纪70年代以后才发展起来的,因此上面几种早期模型都没能发展出影响比较大的计算机程序,不过它们奠定了计算机城市定量模型的基础。而且,计算机分析与模拟的潮流似乎也遵循"否定之否定"和"螺旋上升"的辩证发展规律,经历了20世纪60年代开始的从社会和经济出发的各种复杂性模型探索后,如今人们似乎重新对简单、静态模型提起了兴趣和胃口,如"空间句法"、"景观网络结构分析"都是"简单、静态"的方法,因此不能认为"动态、复杂"在一切应用场合都无条件地胜于"静态、简单"。

9.4.2 动态模拟城市人口、交通、用地和开发策略之间的关系

用计算机和计量方法来分析和模拟城市交通和城市土地利用的关系,是区域规划及城市总体规划研究中很重要的内容。Elisabete Alves da Silva(2003)[4]、Michael Wegener(1994)[5]、赵童(2000)[6]等曾对这类模型做过综述(表9-2)。

表9-2　**Michael Wegener 总结的 1994 年正在进行的城市综合模型研究项目**

地点	模型简称	模型全称	主要参与者
旧金山	POLIS	Projective Optimization Land Use Informations System	Landis
	CUFM	California Urban Futures Model	Prastacos
厄本纳	—	Equilibrium Models of Transportation and Location	Boyce, Kim, Rho
芝加哥	CATLAS	Chicago Area Transportation and Land-Use Analysis System	Anas, Boyce

① ②　孙施文.2007.现代城市规划理论[M].北京:中国建筑工业出版社.

③　潘海啸.1999.城市空间的解构——物质性战略规划中的城市模型[J].城市规划汇刊,(4):18-24,79.

④　伊丽莎白(Elisabete A D S).2003.区域DNA——区域规划中的人工智能[J].朱玮,译.国外城市规划,18(5):3-8.

⑤　潘海啸.1999.城市空间的解构——物质性战略规划中的城市模型[J].城市规划汇刊,(4):18-24,79.

⑥　赵童.2000.国外城市土地使用——交通系统一体化模型[J].经济地理,20(6):79-83,128.

续表 9-2

地点	模型简称	模型全称	主要参与者
布法罗	NYSIM	New York Area Simulation Model	Anas
坎布里奇	HUDS	The Harvard Urban Development Simulation	Kaim, Apgar
纽约	—	Logit-based equilibroum Activity Allocation Models	Oppenheim
费城	ITLUP	Integrated Land Use and Transportation Package	Putman
加尔哥斯	TRANUS	Transportey Uso del Suelo	De la Barra
智利	—	5-Stage Land-Use Transport Model	Martinez
伦敦	LILT	Leeds Integrated Land-Use/Transport	Mackett
剑桥	MEPLAN	—	Echenique
斯德哥尔摩	TRANSLOC	Transport and Location	Lundqvist, Anderstig
多特蒙德	IRPUD	—	Wegener
巴黎	—	Dynamic Bifurcation Model	Pumain
东京	CALUTAS	Computer-Aided Land-Use Transport Analysis System	Nakamura, Miyamoto
墨尔本	TOPAZ	Technique for Optimal placement of Activies in Zones	Brotegie, Roy, Young

而在我国,目前正在研究和应用中的城市模型主要包括:Lowry 模型、CA 与 MAS 结合模型、SLEUTH 模型等。表 9-3 是这几种模型的应用案例:

表 9-3 几种在我国城市中应用的模型

模型	应用城市	参与者	年份(年)
Lowry 模型	北京	梁进社、楚波	2005
CA 与 MAS 相结合模型	东莞	黎夏、叶嘉安、刘小平、杨青生	2006
	广州樟木头镇	杨青生、黎夏	2007
SLEUTH 模型	长沙	张鸿辉、尹长林、曾永年、游胜景、陈光辉	2008
	东莞	冯徽徽、夏斌、吴晓青、杨宝龙、冯里涛、陈红顺	2008
	杭州	刘勇、吴次芳、岳文泽、黄经南	2008
	无锡	涂小松、濮励杰、吴骏、朱明	2008

除了这些研究和应用,还有一些基于复杂科学原理的新的城市模型,如谭遂、杨开忠、谭成文等(2002)介绍了基于自组织理论的两种城市空间结构动态模型,还有克鲁格曼(Krugman)1996年在他的《自组织经济学》一书中提出了克鲁格曼模型(Krugman Model),彼得·艾伦与桑格利尔提出的A-S模型等。不过这些模型还只是理论上的探讨,而并没有用之于实际工程。

本书介绍两种目前比较有代表性的城市模型,分别为Lowry模型和SLEUTH模型。

1) Lowry模型

梁进社等(2005)曾将Lowry模型预测与北京实际发展做过对比,认为"北京的城市发展和扩展的确表现出Lowry模型所考虑的那些因素以及它们之间的关系在起着重要的作用"[1]。

考虑城市内外联系和内部依存来安排城市功能的Lowry模型,是于1964年被提出的。Lowry模型由两部分构成:一是经济基础模型,另一是重力模型。经济基础模型将城市活动分成为本市居民服务的活动和为本市以外居民服务的活动,前者称为服务活动(部门),后者称为基本活动(部门)。同时,Lowry模型认为基本活动就业的大小决定服务活动的就业,二者之间存在一个比例常数,尽管它会随时间而变。Lowry模型的运作采用迭代方法:首先假设城市基本就业的大小以及他们的区位已定,并把这些就业及其区位看成是总就业和它们的区位。第二步是依据重力模型,按照工作地和服务业区位(第一个轮回可以不考虑服务业区位)的接近性,配置这些就业和他们的家眷的居住区位。进一步以当前的居住区位和其居民的多少为基础,计算他们所吸引的服务业人数,并按照对居住区位的接近性,安置服务业的区位及其规模。计算各个区位的就业,然后返回第二步。迭代的终止条件是总就业或总人口的变化小到一个设定值。

在美国应用最广泛的Lowry模型是由Putman等人开发的"非集聚的居民分配模型"(Disaggregated Residential Allocation Model,DRAM)和就业分配模型(Putman,1991),以及"交通—土地使用软件包"(Integrated Transportation Land Use Package,ITLUP),它提供了一个在DRAM、就业分配模型、交通规划的UTPS方式划分与交通分配组件之间相互反馈的机制[2]。

2) SLEUTH模型

道格拉斯(Douglas Lee)在1973年出版的《大尺度模型的挽歌》中指出了早期大尺度复杂城市模型(包括Lowry模型)的7个缺陷:①过于综合(Hypercomprehensiveness);②大而粗糙(Grossness);③数据冗繁(Hungriness);④判断错误(Wrongheadedness);⑤难以理解(Complicatedness);⑥机械性(Mechanicalness);⑦代价高昂(Expensive)[3]。

SLEUTH模型是针对于这些缺陷而提出的。它是由美国加州大学圣塔芭芭拉分校的克拉克(Keith Clarke)教授在1997—1998年开发的,为基于元胞自动机原理的新一代

---

① 梁进社,楚波.2005.北京的城市扩展和空间依存发展——基于劳瑞模型的分析[J].城市规划,29(6):9-14,32.

② 潘海啸.1999.城市空间的解构——物质性战略规划中的城市模型[J].城市规划汇刊,(4):18-24,79.

③ 伊丽莎白(Elisabete A D S).2003.区域DNA——区域规划中的人工智能[J].朱玮,译.国外城市规划,18(5):3-8.

城市增长模型。之所以叫"SLEUTH"是因为它需要输入六项参量：Slope、Landuse、Exclusion、UrbanExtent、Transportation、HillShade，这几项参量是以 gif 光栅图的形式输入的①。

SLEUTH 的易用性体现在它的自学习性上。SLEUTH 用五个因子来衡量城市蔓延：扩散因子、繁衍因子、蔓延系数、坡度阻力因子、道路引力因子。而这几项因子的提出，是从城市历史发展中得到的。对于这种机能，Elisabete Alves da Silva 解释为可认为城市区域发展具有一定的"DNA"，例如波尔图城市扩张对道路需求的敏感度要高于里斯本②。

NASA 也将 SLEUTH 模型用作研究美国华盛顿巴尔的摩地区的城市发展图景，图 9-3 反映了到 2030 年不同的开发政策所可能导致的结果，左为继续目前的生活方式和开发政策的情况；中为严格土地控制政策下的情况；右为采用生态式开发策略的情况。

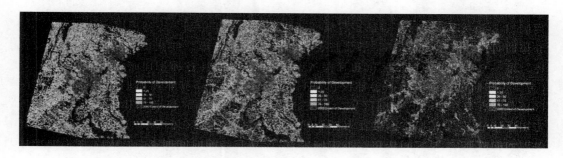

图 9-3　NASA 采用 SLEUTH 模型模拟的华盛顿巴尔的摩地区 2030 年的城市发展图景

9.4.3　城市用地适宜度的叠图评价

城市的用地适宜度评价对城市发展起着重要的作用，在用地适宜度评价中得到广泛应用的"叠图法"是由英国人麦克哈格（Ian Lennox McHarg）于 1969 年在《设计结合自然》中提出的。最初，它是一种针对城市区域自然环境的"模拟式的"分析方法，后来在 GIS 平台被数字化。

在《设计结合自然》第四章《前进一步——里士满林园大路选线方案研究》中，麦克哈格说明了"叠图法"的操作过程：

第一步：分析与城市建设有关的各种因素，判断哪些因素会增加社会的消耗，哪些因素会节约社会成本。麦克哈格认为，最好的建设方案是"社会效益最大而社会损失最小的"建设方案。

第二步：依据"社会损失"的大小，分项目绘制带有透明度的胶片，胶片颜色越深，则代表在这个地方建设带来的某个方面的"社会损失"越大。

第三步：将所有胶片重叠起来，放在灯箱上，找到最浅的地方，就是"社会损失"最小

---

① 张鸿辉,尹长林,曾永年,等.2008.基于 SLEUTH 模型的城市增长模拟研究——以长沙市为例[J].遥感技术与应用,23(6):618-624.

② 伊丽莎白(Elisabete A D S).2003.区域 DNA——区域规划中的人工智能[J].朱玮,译.国外城市规划,18(5):3-8.

的区域。

在里士满大街的选址案例中，麦克哈格分析了坡度、地表排水、土壤排水、基岩地基、土壤地基、易冲蚀程度、地价、历史价值、潮汐淹没、水环境价值、风景价值、游憩价值、居住价值、森林价值、野生动物价值、公共事业机构价值等项目，将这些所有的图片叠合在一起，得到了"全部社会价值复合图"，如图9-4所示。里士满大道的推荐选线，就选择在颜色最浅的地方。

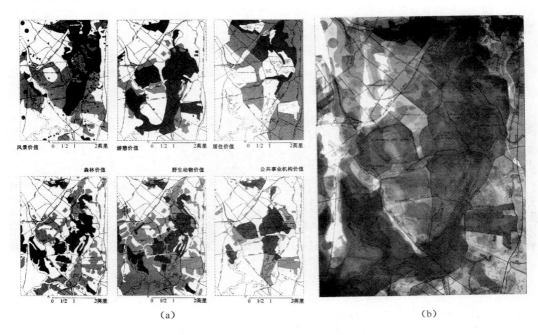

(a)   (b)

图9-4 里士满大道选线方案的叠合

注：(a)各分项图；(b)叠合图

GIS有丰富的图层功能，例如利用ArcView GIS的"图层计算"功能，可以直接利用数值进行图层的统计计算，当叠图数量较多和叠图的权重分配较复杂时，可较方便地取得结果。

9.4.4 区域绿廊的网络指标分析方法

区域绿廊的网络指标分析方法(ANP)是由美国马萨诸塞大学的John Linehan，Meir Gross，John Finn等提出的。此方法是将拓扑几何知识应用到对区域尺度绿廊的生态评价中，并提出借鉴图论的 α、β、γ 三项指标和"成本比"(Rc)来衡量区域尺度绿廊的生态效果和社会成本的关系。

Linehan首先将区域绿廊简化为由斑块(点)、廊道(线)所构成，然后定义了几项指标：

α 指数又称为"网络闭合率"，它是斑块间实际存在的"回路"数量与斑块间可能存在的"回路"数量之间的比值。α 指数采用下面的公式计算：

$$\alpha = \frac{L - V + 1}{2 * V - 5}$$

其中,L 是区域里的廊道总数,V 是区域里的斑块总数。

β 指数又称为"线点率",它是网络中平均每个斑块所连接的廊道的数目。β 指数采用下面的公式计算:

$$\beta = \frac{L}{V}$$

γ 指数又称为"网络连通率",它是网络中实际存在的廊道数与网络中最大可能的廊道数的比值。γ 指数采用下面的公式计算:

$$\gamma = \frac{L}{3 * (V - 2)}$$

"成本比"反映了廊道数目与廊道长度间的关系:

$$Rc = 1 - \frac{L}{S}$$

其中,S 是廊道总长度。

Linehan 将 ANP 应用到美国新英格兰中部森林地区为保护某类珍稀动物而规划的生境网络中,采用了斑块分析、廊道分析和网络结构分析来分析生态网络规划方案的优劣。图 9-5 中 17 个缀块是 17 个适合这种珍稀动物的生境。在为保护这种动物所做的七种不同连接方式的绿道网络中,经过比较,得出 G 方案网络的联系性(联系数/最大联系数)和效益(联系数/节点数)仅仅次于 A,但是费用比率(联系数/所有联系总长度)比 A 低,同时考虑到了与区域外的联系。利用重力模型对节点进行分析发现,节点 3 是一个最重要的节点,方案 G 也表现出以节点 3 为网络中心的结构特点。经过比较认为,G 方案是几个方案中最理想的。

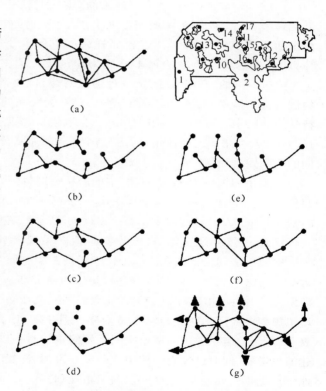

图 9-5 美国新英格兰地区的网络结构分析拓扑连接图与地图(右上角)

9.4.5 区域和城市尺度的小结

前文已经说明了在区域和城市尺度的城市设计工作中涉及的多种类型的分析和模拟,现将这些方法或软件简单地列表(表 9-4)。

表 9-4　区域和城市尺度的分析和模拟方法

用途	分析方法或软件名称
静态城市布局和城镇体系	中心地理论,同心圆、扇形、多核心城市模式
交通—用地一体化分析模型	Polis,CUF,MEPLAN,Lowry,SLEUTH,CA 和 MAS 等
城市用地适宜度分析	叠图法,ArcGIS,MapInfo,中地(MapGIS),吉奥(GeoStar),超图(SuperMap GIS)等
区域绿廊的生态效果	ANP

9.5　分区尺度的分析和模拟

9.5.1　公共开放空间的拓扑分析(空间句法)

1)空间句法概述

1985 年,赵冰将比尔·希列尔的《空间句法——城市新见》一文在《新建筑》杂志上翻译发表,文章开头阐明了"空间句法"的研究初衷,如"建筑师还能不能对人们社会生活方式有所影响?","过去那种城市中自然朴实的生气还能不能再创造出来?","对城市生活典雅风貌的追求已成为建筑设计的主题,而建筑师应该如何去做?"

应运而生的"空间句法"是一种通过对建筑、聚落、城市甚至景观在内的人居空间结构进行量化描述,来研究空间组织与人类社会关系的理论和方法。它是由伦敦大学巴列特学院的比尔·希列尔(Bill Hillier)、朱利安妮·汉森(Julienne Hanson)等学者提出的。1974 年,希列尔就已经使用"句法"这个词来代指某种法则,以解释基本的但又是根本不同的空间安排如何产生[①]。

希列尔和汉森 1984 年写作《空间的社会逻辑》(*The Social Logic of Space*),1996 年写作《空间是机器——建筑组构理论》(*Space is the Machine: a Configurational Theory of Architecture*),这两本书阐释了空间句法理论,并已由杨滔等翻译为中文版[②]。

汉森 1998 年还写作了《解码家庭和住宅》(*Decoding Homes and Houses*)。

空间句法理论现在在国际上已经得到不少认同,每两年召开一次"空间句法"国际研讨会。我国期刊也刊登了不少空间句法的研究和应用文章,如《世界建筑》2005 年第 11 期发行了"空间句法"研究专辑;《北京规划建设》2008 年第 5 期也刊登了空间句法理论在城市规划中的应用研究专辑。2008 年 5 月 12 日四川地震后,曾旭东等在《新建筑》上发表了《基于自组织理论的城市空间系统的重构——以"空间句法"的应用引发灾后城市重建的思考》。同时已经有一些中文研究专著,如江斌和黄波的《GIS 环境下的空间分析和地学视觉化》、段进的《空间句法与城市规划》等。

2)"空间句法"理论

"空间句法"分析和操作方法的基础最初只是来源于拓扑几何和"图论",后随着"智

---

① 张愚,王建国.2004.再论"空间句法"[J].建筑师,(3):33-44.

② 比尔·希利尔.2008.空间是机器——建筑组构理论[M].杨滔,张佶,王晓京,译.北京:中国建筑工业出版社.

能代理"的引入而借鉴了分形几何和人工智能中的一些方法。本书介绍"空间句法"中最基本的概念[①]。

3）"构形"概念和空间分割方法

希列尔将构形（Configuration）解释为"一组相互独立的关系系统，且其中每个关系都决定于其他所有的关系"。我们也可以把"构形"简单地理解为系统化的建筑和城市空间，是"空间句法"分析的对象。空间又可以分为"空间物体"和"自由空间"，空间物体在城市中是建筑物，在建筑物中是墙；而自由空间是人可以在其中自由活动的空间，位于任何一点的人可以到达自由空间中的其他任何一点。

"空间句法"为了对城市空间进行分析，首先需对空间进行"分割"。常用的空间分割方法有三种，即将空间分割为轴线（Axis）、凸形（Convex Space）或视区（Isovist）。

"轴线"式分割最适用于城市街道网的分析，将城市街道网分割后即构成了轴线地图（Axial Map）。

"凸形"式分割适于分析建筑室内空间，或者街道的宽度不能被忽视的和包括广场的城市局部空间。

"视区"的概念是 Benedikt 在 1979 年提出的，"欧氏三维空间 E^3 是一个大尺度的空间，对其中的每一点 x，相应的视区 V_x 是由所有从该点可视的点集合构成"。有时，我们只对平面图进行分析，就可以将视区简化为二维视区。

4）形态分析变量的定义

基于前面介绍的空间分割方法。空间句法导出相应的连接图（Connectivity Graph、Justified Graph、J-Graghc）。即将分割的每一部分作为连接图的一个结点，图的连接取决于每一部分之间是否相交或相连，如前图 5-36（a）即是从轴线地图到连接图的转换。

由此连接图，我们可以导出一系列形态分析变量[②]。

（1）连接值（Connectivity）

连接值 C_i 是与第 i 个部分空间相交的其他部分空间数。在相应的图上，就是与第 i 个结点相连的结点数（k）。

$$C_i = k$$

（2）控制值（Control Value）

控制值表达了一个空间对与之相交的空间的控制程度。

$$ctrl_i = \sum_{j=1}^{k} \frac{1}{C_j}$$

这里的 k 是与第 i 个结点直接相连的结点数，C_j 是第 j 个结点的连接值。

（3）深度值（Depth）

深度值是指某一结点距其他所有结点的最短距离。所以说，一个结点深是指该结点距离其他所有结点远，而说一个结点浅是指该结点距离其他结点近。深度值不是一个独

① 张愚，王建国.2004.再论"空间句法"[J].建筑师，(3):33-44.

② 江斌，黄波，陆锋.2002.GIS环境下的空间分析和地学视觉化[M].北京:高等教育出版社.

立的形态变量,它是计算集成度的一个中间变量。假设 d_{ij} 是连接图上任何两点 i 与 j 之间的最短距离,那么总深度值是 $\sum_{j=1}^{n} d_{ij}$,而平均深度值为:

$$MD_i = \frac{\sum_{j=1}^{n} d_{ij}}{n-1}$$

其中,n 是一个连接图的总结点数。

(4) 集成度(Integration,又译为"整合度")

如果说控制值表达的是一个空间和与之直接相交的其他空间的关系,那么集成度表达的则是一个空间与其他空间的关系。根据所考虑的结点情况,集成度分整体(全局)集成度和局部集成度。整体集成度表达的是一个空间与其他所有空间的关系,所以所有结点都在计算考虑之中,而局部集成度则是一个空间与其他几步(即最短距离)之内的空间的关系,所以不是所有结点都在计算考虑之中。集成度由 RA_i 和 RRA_i 来表达:

$$RA_i = \frac{2(MD_i - 1)}{n-2}$$

$$RRA_i = \frac{RA_i}{D_n}$$

其中,$D_n = 2 \cdot \dfrac{n \cdot \log_2(\frac{n+2}{3} - 1) + 1}{(n-1) \cdot (n-2)}$,用来标准化集成度值。

值得一提的是,集成度是一个相对值,对一个轴线地图而言,值的高低表示集成度的高低,但对不同的轴线地图而言,该值并不具有绝对意义。换句话说,我们不能根据集成度值来比较不同轴线地图上的轴线集成度,因为两个轴线地图的轴线数不一样。RA_i 和 RRA_i 试图通过修正的集成度值来达到消除线数不一的影响,但是研究表明修正后的 RA_i 和 RRA_i 仍不具有绝对意义(Krüger et al,1989)。

(5) 可理解度(Intelligibility,又译为"智能值")

上述四种形态变量可以用来描述空间在不同水平上的结构特征。连接值、控制值、局部集成度描述局部空间上的结构特征,整体集成度则是整体水平上的结构特征。这样,我们可以区分两类形态变量:局部和整体。通常这两类变量之间存在相关关系,即局部上连接性好的,在整体上集成度也比较高。这样一种关系是空间句法的又一变量,即可理解度,它用来表达结构意义上的局部与整体关系。如果对一个局部区域,局部与整体变量的相关关系值大于其所在的整体区域的局部与整体变量的相关关系值,我们就说该局部区域是可理解的,相反则是不可理解的。除了上面提到的这些变量,还有协同度(Synergy)、步行可达指数(Walkability Index)等。

5) 形态分析变量的意义

空间句法理论认为,空间不是人类活动的背景,而是人类活动的一个本质方面。空间有自律性,它可以能动地改变其中人的行为模式。

例如,集成度与空间使用的频繁程度成正比,在经过长期发展而自然形成的民居中,起居室、走廊、餐厅具有较高的集成度;而卧室、浴室具有较低的集成度。在自然形成的城市路网中,具有较高集成度的街道,不论车流量还是人流量都比较高。而集成度很低的空间,因为缺乏"人气"而常常成为滋生犯罪的温床。在超市、商场、博物馆这类使用者在其中可自由活动的空间中,集成度高的空间,人流密集,空间使用效率高。

可理解度则反映了城市某区域设计的优劣,即能否发挥区域在整个城市结构中应该起到的作用,例如商业区内部的结构是否更利于人流的汇集等。

"人气"和"人对空间的感受"对许多人类活动都有不小的影响,希列尔近来认为,空间句法的形态分析能对许多与空间相关的人类活动进行概率上的预测,例如,人口密度、人车流、用地性质、犯罪活动、职业收入、大气污染、汽车尾气等①。

6)空间句法分析软件

空间句法分析软件的目标是计算上面提到的各种指数,并将结果以分析图和表格的形式表现出来。目前,已有多种针对于不同操作系统和图形文件格式的空间句法分析软件,如表 9-5 所示。

表 9-5 各种空间句法分析软件

分析软件名称	开发单位	开发者	支持的操作系统	与之连接的图形软件(或图形格式)	主要功能及特点
Axman	伦敦大学	Nick Dalton	Macintosh	PICT	分析轴线地图
Pesh					分析由凸形分割的局部空间
SpaceBox					分析由"所有线"构成的及由凸形分割的空间
NetBox					绘制连接图并进行分析
Ovation				MapInfo	分析轴线地图与 GIS 相结合
Axwoman	伦敦大学	Bin Jiang(江斌)	Windows	ArcView,ArcGIS	分析轴线地图(2.0 版)及分析用视点代表的视区
Depthmap	伦敦大学	Alasdair Turner	Windows	NTF,DXF,CAT	分析视区、凸形、轴线和所有线分割的空间
OmniVista	伦敦大学和英国建筑联盟学院	Dalton	Macintosh	n/a	分析凸形和视区,强调距离衰减对结果的影响
Syntax2D	密歇根大学	Maureen Hanratty,et al	Windows	DXF(2000 版)	分析视区、网格、轴线分割的空间

---

① 杨滔.2008.从空间句法角度看可持续发展的城市形态[J].北京规划建设,(4):93-100.

分析软件名称	开发单位	开发者	支持的操作系统	与之连接的图形软件(或图形格式)	主要功能及特点
Ajanachara	德国马普所	Gerald Franz	Windows / Linux	3ds,VRML	分析视区
Confeego	空间句法公司		Windows	MapInfo	分析轴线地图
AJAX	伦敦大学	Michael Batty	Windows	Jpg,Bitmap	分析轴线地图及用视点代表的视区
Webmap-At-Home	伦敦大学	Nick Dalton	以 JAVA 虚拟机适应于各种 OS	DXF, Axman, Binary Format	与 Axman 相同的轴线集成度,锐角和邻域修正,深度衰减

7) 应用案例——天津大学和南开大学校园路网的空间句法轴线分析

对于路网,空间句法分析一般采用轴线法,我们因此采用包含了轴线地图分析功能的 Axwoman3.0 软件进行分析。

轴线地图分析是一种拓扑分析,与路网的组织结构有比较高的关联性,而与道路实际长度和形状的关联度比较低。我们可以采用 GoogleEarth 航拍图作为分析的地图来源,而不必过分担心地图图形的精确度。

第一步:在 ArcView GIS 中装载 Axwoman 插件。

第二步:将天津大学和南开大学校园路网的航拍图导入 ArcView 软件,在其中手工描绘道路轴线图,如图 9-6 所示。

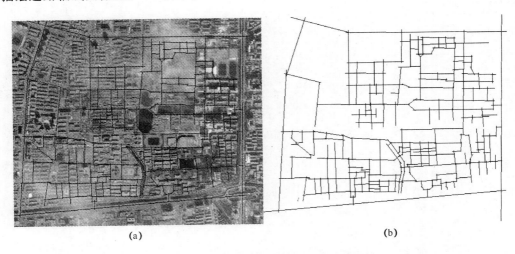

(a)　　　　　　　　　　　　　　　　(b)

图 9-6　天津大学和南开大学校园路网

注:(a)天津大学和南开大学校园航拍图;(b)在 ArcView 中描绘道路轴线图

第三步:采用 Axwoman 软件分析和输出各项结果。在本次分析中,我们主要关心

"深度值"和"整合度值",结果如下:

(1)轴线深度值

轴线深度值可以分析空间的私密性。从图9-7中我们可以看出:天津大学的原六里台学生宿舍区和南开大学教工区都有较高的深度值,私密性比较好;而四季村、三村一带的路网设计导致了"不深"的深度,这与目前四季村一带大量聚集小商贩的情况是一致的。

(2)轴线整合度值

通过轴线整合度,我们可以预测道路人流聚集的情况。例如我们从图9-8中可以看出,天津大学的人流聚集在三条轴线:敬业湖两岸以及太雷路。而新天南街的打通,巩固了天津大学现有的路网格局,而使南开大学的路网格局从过去单纯依靠"大中路"的"线型"模式向着"环型"模式发展,这有利于缓解"大中路"过于繁重的交通负荷。而南开大学体育馆一带,也适于布置小商业设施,形成两校的"活性空间"。从整合度分析还可以看出,南开大学校园各部分之间的区域梯度比较显著,教学、服务、住宿区各自的空间特色比较鲜明;而天津大学的空间总体上显得比较均质,区域空间特色不强。

图9-7 天津大学和南开大学道路拓扑深度图　　图9-8 天津大学和南开大学道路轴线整合度图

8)"空间句法"分析的合理性和局限性

(1)合理性

"空间句法"分析方法应用于指导城市设计和建筑设计,从1984年以来已有不短的历史,而"空间句法设计咨询公司"也于2003年在伦敦成立。

空间句法的不少理论假说已经得到社会统计的认可,例如英国伦敦街道的局部集成度与人流量的相关性达到60%,而与去除了公交车的"车流量"的相关性达到70%,图9-9是二者之间关系的统计图。

在建筑室内空间的使用模式的预测上,空间句法分析也取得一些实证。通过比较英国泰特美术馆的实际统计人流轨迹图(黄线代表100个游客在10分钟内的路线记录)和采用网格视域划分法经过计算得到局部集成度可以看出,集成度与统计人流轨迹图间有比较大的相关性。而对天津大学和南开大学使用空间句法分析"整合度",也得到与实际中的"人气"比较相符的结果。

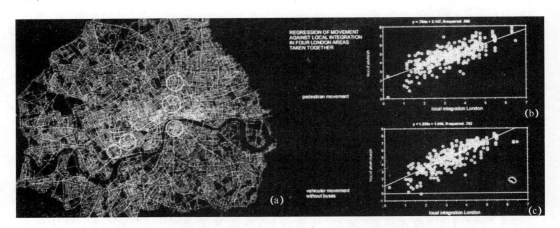

图 9-9   伦敦轴线地图及街道局部集成度与人流量、车流量相关性分析图
注:(a)英国伦敦的轴线地图;
(b)人流量(纵坐标)与局部集成度(横坐标)之间的关系;
(c)去除了公交车的"车流量"(纵坐标)与局部集成度(横坐标)之间的关系

　　"空间句法"的一个比较成功的城市设计应用案例是对英国特拉法尔加广场(Trafal-gar Square)的改造。在 1996 年改造之前,特拉法尔加广场虽然区位优越,也临近历史性建筑,但没有人气。1996 年由诺曼·福斯特主刀方案,空间句法分析在方案形成中发挥了作用。福斯特采用大台阶加强了特拉法尔加广场与议会广场间的联系。图9-10反映了改造前后广场的空间句法分析和实际使用效果。

(a)　　　　　　　　　　(b)

(c)　　　　　　　　　　(d)

图 9-10   特拉法尔加广场改造设计中采用空间句法分析
注:(a)改造前的特拉法尔加广场的轴线分析;(b)改造前广场的冷清情况;
(c)改造后的特拉法尔加广场的轴线分析;(d)改造后人流熙攘的使用效果

(2)局限性
空间句法分析方法也有不少局限性:

①空间句法强调的空间模式与人的活动模式之间的联系,更多地体现在自由发展的不规则城市中,而人工发展的格网城市,其空间变量的意义就要弱一些。

②对城市空间做了简化,简单地划分为"自由空间"和"空间物体",忽略了地形起伏带来的空间的三维变化和高大建筑物在空间中的渗透作用,也忽略了不同性质的街景和街面对行人心理的影响,特别是对临江河和绿色空间的街道的特异性考虑还不够。

③一些基本概念的算法还不精确完满,如轴线通常要求"最少且最长",但如何从设计图形中撷取轴线则未加以说明,算法也不成熟,Axwoman 则要求手工输入轴线。

④上面列举的这几种空间句法软件对曲线形道路和曲面建筑的支持不够好。

9.5.2 城市机动车交通和人行交通的模拟

在分区尺度上的交通模拟需要解决以下问题:交通设施局部设计、道路的线型、分区内的支路的设计、人行道的宽度等,因而不能仅仅将道路设施简化为格网。在机动车方面,这类模拟软件包括:Trips, Transyt, Contram, NetSim, TransCAD 等,而城市模型 UrbanSim 也可模拟局部的交通情况[①]。

人行模拟在模拟灾害逃生、确定地下通道位置等方面有重要作用,例如用于模拟火灾中逃生人流的软件 Evac 常与火灾动力学模拟工具(Fire Dynamics Simulator, FDS)联合使用[②]。

9.5.3 城市基础设施模拟

城市基础设施是城市功能得以顺利实施的保证,在任何一个旧城的城市管理中,都有基础设施资料混乱的问题存在。城市基础设施模拟的任务是对管线系统进行建模、显示和仿真,动态模拟城市基础设施的运作。其中,Bentley 公司的 AutoPipe 软件是一款针对城市基础设施进行模拟和仿真的软件。它将设计、分析、显示和管理功能集成到一个软件中,并与 GIS 有完善的接口。

9.5.4 各类环境指标模拟

环境指标模拟是城市分区尺度上的一大类模拟,它与城市的三维性有比较密切的关系,可分为多个方向,如日照与采光、噪声、水环境、绿化效果、风环境等。

1) 日照与采光

日照是控制城市环境的一项重要参数,我们规定每日日照时长的下限,以保证建筑获得充分的日照,在 2002 版居住区设计规范中为大寒日两小时。

目前已经有多种日照模拟软件,如由清华大学开发的日照分析软件"清华日照"、杭州飞时达软件公司的 FastSUN、天正建筑软件公司的天正日照(TSUN)、鸿业科技公司开发的鸿业日照分析软件等,上面这些软件大都是在 AutoCAD 平台下进行的二次开发。绿色建筑分析软件 EcoTect 中也包括日照分析模块(图 9-11)。

① 杜怡曼,贾顺平.2002.国外城市交通微观模拟系统简介[J].铁路计算机应用,(7):1-4.
② Anon. 2009. FDS+Evac[EB/OL]. http://www.vtt.fi/proj/fdsevac/fdsevac_examples.jsp? lang=en.

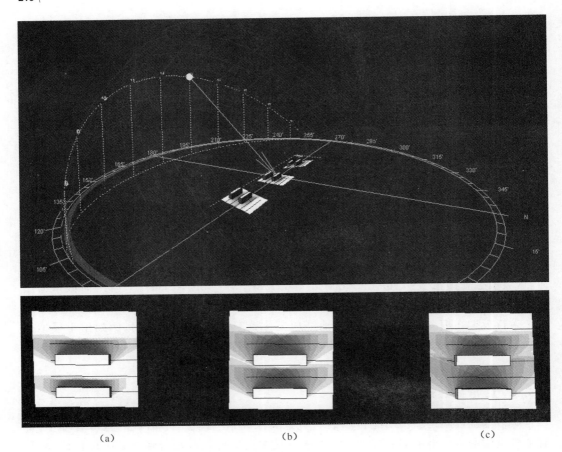

图 9-11 采用 EcoTect 分析坡面上的日照

注:(a)南向坡;(b)平坡;(c)北向坡

除了建筑物之间的遮挡,城市地形的坡面对建筑日照也会产生影响,在南向坡上,阴影变短;在北向坡上,阴影变长。黎富煜在 1986 年曾推导了不同朝向坡面上的日照时间公式[①]。因为坡地本身并非平面,而是复杂的自由曲面,建筑物的形体也并非简单立方体,所以在实际项目中采用这种解析方法还是比较困难的,更适于采用模拟软件进行模拟。EcoTect 软件和清华日照分析软件都可以完成坡面上的日照模拟。

"采光"不等同于日照,因为采光中的相当部分来源于天空的漫射光。EcoTect 和清华日照软件也可以模拟采光。高动态范围图(High-Dynamic Range,HDR)是目前表示亮度的一种特定的图像技术,通过鱼眼镜头摄取和在软件中分析 HDR 图,可以定义特定环境下的光照图,进而计算出特定物体的亮度或特定平面上的照度[②]。

EcoTect 有很强的日照分析和分析结果可视化的功能——采用 EcoTect 不仅能针对平面,还能对坡面进行日照分析。对坡面进行日照分析有两种方法:

---

① 黎富煜.1986.任一坡面日照时间的确定[J].华南农业大学学报,7(1):35-42.
② 钟坚成.2008.实时渲染中 HDR 技术的研究与应用[D].浙江:浙江大学.

第一种是采用针对几何体计算的方法,将为设计方案所建立的几何模型输入EcoTect中,在暗部、投影和照射时间项目(Shading, Overshadowing and Sunlight Hours)中进行计算。这种方法的优点在于可以直观地看出坡面上的日照;缺点是计算速度比较慢,而且EcoTect对法线方向也有比较严格的规定,这就加大了建模的难度。

第二种是采用计算网格的方法,即建立一套三维的计算网格,将整个坡面包括在内,先对容纳了整个坡面的三维体进行计算,然后选择特定建筑标高处的二维网格查看。这种方法的缺点是不太直观——坡面上各不同标高数据不能反映在同一幅图面上;但因其效率比较高,在实际工程中也常采用这种方法[1]。

2)噪声

城市中的噪声来源很多,如生活噪声、工业生产噪声等,而其中一大类规律性较强的是交通噪声。美国于1978年发布了高速公路交通噪声预测模型(FHWA),英国分别于1975年和1988年发布了CRTN模型及其改进版CRTN 88,德国分别于1981年和1990年发布了RLS81模型及其改进版RLS 90模型等。在这些理论模型的基础上,已经产生了一些模拟软件,如Stamina(美)、Optima(美)、RoadNoise(英)、SoundPlan(德)、Microbruit(法)、Mithra(法)、Nbsty(北欧)、Vstöy(挪)、SCM(荷)、StL(瑞士)等[2]。

EcoTect也有声学分析模块,不过它主要针对的是室内的几何声学计算,而不适于分析噪声。

3)水环境

城市水环境模拟的类型非常多,刘金清等曾在《分布式流域水文模型刍议》中做过比较完整的分析,文中将水文模型从多角度进行了分类:

对于水文预报生产实践中应用的模型来说,水文数学模型中的确定性模型可分为集总式模型和分散式模型两类,前者忽略水文现象的空间分布差异,后者则反之。此外,如果模型的解可以线性叠加,满足均匀性的,则称为线性模型,否则称为非线性模型;若模型参数是随时间变化的,则称为时变模型,否则称为时不变模型[3]。

城市设计中是否需要分布式水文模型?过去人们认为并无需要,因为城市水文的特点是径流形成比较快,因而地下水这一部分无需进行太深入的研究;过去城市设计只是需要判断城市是否会被水淹,因此绘制雨洪水范围等工作也不是非常必要。另外,许多支持计算城市排水管网的模型,如前面提到的EPA SWMM[4],也并非完全意义上的充分支持DEM的分布式模型。虽然可设法让EPA SWMM去完成一些本该由分布式模拟软件所完成的项目,但那会非常繁琐。因此在城市水环境的生态设计中,支持DEM的分布式水文模型就显得很有必要,这是因为:

① 城市水文的下垫面情况非常复杂,且变化剧烈,例如从水泥地至公园,水文环境的变化非常大,而集总式模型不能应付精细的下垫面建模。

---

① Autodesk. 2009. EcoTect5. 5 help files[Z].

② 李本纲,陶澍. 2002. 道路交通噪声预测模型研究进展[J]. 环境科学研究,15(2):56-59.

③ 刘金清,王光生,周砺,等. 2007. 分布式流域水文模型刍议[J]. 水文,27(5):21-24.

④ EPA. 2009. SWMM 5.0 user's manual[EB/OL]. http://eng. odu. edu/cee/resources/model/mbin/swmm/win/epaswmm5_manual. pdf.

② 城市生态设计中,管网的埋深尽可能取浅,并以明渠为佳,这就使雨洪水流动从纯管道流变为坡面流、明渠流和管道流的结合,有时超出集总式模型的处理范围。

③ 分布式模型才可绘制雨洪水淹没范围图,这对指导城市建设来说意义非常重要。

④ 分布式模型才便于同 GIS 以及其他类型城市模型的结合,类似于 SWMM 的手工输入坡长、坡降和汇水面积的重复输入效率跟不上设计工作的需要。

⑤ 城市雨水设施除了纯功能作用外兼有创造水景的任务,因此需要对水的流动规律有更深入的分析和了解。

在分布式模型中,比较出色的是丹麦水文研究所(Denmark Hydrology Institute, DHI)的 Mike She 模型,另外 DHI 还开发了专门针对城市的 Mike Urban[①](图 9-12)。

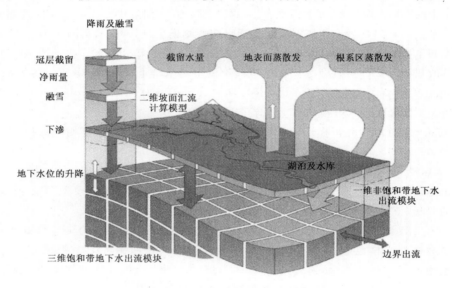

图 9-12 MIKE SHE 的功能图解

上面两个软件都是比较昂贵的商业软件,有时也可使用功能相对简单的 TopModel, ModFlow, SWAT 等。

4) 绿化效果

较大尺度的绿色网络空间评价可采用 ANP 方法,而在分区尺度上,树种、树型和树木生长状况等微观的因素对绿化效果有比较大的影响,且这种影响因基地自然条件的不同而不同。CITYgreen 是美国林业局推广的一款用于分析和评价城市和森林绿地生态效果的模拟软件[②],其结构如图 9-13 所示。

我国研究者和规划师应用 CITYgreen 已经进行了一些实践,如彭立华利用

---

① Wikipedia. 2009. Mike She[EB/OL]. http://en.wikipedia.org/wiki/MIKE_SHE; Wikipedia. 2009. Mike Urban[EB/OL]. http://en.wikipedia.org/wiki/MIKE_URBAN.

② American Forests. 2009. CITYgreen [EB/OL]. http://www.americanforests.org/productsandpubs/citygreen/.

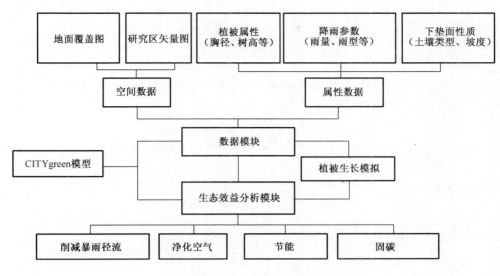

图 9-13　CITYgreen 的结构

CITYgreen 对南京城市绿地固碳与削减径流效益进行评估[①]，刘常富等基于 QuickBird 和 CITYgreen 对沈阳城市森林效益进行了评价，清华大学在天津中新生态城的研究中采用了 CITYgreen 辅助定量分析等[②]。

　　5）风环境的模拟

　　分区尺度的风环境与城市许多方面有关系，如高层建筑的风荷载、建筑的自然通风、街道的环境质量及热舒适度、大气污染物的扩散等。

　　针对城市的风环境问题，各流体计算程序已发行一些专用的软件包，如美国 Ansys Fluent 的 AirPak，法国 Meteodyn 的 UrbaWind，以及英国卡迪夫大学开发的研究用软件 WinAir 等。这些软件尽量降低了使用者对流体力学专业知识的需求，能较好地融入到设计中去[③]。

　　Catia 与 Fluent 有比较便捷的接口，而 Flowizard 这个软件也使得 Catia 中的流体计算更为轻松容易[④]。

　　城市环境的热舒适度是一个相对的概念，它与多项因素有关，如温度、湿度、风速、着装、热辐射强度等，目前室内多采用预计平均热感觉指数（Predicted Mean Vote，PMV）法，室外多采用湿球黑球温度指数（Wet Bulb Globe Temperature，WBGT）法[⑤]。

---

　　① 彭立华，陈爽，刘云霞，等.2007.Citygreen 模型在南京城市绿地固碳与削减径流效益评估中的应用[J].应用生态学报,18(6):1293-1298.

　　② 刘常富，何兴元，陈玮，等.2008.基于 QuickBird 和 CITYgreen 的沈阳城市森林效益评价[J].应用生态学报,19(9):1865-1870.

　　③ Meteodyn. 2009. UrbaWind small wind[EB/OL]. http://www. meteodyn. com/medias/File/UrbaWind%20small%20wind. pdf; Gallega. 2009. CFD-winair export[EB/OL]. http://www. ecotect. com/node/1568.

　　④ Ansys. 2009. Fluent for catia v5: computational fluid dynamics (CFD) software[EB/OL]. http://www. ansys. com/Products/ffc/.

　　⑤ 张宇峰，赵荣义.2007.均匀和不均匀热环境下热感觉、热可接受度和热舒适的关系[J].暖通空调,37(12):25-31.

在研究与风环境有关的大气污染扩散方面,也有一些模拟大气的专用软件,如 6S, Lowtran,Modtran 等[①]。

9.5.5 小结

前文已经说明了在分区尺度的城市设计工作中可能涉及的多种类型的分析和模拟, 现将这些方法或软件简单地列表(表 9-6)。

表 9-6 分区尺度的分析和模拟方法或软件

类型		方法或软件
公共开放空间的拓扑分析 (空间句法)		Axman, Pesh, SpaceBox, NetBox, Ovation, Axwoman, Depth-map, Omnivista, Syntax2D, Aianachara, Confeego, AJAX, Webmap-At-Home
局部机动车交通和人行交通		Trips, Transyt, Contram, NetSim, TransCAD, Evac
基础设施模拟		AutoPipe
环境指标模拟	日照和采光	EcoTect,天正日照,FastSVN,清华日照
	噪声	Stamina, Optima, RoadNoise, SoundPlan, Microbruit, Mithra, Nbsty, Vstöy, SCM, StL
	水环境	EPA SWMM, Mike She, Mike Urban, TopModel, ModFlow, SWAT, Hec Ras, MUSIC
	绿化效果模拟	CITYgreen
	风环境	AirPak, UrbaWind, Flowizard, Lowtran, Modtran, 6S

9.6 节点尺度的分析和模拟

9.6.1 建筑环境和景观环境的视景仿真

视觉属性在对城市的认识中占有很重要的地位,特别是在节点尺度上。任何一种视觉属性——如颜色、光泽、凹凸、颗粒、透明(光)、镂空、虹彩、纹理等——都与"光"密不可分。而"光"对建筑艺术本身亦起着支配性的作用——柯布西耶(Le Cobusier)在《走向新建筑》中写道"建筑就是量体在阳光下精巧、正确、壮丽的一幕戏",路易·康也曾说"太阳一直不曾明白它是何等伟大,直到它射到了一座房屋的侧面。"[②]

第一种对漫射材料视觉属性计算的方法是朗伯特(Johann Heinrich Lambert)于 1760 年左右在"光度学"的研究中发现的。朗伯特因为一件事而感到困惑——太阳虽然是球体,但中央和边缘的亮度看上去却是相同的,更像个平面圆盘。经过思考,他提出了

---

① 庞赟佶.2008.城市大气风场及污染物扩散的模拟研究[D].包头:内蒙古科技大学.

② 柯布西埃.1981.走向新建筑[M].吴景祥,译.北京:中国建筑工业出版社;李大夏.1993.路易·康[M].北京:中国建筑工业出版社.

"朗伯特余弦定律"——漫射体表面发出的与法线方向成特定夹角的光强,等于法线上的光强乘以该夹角的余弦[①]。今天的 Maya 等三维软件中还包括这个最古老的"Lambert"材料,用来模拟均匀漫反射、漫透射和漫发射材料的效果[②]。朗伯特反射体的亮度只与光源有关,与观察角度无关。建筑中采用的石膏板、粉刷白墙、毛玻璃的毛面等可近似地被看作"朗伯特体"。

而对有光泽材料的计算机视觉模拟,最早是由裴祥风(Bui Tuong Phong)于 1973 年在犹他大学(University of Utah)实现的。他将材料的光照效果分为互不影响、相互叠加的三部分:高光(Specular)、漫射光(Diffuse)和环境光(Ambient)。漫射光和环境光都满足上面提到的朗伯特定律。而高光部分的亮度,与光线的镜面反射角方向及物体的光滑程度都有关系,这就形成了今天在 3ds Max 软件中常常会用到的"Phong"材质。"Phong"材质适于表现塑料这样的光滑材料[③](图 9-14)。

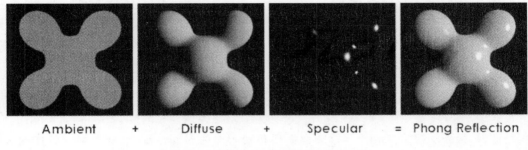

图 9-14　"Phong"材质光照效果示意图

随后,为提高计算机运算效率,改善高光形状,1977 年伯苓(James F. Blinn)发明了"Blinn"材质。而为了刻画真实的多孔类粗糙材料,如红砖、麻布等的漫反射效果,20 世纪 90 年代,欧仁(M. Oren)和纳亚(S. K. Nayar)通过物理实验改进了"Lambert"材质,形成了 Oren-Nayar 材质[④]。

人们还针对金属板开发了"Strauss"材质,针对拉丝金属板及纤维类材料开发了各向异性(Anisotropic)材质,针对透光石材(如汉白玉)开发了在表面以下还能向外反射一部分光照的次表面散射(Sub Surface Scatter, SSS)材质[⑤]。若为物体选择了合适的材质,在高阶光照中——如在光线跟踪和光能传递算法处理下,可以达到照片般乱真的效果。在一些"光度学"模拟软件中,如由美国劳伦斯伯克利国家实验室开发的 Radiance 渲染

① 郝允祥,陈遐举,张保洲. 光度学[M]. 1988. 北京:北京师范大学出版社.

② Autodesk. 2013. Maya Help Files [EB/OL]. http://www.maya.com/.

③ 希尔(Hill F S). 2006. 计算机图形学——用 OpenGL 实现[M]. 2 版. 罗霄,等译. 北京:清华大学出版社;Wikipedia. 2008. Phong reflection model[EB/OL]. http://en.wikipedia.org/wiki/Phong_shading#Phong_reflection_model;Wikipedia. 2008. Bui Tuong Phong [EB/OL]. http://en.wikipedia.org/wiki/Bui_Tuong_Phong.

④ Wikipedia. 2008. Oren-Nayar reflectance model[EB/OL]. http://en.wikipedia.org/wiki/Oren-Nayar_diffuse_model.

⑤ 费尔南多(Fernando R). 2006. GPU 精粹——实时图形编程的技术、技巧和技艺[M]. 姚勇,王小琴,译. 北京:人民邮电出版社.

器,还可以查得该材质表面在特定光照下以尼特(Nit)为单位的亮度数值①。

而若要表现大面积建筑材料的视觉效果,情况就要复杂些,例如毛石墙:几何模型中不可能把每一块毛石都如实绘制出来,因此需采用在平面上贴图(Mapping)的简化办法。我们还注意到,真实的毛石墙,灰缝比毛石要凹入一些,毛石自身也有凹凸变化。视差贴图(Parallax Mapping)是实现上述效果的一种特殊贴图方法,它需要在相同位置上重叠三幅图片:表面颜色图片、表面深度图片和法线方向图片(图9-15)。

(a)　　　　　　　　　　　　　　　(b)

图 9-15　视差贴图效果

注:(a)启用视差贴图;(b)未启用视差贴图

过去,得到一幅精美的计算机图像需要花费不短的时间。今天,随着显卡性能的大幅度提高②,以及不少巧妙的算法的提出,渲染所需要的时间也越来越少:一些三维游戏具有令人惊叹的高真实度的画面效果。ATI公司在2006年度计算机图形图像特别兴趣小组(Special Interest Group for Computer GRAPHICS, SIGGRAPH)年会上演示了精细的帕提农神庙的实时渲染画面,给建筑师留下了深刻的印象③。当代的一些三维设计软件或渲染器,也设计成能在工作空间中实时显示光照效果,如已被微软公司收购的Caligari出品的TrueSpace以及与Rhinoceros有比较好的结合的Hyper-Shot等④。

Google SketchUp软件,为了提高交互性、节省计算量,采用了另一种相反的思路——简化和抽象,只反映材料的基本色彩、组织单元和大明暗面等基本信息,而忽略复杂细碎的光影变化。类似于Catia这样以设计自由曲面为特色的三维软件,虽然显示效果看上去非常朴素,却提供实时镜面成像和斑马线分析功能,便于检查曲面材料间的接

①　Natalya T. 2006. ATI research[C]//Mittring M. Advanced Real-Time Rendering in 3D Graphics and Games. SIGGRAPH 2006 Course 26.

②　根据Nvidia公司研究人员David Kirk的观点,从1999—2004年GPU的渲染速率(以每秒所渲染的像素计)每六个月就翻一番,五年间总共提高了上千倍。见:费尔南多(Fernando R). 2006. GPU精粹——实时图形编程的技术、技巧和技艺[M].姚勇,王小琴,译.北京:人民邮电出版社.

③　Natalya T. 2006. ATI research[C]//Mittring M. Advanced Real-Time Rendering in 3D Graphics and Games. SIGGRAPH 2006 Course 26.

④　Caligari Corporation. 2008. TrueSpace7. 6: comparison chart with other software[EB/OL]. http://www.caligari.com/products/.

缝。它们也受到不少建筑师的欢迎①。

而景观与"建筑"是不同的,前面已经介绍了几种景观要素,如水流、植物等,这些景观要素的建模和表达有专门的模拟软件完成,例如用于模拟三维水流的 Mike 3、Real-Flow、Fluids in Houdini 等,用于模拟自然景物的 Gugila GroundWiz 和 Dreamscape 等。

9.6.2 建筑受力结构模拟

自然形态设计作品常充满了力的美感,如卡拉特拉瓦的"结构表现主义"作品。

一级注册建筑师结构课考试大纲要求建筑师掌握用解析法分析建筑受力情况。这种方法比较适于分析梁柱层次清晰的正交体系。而对于复杂几何形的建筑,目前常采用有限元分析(Finite Element Analysis,FEA)方法。如妹岛和世(Kazuyo Sejima)在瑞士洛桑联邦理工学院(Lausanne Federal Polytechnic University,EPFL)学习中心(Learning Centre)的设计过程中,引进了有限元分析法来辅助对形式的思考,设计过程改变了"先建筑,后结构"的传统模式,而是建筑设计与结构设计互相结合②(图 9-16、图 9-17)。对此类建筑形态的优化,可在参数化设计软件中采用目视判断法和机器优化法进行。机器优化是通过设立一些条件,采用模拟退火算法、混合遗传算法等模糊数学方法求解;对矛盾的条件,机器会给出相对折中的结果。在 Catia 平台中,FEA 的计算值可作为一项初始设计参数值被引用。

图 9-16 妹岛和世设计的瑞士洛桑联邦理工学院学习中心的形象

洛桑联邦理工学院学习中心的建筑外形很平滑,曲线优雅,无梁无柱,仿佛飘浮在空中而不被重力束缚似的——在 CAGD 和 FEA 的结合下,这样的形态比采用传统方法更容易成为现实。

① Google. 2008. Google SketchUp pro 6[EB/OL]. http://sketchup.google.com/; Dassault System. 2008. CATIA-design excellence for product success [EB/OL]. http://www.3ds.com/products/catia/catia-discovery/.

② Klaus B, Manfred G, Oliver T. 2008. Form, force, performance:multi-parametric structural design [J]. Architectural Design, 78(2):20-25.

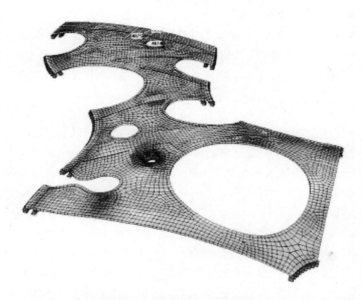

图 9-17　洛桑联邦理工学院学习中心设计过程中进行有限元分析的过程图片

　　过去有限元分析软件常需要进行手工网格划分等准备工作,比较繁琐;现在的 Catia 等设计软件的有限元分析工作台,在概念设计阶段中只需要输入荷载、材料、形状、约束这四个具有明确工程含义的数据,直观性很强[①]。

　　张拉膜建筑所用到的膜材,在理想状态下是等应力极小曲面——膜材上任何一点所受到的来自膜各个方向的拉力都相等。"找形"(Form-Finding, Shape-Finding)是在给定膜材边界约束和预应力的情况下,确定膜的形状的技术方法。对于张拉膜建筑,有专门的"找形"解法,如力密度法、动力松弛法、非线性有限元法等。虽然在类似于 Ansys 这样的通用软件上进行找形是可行的,但采用专用的膜结构设计软件无疑更加高效。这类软件,比如天津麦卡特膜结构科技发展有限公司研发的 Mede,德国 EASY 公司研发的适于施工图设计阶段的 Easy 和适于概念设计阶段的 Cadisi,意大利 Forten 公司研发的 Forten 3000 和适于概念设计阶段的 TensoCAD、RhinoMembrane 等(图 9-18)。

图 9-18　利用动力松弛法为膜结构建筑物找形

注:图中小圆锥代表约束点

---

　　① 盛选禹,唐守琴,等.2006.CATIA:有限元分析命令详解与实例[M].北京:机械工业出版社.

9.6.3　建筑构造模拟

　　"构造"反映了建筑材料从一种形式向另一种形式可能的转化方式。如金属板能被弯折，木材可被锯开，砖头可被砌筑。李允鉌在《华夏意匠》中写道，"古代的看法是：'设计'不过是为施工服务，而不是施工目的在于实现'设计'"。中国建筑传统中，人们对构造非常尊重①。盖里建筑师事务所选择 CAM 类软件 Catia 辅助造型设计的出发点也是为了使自己的设计与加工更紧密地结合在一起②。

　　盖里在建筑中大量采用可展曲面（即可被展开成平面的曲面）正是出于这方面的考虑。应用可展曲面，意味着建筑的曲面墙板可由平面金属板材通过冷弯和与曲线龙骨焊接而形成，其相同面积造价大约是三维铣削—铸造—锻造方式的 1/5③。为克服 Catia 软件在可展曲面建模方面功能的局限，麻省理工学院建筑系设计与计算机专业的博士生丹尼斯·舍登（Dennis R. Shelden），为盖里事务所开发了一种由多个不同方向上的可展曲面及它们之间的连接曲面共同构成的"纸样曲面"（Paper Surface）工具④。

　　盖里的 Weatherhead 项目和 MARTa Herford 项目都是应用"可展曲面"的实例（图9-19）。后者的施工图是由 KSI-Bochum 公司利用 Rhinoceros 软件的可展曲面功能绘制的⑤。

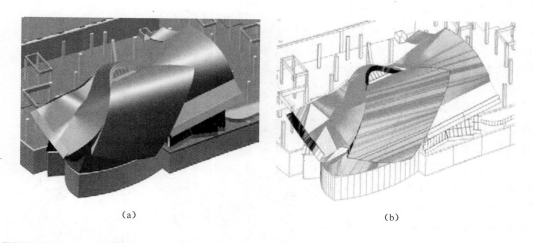

(a)　　　　　　　　　　　　　　　　　(b)

---

　　① 李允鉌. 2005. 华夏意匠：中国古典建筑设计原理分析[M]. 天津：天津大学出版社.

　　② Bruce L. 2001. Digital Gehry：Material Resistance, Digital Construction[M]. Basel：Birkhäuser Basel.

　　③ 盖里也曾采用过三维铣削—浇铸—锻造不锈钢板的工艺，其实例为柏林 DG 银行的"马头"会议厅。"'马头'的复杂曲面形的制作工艺与汽车车身很相似。从数字模型出发，CNC 铣床加工出 306 块聚苯乙烯泡沫模子。这些模子，被运到捷克制造 32 组彼此咬合的铸铁模具。铸铁模具再被运到瑞典，4 mm 厚的不锈钢板加热至 1 815℃，在1 500 t 的压力下，被夹在模具中弯曲形成最终的样子。然后这些曲面金属片被安装到曲线形金属框架上"。见：Bruce L. 2001. Digital Gehry：Material Resistance, Digital Construction[M]. Basel：Birkhäuser Basel.

　　④ Dennis R S. 2002. Digital surface representation and constructability of Gehry's architecture [D]. Cambridge：Massachusetts Institute of Technology；Bruce L. 2001. Digital Gehry：Material Resistance, Digital Construction[M]. Basel：Birkhäuser Basel.

　　⑤ Anon. 2013. Rhino3DE：developable：architecture by Frank Gehry[EB/OL]. http：//www. rhino3. de/design /modeling /developable /architecture /index. shtml.

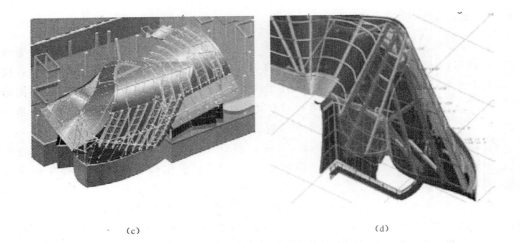

（c）   （d）

图 9-19　Weatherhead 项目中的"可展曲面"

注：（a）基于可展曲面的计算机表面模型；（b）可展曲面的直纹线方向；
（c）主龙骨与次龙骨；（d）结构施工图

因为盖里等建筑师证明了 CAM 类软件在描述与表达材料可加工性方面先天的优势，因此 CAM 软件所具有的参数化设计功能被一些建筑软件所吸收，比如 Revit 和 MicroStation Generative Components 等。

碳纤维聚酯材料为了加工的需要，有时设计采用直纹曲面。纽约普瑞特艺术学院（Pratt Institute）建筑系的麦克·塞文（Mike Silver）教授研究了控制碳纤维聚酯材料形状的 Script 语句，这些语句用来驱动切削碳纤维聚酯的泡沫内瓤的 CNC 机械[①]（图 9-20～图9-22）。

金属板折角多面形也是一种常见的构造方式，比如褚智勇等的《建筑设计的材料语言》一书中提到的由弗伦克·西蒙（Freenc Simon）和伊

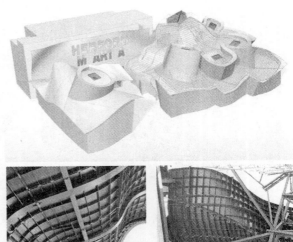

图 9-20　MARTa Herford 项目的计算机模型和可展曲面构件在施工过程中的照片

万·弗克瓦里（Ivan Fokvari）设计的德国德累斯顿中央购物中心[②]。这类多面体造型方法可追溯至犹他大学计算艺术先驱 Ron Resch 编写的多面体组合与展开算法[③]。今天的一

①　Mike S. 2006. Towards a programming culture in the design arts [J]. Architectural Design, 76(4):5-11.

②　褚智勇，王晓川，罗奇. 2006. 建筑设计的材料语言[M]. 北京：中国电力出版社.

③　Ron R. 2008. Ron Resch home page [EB/OL]. http://www.ronresch.com/.

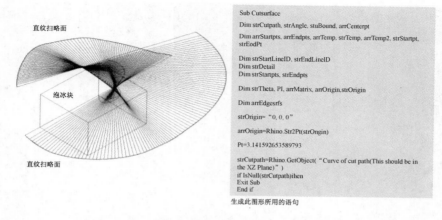

```
Sub Cutsurface

Dim strCutpath, strAngle, stuBound, arrCenterpt

Dim arrStartpts, arrEndpts, arrTemp, strTemp, arrTemp2, strStartpt,
strEodPt

Dim strStartLineID, strEndLineID
Dim strDetail
Dim strStartpts, strEndpts

Dim strTheta, PI, arrMatrix, arrOrigin,strOrigin

Dim arrEdgesrfs

strOrigin= "0, 0, 0"

arrOrigin=Rhino.Str2Pt(strOngin)

Pt=3.141592653589793

strCutpath=Rhino.GetObject( "Curve of cut path(This should be in
the XZ Plane)" )
if IsNull(strCutpath)iihen
Exit Sub
End if
```

生成此图形所用的语句

图 9-21 直纹扫略面的切削路径和控制此路径用的语句

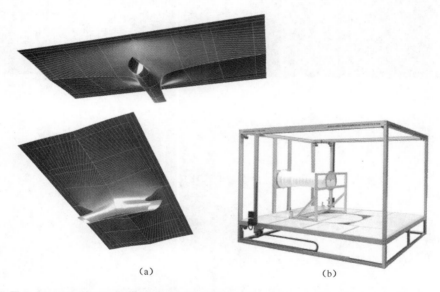

(a)   (b)

图 9-22 完成后的碳纤维树脂树枝形装饰灯(Chandelier)形式和 CNC 泡沫切割机

注:(a)树枝形装饰灯;(b)CNC 泡沫切割机

个专用展开图软件是由日本 Tamasoft 公司研发的 PepaKura[1]。建筑师 Wojciech Kakowski 设计的 2010 年上海世博会波兰馆,就是采用这种基于材料展开变换的思路,使波兰民族特色的纹样能够在建筑各个表面呈现[2](图 9-23)。

　　而在第 9.6.2 节提到的膜结构设计软件,如 Mede 和 Easy 等,都可在"找形"的基础上,将膜材从曲面形展开为最接近的平面形,并绘制裁切线(图 9-24)。

　　[1]　Tamasoft C. 2008. PepaKura designer[EB/OL]. http://www.tamasoft.co.jp/pepakura-en/.

　　[2]　Rose E. 2008. Polish pavilion for Shanghai Expo 2010 [EB/OL]. http://www.dezeen.com/2008/01/06/polish-pavilion-for-shanghai-expo-2010/.

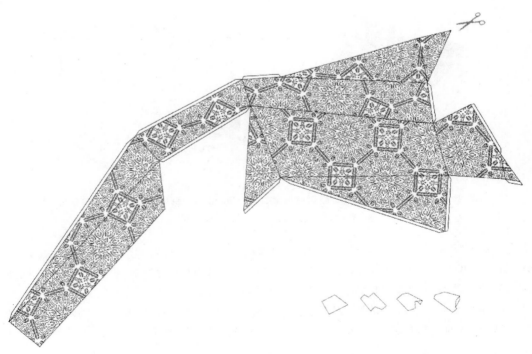

图 9-23　Wojciech Kakowski 设计的上海世博会波兰馆建筑形象和展开图

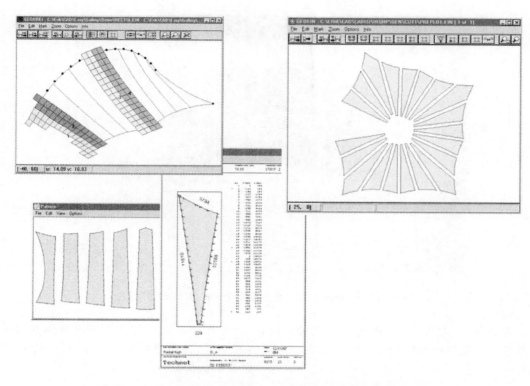

图 9-24　由 Easy 的子软件 EasyCut 绘制的张拉膜结构膜材裁切图

　　砌体不论在东西方,历史都非常悠久。现在,计算机辅助设计为这种传统的构造方式注入新的活力。如格雷戈·林恩(Greg Lynn)利用带有空间碰撞检测功能的软件探索了新的泡泡状砌块形式和新的组砌方式,并用机械臂式数控切割机辅助加工这些砌块。这种砌块已经有了一些应用实例,其中一个就是在 SCI-Arc 画廊展出的泡泡亭——体现出由这种新型砌块砌成的建筑灵活、柔美和洋溢着欢快气氛的鲜明个性(图 9-25、图9-26)。

　　一些建筑师的作品,其砌块本身还是传统的长方体,但由计算机去探索组砌方式的可能性。如由贾一鹏(Yee Peng Chia)和艾里克·马斯洛斯基(Eric Maslowski)用C++ 语言为麦克·塞文(Mike Silver)事务所编写的 Automason(自动泥瓦匠)软件,采用元胞自动

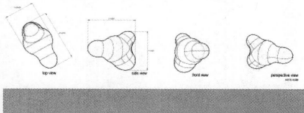

图 9-25　格雷戈·林恩设计的泡泡状砌块和
由该砌块垒成的墙

图 9-26 SCI-Arc 画廊展出的格雷戈·林恩"泡泡亭"照片

机算法,可生成新颖的砌砖方式。这种软件在 2003 年加利福尼亚硅谷圣何塞州立大学的艺术与设计博物馆竞标项目中得到了应用。塞文说,这座建筑是"算"出来的,而不是"画"出来的。图 9-27 是 Automason Ver 1.0 软件的截屏画面。

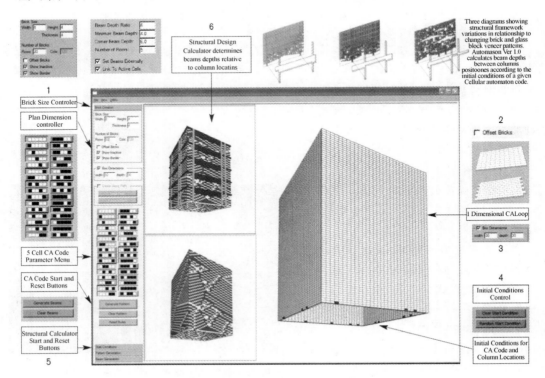

图 9-27 Automason 软件的截屏画面

还有不少建筑师,从不同方面扩展砌块的造型潜力——如 Defne Sunguroglu 于 2006 年在伦敦开发了一种可用于复杂曲面形墙壁的、包含拉结钢丝的、新的砌筑方式及其模拟方法;Eichi Matsuda 研究零散小木条的自然堆积形态等。

除了上面介绍的这些实例,由于建筑中可采用的材料很丰富,且很多材料具有不一样的物理特性,对应于完全不同的加工方式及模拟软件,建筑师有时需根据实际设计要求寻找软件,或与计算机专业合作定制新软件。

9.6.4　能耗和建筑物理环境模拟

建筑的基本功能之一是遮风避雨,在室内创造舒适宜人的热环境。建筑材料对整体建筑的热工和能耗有较大的影响。

在围护结构中使用的不透明建筑材料的热工属性主要指标包括:密度、质量比热、导热系数、蒸汽渗透系数、含水量、板材厚度等。而透明的玻璃还可透过或反射特定波长和比例的辐射热能。

出于美学上的偏好,玻璃幕墙在我国被大量采用。但实际上,大面积玻璃立面建筑的热舒适性和节能性并不好。我们在设计中,采用热工模拟软件辅助设计,利于选择舒适节能的立面材料和做法。比如,EcoTect、DOE-2 等模拟软件适于分析全年建筑采暖、空调能耗,采用具有动态传热功能的 Energy Plus 可分析逐时空调能耗,采用 Fluent Airpak 或 Phoenics 等软件可计算自然通风条件下瞬时和局部建筑空间的热工状况。

台湾成功大学教授林宪德采用美国能源局的建筑能耗动态解析程序,对北京和台北等地假设的 10 000 m² 的 10 层玻璃幕墙办公建筑全年能耗进行了分析,结果证明采用不同的玻璃,如双层透明玻璃、单层吸热玻璃、高反射率玻璃、双层 Low-E 玻璃等,因气候条件和立面开窗比例的不同而具有不同的能耗表现[①]。

建筑能耗中的另一部分是建筑材料在生产、运输、施工和拆解方面所消耗的能量。这一部分可向 EcoTect 直接输入材料单位面积的初始能耗,由软件根据建筑中使用的各种材料面积统计求和。将这二者累加起来,可以计算出建筑全生命周期耗能。有时,也用温室气体排放量表示建筑耗能。单位建筑面积的能耗指标计算结果被列入英国建筑研究院环境评估方法(Building Research Establishment Environment Assessment Method, BREEAM)等多种"绿色建筑评估标准"中。

9.6.5　经济性模拟

计算机辅助造价模拟和手工计算一样也是将各种材料的单价与用量相乘并求和。

我们经常使用的 EcoTect 就具有估算建筑造价的功能,它可用图表分析建筑造价中各部分所占的比例。而参数化类设计软件,也都将"价格"列入材料的属性项目中。

在复杂曲面建筑设计中,同样大小的面层材料,不同的加工方式,造价相差悬殊,因此不能简单地采用面积与固定的单价相乘的方式。盖里建筑事务所改进了 Catia 的造价计算功能,使面层金属板能根据高斯曲率确定单价,造价计算因此变得更精确。更重要的是,造价在参数化体系里成为真真切切地控制建筑设计的因素,其改善了设计流程,克

---

① 林宪德.2007.绿色建筑:生态·节能·减废·健康[M].北京:中国建筑工业出版社.

服了设计的主观性,盖里说:"在欧洲,进行建设量统核的人员被称为 Metteur,但我们已不需要他,类似的工作计算机可以在瞬间完成。这样我们在设计建筑时,便会拥有一位 Metteur 结合方案的走向作出核算。所以说,我是在特定的条件下展开设计,而不会超越各类限界。因为你知道,如果设计中没有限界,你在寻找某种形式时便会陷入迷惘。"

然而建筑的造价计算却是非常难的,其难度并非体现在软件功能的实现上,而是在每种构件单价的确定,其需以丰富的实践经验为基础,并进行合理的推测和估计。而且设计中影响造价的因素也很多,如价格波动,虽不抽象深奥,却繁琐复杂。其中一个例子就是盖里古根海姆博物馆的建成受益于苏联解体后钛金属的大幅度跌价。马岩松曾说:"我们的天津开发区中钢大厦项目也不得不寻求 ARUP 的帮助,但我们只求助于他们一件事情,就是确定这座平面极简并根据风荷载调整外墙单元厚度的建筑,反映在造价上,到底能节约多少钱?"

9.6.6 小结

前文已经说明了在节点尺度的城市设计工作中可涉及的多种类型的分析和模拟,现将这些方法或软件简单地列表(表 9-7)。

表 9-7 节点尺度的小结

	类型	软件或方法
建筑环境视景仿真	三维建模	3ds Max, Maya, Rninoceros, XSI, Blender, TrueSpace, SketchUp
	渲染器	Radiance, MentalRay, VRay, Hyper-Shot
	虚拟现实	Quest3D, Virtools, XNA
	图形基础	Direct3D, OpenGL
景观视景仿真	水流	Mike 3, RealFlow, Fluids in Houdini
	植被、自然景物	Gugila GroundWiz, Dreamscape
建筑结构模拟	有限元计算和结构分析	Ansys, Abaqus, FEPG, Catia, I-Deas, PKPM, SAP
	张拉膜找形	Mede, Easy, Cadisi, Forten, TensoCAD, RhinoMembrane
建筑构造	普通建筑	Catia, Pro-E, GC(Generative Components), DP(Digital Project)
	膜结构裁切	EasyCut
	复杂多面体、可展曲面的展开	PepaKura, Paper Surface Plug-in
	砌体	Automason
热工和能耗		EcoTect, DOE-2, EnergyPlus, Fluent, Phoenics
经济性		Catia, Pro-E, GC, DP, EcoTect

9.7 一个运用了计算机模拟方法的城市设计案例——Holcim 竞赛方案"与鸟有约"

9.7.1 项目背景和构思

2005 年春,笔者参加当年瑞士霍尔希姆公司(Holcim)主办的可持续发展竞赛,我们竞赛的主题为"与鸟有约",主要针对海河河口一带的规划改造(图 9-28)。有了一些对计算机模拟方法在设计中应用的经验和教训,在这里做个小结。

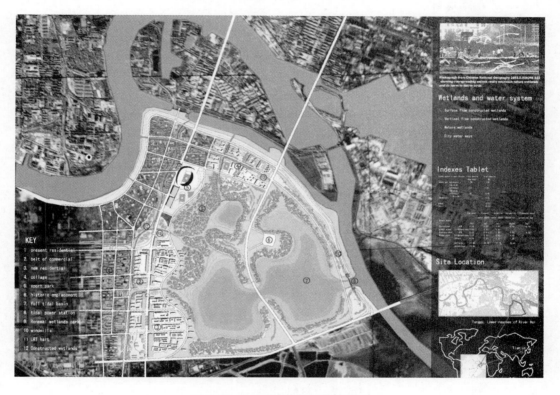

图 9-28 Holcim 竞赛方案平面图

天津是三类主要候鸟迁徙路线上的必经之地,天津附近湿地是几种珍稀候鸟休养、捕食、为长途旅行积蓄能量的驿站。

近年来,在天津向渤海填海和城市周围湿地转化为城市用地的过程中,候鸟栖息环境受到消极影响。特别是咸淡水交接的具有独特生态价值的"泻湖"类湿地,常常被盐田、港口、仓库等人工设施所挤占,堤坝常分割了咸水与淡水。

我们设想在城市附近重新恢复这种"泻湖"类湿地。首先尽量保持泻湖的"自然性",比如水面面积大、没有噪声污染等;然后还应该使"泻湖"在经济上有吸引力,能尽量节约投资,使人和鸟能"共处"、"共赢"。我们设想它具有下面的经济益处:

① 泻湖作为一种湿地,能起到对城市面源雨水污染的天然净化作用。

② 泻湖可在夏季暴雨时减少路面被水淹的可能性。

③ 每日涨潮落潮是一种可利用的能源,可为居民提供电力。

④ 湿地作为一种城市景观,能从景观环境的改善和旅游项目中获益。

其实这样的策略是有相当大的风险的,因为我们不能清楚地了解湿地周围的城市开发到底会对湿地本身的生态环境产生怎样的影响? 迁徙鸟类可以在多近的距离上与人相处? 潮汐发电站的规模多大才对发电有利? 雨水湿地的滞洪和净水效果如何? 等等

如果上面这些问题不能得到清晰的解答,那么这个"与鸟有约"的城市设计方案就是站不住脚的。这就是我们在这个案例中研究好几种计算机分析和模拟器的初衷。

9.7.2　方案设计

我们的设计方案是:其中有一个非常巨大的泻湖,之所以如此巨大,是因为我们无法确定到底多大才够——水面到了多大,鸟才可能降落下来? 到底多大,鸟类的栖息环境才可以成气候?

我们在相关研究中找寻了许久,可惜并没能找到非常有说服力的。而且每个地方都有它的特异性,"橘生淮南则为橘,生于淮北则为枳",在甲地获得成功的经验并不能轻松地迁移到乙地。

在对自己的所知并不是很有信心的条件下,留出比较宽松的余量的想法就变得自然而然。

9.7.3　分析和模拟

虽然"多大的湖能供鸟类生存"这个问题还存有疑问,但我们仍可以通过分析得到其他一些比较准确的结论,例如:

在特定的日期,比如海潮最高的时候,整个设计是否安全?

湿地对特定的污染,如总氮、生物耗氧量指标的治理效果如何?

潮汐发电机组能发多少度电?

……

虽然这些问题的解答也不易,但有现成的方法可以计算,例如第 1 个、第 2 个问题可以用 EPA SWMM 模拟软件计算。但 EPA SWMM 不能给出潮汐发电机组的发电量,于是请来水利专业的黄伟为我们的设计案例用 Visual Basic 和 Access 编写了相关的模拟软件。我们本希望能将这个计算发电量的小程序做成 SWMM 的一部分,但因为 SWMM 是用 Fortran 编的,我们都很不熟悉,也就只能放弃了。

最后,我们得到了下面可表示为图表和平面图的结果(图 9-29):

① 左侧蓝色线条代表泻湖中的水位。

② 灰色线代表渤海的水位。

③ 橙色柱形图代表潮汐发电机组的发电量。有些时段没有输出,这是因为当水位差比较小的时候,水轮发电机就不能工作。

④ 右侧地图外层蓝色轮廓代表了当天最高潮位时泻湖的轮廓,内层白色轮廓代表了当天低潮位时泻湖的轮廓。

⑤ 第一种情况是最高潮水位的情况，第二种情况是最大潮水位差的情况，第三种情况是冬季最低潮水位差的情况。橙色数字是当天的总发电量，从最低的一年 2 154 kWh 到最高的一年 9 971 kWh。

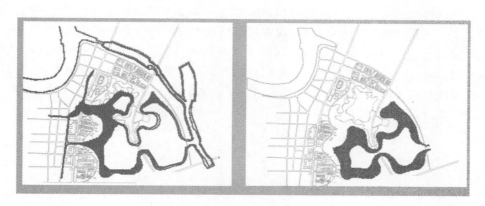

图 9-29 针对泻湖的模拟结论

注：左图为 8 月 15 日潮水情况；右图为冬季 2 月 14 月潮水情况

可是这个结果并不能让人感到乐观，首先是这样的发电量还是太少了：从全年来看，大约仍不及方案里居住的居民所需要的用电量的 5%。其次，潮汐发电站的拦水坝、水轮机、发电站建筑等设施对鸟类生存有干扰，这主要是渤海的潮差比较小造成的。

所以，似乎我们的模拟结果与模拟目标是背道而驰的，在这里做潮汐发电站，根本就是不合适的；而我们模拟的目标本来是为了设计一个更好的潮汐发电站。

9.7.4 对计算机分析和模拟价值的反思

这个案例引发了我们对分析和模拟的反思，首先我们必须肯定它的价值，特别是对生态的价值——它避免我们犯在不应该设潮汐电站的地方设电站的错误，也让我们清醒地对自己虚设的几项"生态效果"感到了幻灭。

但是，这个代价是否过于高昂？因为学习软件，分散了我们在方案设计上本应该做的工作量，结果造成方案设计本身不够深入，而获得实施的方案，有很多其实并没有充分验证自己在设计中的"生态设计假设"。

设计单位总是部分地以盈利为目的，而分析和模拟的客观性有时候（其实是大多数时候）让"设计缺陷"变得明显；有时候（其实是大多数时候）生态性跟方案表面的美感之间几乎是没什么联系的。我们常常必须要面对的现实是：分析和模拟对甲方没有现实好处，对设计单位也没有现实好处，它只对自然本身有好处，但我们并不能从大自然那里获得设计费，更不能因为证明取消一项建设的合理性而获得设计费。如果与其他设计单位竞争，如果你在这方面投入比较多，那么在别的方面，如构图和立面设计上，同样时间段投入的工作量就少了，于是需要一个既尊重自然又能容忍漫长设计周期的甲方。

而比上面更重要的一点是，方案最迫切地是需要知道建设对鸟类的影响，而这既找不到模拟器模拟，又没有统计公式：设计中的很多问题是如此重要，值得被分析和模拟，但目前还缺乏相关的模拟器。

9.8 本章小结

在自然形的参数化设计中，模拟和分析方法可被看作认识功能与形式之间的定量关系的基础。从本章的介绍可以知道，在不同的尺度上有不同的分析和模拟方法。在一个具体的城市设计实例中，尺度、内容、领域等常有跨越，常需要同时采用多种不同性质的分析和模拟软件。在城市设计中，基于较新的复杂性科学原理的模拟器通常要好过较陈旧的基于线性规律的模拟器。如何在实际设计方案中使用这些分析和模拟类软件，值得职业城市设计师再思考。

10 针对居民参与的多选择造型

10.1 概述

目前的城市设计,即使是设计与居民生活有密切关系的社区,也采用"自上而下"(Top-Down)的设计方法,也就是说——在设计过程中,方案"整体构图的美感"是被给予最优先考虑的,其重要性要高于各处细节。我们常常会说,"这个方案有个很'帅'的'大圆'"。或者说"这个方案综合起来看上去不错"。

可是,社区毕竟是为居民零散而复杂的生活而设计的,一个城市设计的万分之一,却又构成了其中某个居民生活环境的百分之百。我们做总平面构图的时候,似乎只是把社区里的每栋住宅都当成组成屋面的其中一块瓦片,或当成是组成一个大圆的其中一段弧,这样做是否值得怀疑?方案整体上的视觉愉悦和整体感,一定就能提高在其中生活的居民的幸福程度么?

慢慢地,建筑师会想要正视这些问题,通过让全体居民更主动地参与到设计中,使社区的局部成为许多居民共同思考和斟酌的结果,进而,发展出一套"自内而外"的"有机生长"的新的整体性设计方法。

参数化设计是否具有解决这个问题的潜力?本章就是为了寻求解答的探索之一。

10.2 居民参与的理论

10.2.1 居民参与的几种方式

目前,居民参与设计的形式大致有:公示、选择和定制。

前两种是比较传统的形式——公示是在设计基本上完成后才让居民做出或"是",或"否"的判断;选择则是让居民从几个方案中投票选取一个。

公示的"交互性"比较差,而"选择"有时也会因为"选项"的不足,令居民陷入其实无方案可选的窘境,如图 10-1 的漫画所示。

这两种方法的设计方向,本质上仍是由甲方和设计师之间的交流所主导的,在参与时,居民常常希望在图上"找到自己的家",结果却被告知——在这样的比例尺上,住宅平面或者窗外的风景是"看不出来"的。于是乎,居民也就只能糊涂地接受,或者草草选择一个视觉上让他们更舒服的方案。

所以,虽然公众参与、以人为本都是常常在设计文本中应用的词汇,但实际上真正发挥了作用的例子却很有限。

定制是否能超越上面两种方法呢?

图 10-1　选择的窘境(大卫·马门,1996)

注:漫画中的规划师说:"我们需要真正的社区参与来作出决定。方案 C 太昂贵,
方案 B 没有效率,你们同意哪一个方案呢?"

　　"定制"的概念是来源于机械行业,"大规模定制"最早是由美国著名未来学家阿尔文·托夫勒(Alvin Toffler)在 1970 年出版的《未来的冲击》(*Future Shock*)做出的预见。1986 年美国里海大学的亚科卡研究所发表的《敏捷制造》报告中指出,面对市场需求多样化、个性化的潮流,企业只能以更新的生产方式来满足客户的定制需求。1987 年,戴维斯(Stan Davis)在"*Future Perfect*"中将这种生产方式称为"Mass Customization",即大规模定制[①]。

　　而日本丰田生产系统则从实践上先行了一步,这套生产系统,特征是三个"M",即 Muda(无浪费)、Mura(不一致)、Muri(无理性),其具体实现手段在当时还是"遥控"和"计划卡显示"相结合的"半数字式"方法[②]。

　　近年来,随着计算机集成制造系统(Computer Integrated Manufacturing Sytem,CIMS)及作为其中一部分的参数化设计手段的发展,订单式设计在工业产品设计中有了相当多的应用实例,如由 UN Studio 的斯伯伊布里克(Lars Spuybroek)设计的"我的灯"(My light),它采用 Rhinoscript,让用户可以通过输入自己的一些情况,而得到一个"与众不同"的个性化的吊灯(图 10-2)。

10.2.2　"定制"用于城市设计的困难

　　与参数化设计技术结合的"定制"看起来是目前最有希望让居民参与到设计中的技术方案,但不同于工业产品,城市设计中的定制有一些新问题。

---

① 常明山.2003.面向大规模定制产品规划关键技术的研究[D].天津:天津大学.
② 理查德(Richard A W),等.2007.计算机辅助制造[M].3 版.崔洪斌,译.北京:清华大学出版社.

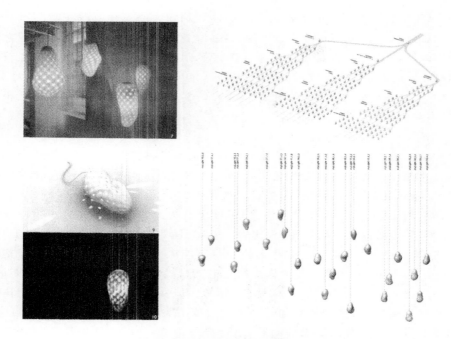

图 10-2　斯伯伊布里克设计的"我的灯"(My light)

（1）居民意见和参数来源的群体性和分散性

如前面提到的 Spuybroek 吊灯，只是给一个人用，用简单的参数就能决定；而城市设计的基础是群体性的，参数来源是广泛而分散的，不同人的意见也许完全不同。例如，居民中有些人希望在小区中央设绿地；有些人希望在小区入口处设绿地。这就需要对大量数据先做出统计计算，然后再用来驱动参数化设计方案。采用怎样的游戏规则才是既公平又体贴，且令人信服的呢？这值得深思。

另一方面，来源于规划管理部门制定的规范，来源于承包商的技术可能性也会被列入到参数化设计体系中。因此，参数来源的主体是非常丰富的，层次多，内容复杂。

（2）居民意见的模糊性

傅刚、费菁曾在《都市村庄》里讨论过"居民参与"，他们将建筑师比作医生，认为居民参与并不是万能的，就像病人走进了医院，不能说我要什么药，要打什么针，而只能告诉医生自己有什么不适，由医生去诊断，发挥专业知识去治疗①。有时，居民并不能准确告诉设计师需要什么，而需要设计师自己去"望、闻、问、切"似地细心求证、判断，"任务书"从来都是非常不准确的，特别是任务书对建筑师最关心的构图问题的描述常常聊胜于无；任务书所要求的风格与实际中标的风格也常常可以见到差异。因此，建筑师在社区的居民参与中，可能需要引进对居民的心理测试等专业技术，以求得到比较可信的设计指导方向。

《心理测验——原理和应用》一书的作者凯文·墨菲认为"心理测试"(Psychological

---

①　傅刚，费菁.2000.都市村庄[M].天津：天津大学出版社.

Measurement)旨在通过调查问卷或仪器辅助技术,探知人的未知或潜在的心理世界①。采用心理测试技术,或许可以解开设计师的一些疑惑。但心理测试又是一项专业性和复杂性都很高的技术,其本身和扩展应用目前仍有不少争议。例如:人的气质与比较喜欢的建筑风格之间的联系是完全因人而异,还是有一定规律性? 其实,我们引进心理测试,不是完全信任它,而只是还没能想到更好的办法。由于这方面,建筑师过去缺乏相关的应用经验,因此需要一步步尝试、完善。

(3) 方案组织结构的随意性

这个问题的重要性和难度都明显高于前两个问题。城市设计方案,其基础、组织、发展方向全都是未定的。这样的问题可视作计算理论中的不确定多项式(Non-Deter-ministic Polynomial, NP),也就是说,虽然问题的结果有一定的确定性,但解题方法不能用除穷举外的方法来理性地实现。我们可以不费力地判断一个方案是否符合任务书,它好不好;但反过来,从设计任务书出发,一步步理性地推导、找到"至善至美"的方案,就既不是在交图之前,又不是穷尽人的一生所能做完的。过去我们总认为艾森曼用"理性方法"作设计,其实艾森曼的卡板纸住宅大量引用了柯布西耶的手法;而最近,Mark David Major 和 Nicholas Sarris 又用空间句法方法证明了"理性的"艾森曼花费十几年时间设计的小住宅,至少从空间组构的意义来看,是欠缺独创性的②。所以,认为艾森曼已经用理性方法解决了设计问题,只是一种错觉。所谓"理性设计",其实还是建立在先通过感性、模仿或移植,把 NP 问题不等价地转化为一系列特殊的 P 问题之后才开始发挥作用的,这实际上也就是承认了库哈斯所说的"随意性(武断性)构成了建筑学的基石。"

如果居民要充分参与设计,那么这种参与,首先就应该反映到方案的"第一笔"中,但这又是困难的。"非专业性草图"的识别与理解,或可对这个问题有所帮助。退一步说,如果仍必须由建筑师"专业地"画出"第一笔",就应该让这"第一笔"尽可能变得"透明",使它能有比较广泛的适应能力,而不能限制得太死(尽管任何设计本质上说都是限制)。

10.3 参数化辅助设计的技术概述

下面用实例阐释目前与公众参与有关的参数化设计的技术,这里采用很常见的社区设计作为例子,以便读者有比较直观的理解。

10.3.1 参数(Parameters)

在"定制式"的参数化社区设计中,居民可通过一系列"参数"来影响设计。社区设计中可能存在的"参数"可分为下面的类型。

第 I 类参数——确定而不分散的参数:如居民希望的自己住宅的房间功能、房间数

---

① 凯文·墨菲,查尔斯·大卫夏弗.2006.心理测验——原理和应用[M].张娜,杨艳苏,徐爱华,译.上海:上海社会科学院出版社.

② Mark D M, Nicholas S. 2001. Cloak-and-dagger theory: manifestations of the mundane in the space of eight Peter Eisenman houses[J]. Environment and Planning B: Planning and Design, 28(1):73-78.

目、套型、面积、单价等,这些参数是居民容易直接说出来而基本上不会互相冲突的;又如路网轴线方案确定后所定的机动车道路宽度,可以通过空间句法分析方法推测,因为这种方法在以往的不少例子中被证明有十之六七的可靠性,因而也可视作确定而不分散的参数。

第Ⅱ类参数——确定而分散的参数:如公共活动场地的位置、居民在小区中理想的居住位置,这些参数居民能直接说出来,但彼此之间可能存在着不少矛盾。比如可能所有人都希望自己的住宅能临河,但这又是难以满足的,于是需要制定一些游戏规则,使分散的参数能取得较为公平的结果。

第Ⅲ类参数——半确定而不分散的参数:如符合居民生活的房型。居民一般在空间安排组织上的能力比建筑师要弱一些,居民的意见并不能直接控制参数化设计模型,而只是把意见转达给建筑师。

第Ⅳ类参数——不确定而不分散的参数:如居民的住宅应该朝向哪里,朝向远处的山峰或朝向山谷;居民的性格适于居住在哪里;乃至于居民可能会更喜欢窗户大一点,还是小一点;可能更喜欢传统风格的住宅或现代风格的住宅,有没有可能接受比较激进的建筑创新? 这些参数虽然也可能由居民直接说出来,可说出来的却未必可信,采用"心理测试"等间接方法可能反而会得到更可信的结论。

第Ⅴ类参数——不确定而半分散的参数:如整个社区应该呈现出怎样的风格,采用怎样的色调等,这类问题本身不容易确定,而且在居民中人与人的看法不是很一致。

在一个居民参与的设计体系中,这些参数是彼此相互关联,但等级(Hierarchy)不同的,为了实践的方便,我们可先假设前一类参数的等级和决定作用都比后一类参数要高。

10.3.2　参数化设计软件圈

在前面已经用"鱼缸"、"鱼"及"水"类比了参数化软件生态圈和各种软件,在本章中作为例子的设计,所采用的软件包括了下面几种,如表 10-1 所示。

表 10-1　本章例子中采用的主要软件

类　型	软　件	
编程开发环境	Microsoft Visual Studio 2005 /6.0	Monkey Plugin for Rhinoceros
参数化绘图软件	Catia	Rhinoceros with Grasshopper
数据统计、分析	Excel	—
分析和模拟	Axwoman(在 ArcView GIS 平台上)	EcoTect
心理测试	TPMS	
互联网表单	Adobe Lifecycle Designer ES	—
数据转化软件	Catia-to-IGES	IGES-to-DXF
界面设计	Adobe Photoshop	Macromedia Flash 2004 (Now Adobe's)

之所以同时采用 Rhinoceros with Grasshopper 和 Catia 这两个软件,是因为它们风格上的不同:前者因为灵活而更适于方案初期;后者因为与真实世界的联系更加紧密,而适于方案成熟阶段或细节之处。而它们的数据可以通过 STEP 格式互相交换,所以也比较容易同时使用。Adobe Lifecycle Designer 是一款功能比较强的表单制作软件,可同时支持 Calc 脚本和 Javascript 脚本,并具有互联网提交、嵌入 Flash、整合数据至 Excel 等功能,它可以用作居民与建筑师之间的信息纽带。TPMS 是一款国产的心理测试软件。Axwoman 是江斌开发的一款能在 ArcView GIS 上(或单独)运行的空间句法分析软件,我们主要用它辅助确定社区道路的宽度。其他如 Photoshop, ArcView, Excel, Flash, EcoTect 等常用软件不再赘述。

10.3.3 技术流程

对设计起作用的主体包括居民、建筑师、规划管理部门、开发商等,其中建筑师(也许需要和计算机专业人员一道)仍然在整个过程中"挑起大梁",他们用公式、脚本语言和逻辑关系图来定制参数化设计的基础,而居民、规划管理部门和开发商都可通过回答 Adobe Designer 表单所提出的问题来确定一组设计参数,Adobe Designer 内嵌的语句将这组数据编排为 Excel 文件,并用电子邮件的形式发送给建筑师,建筑师将这些 Excel 文件进行分类整理,并用它们来驱动 Catia 或 Grasshopper 的参数化图形;方案经过软件,如 EcoTect 和 Axwoman 的分析和模拟后,将对其中的一些项目进行调整,也许还要返回到前几步中,最后得到确定的规划方案,如图 10-3 所示。

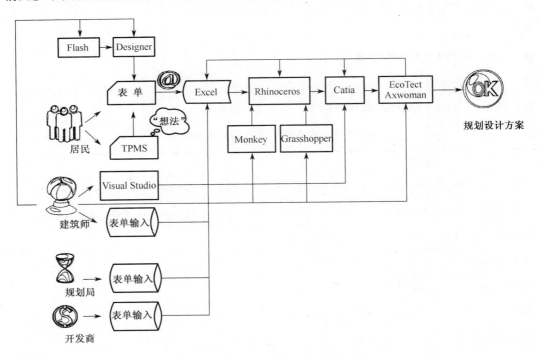

图 10-3 居民参与社区设计的技术流程图

10.4 结合实例说明如何用参数化技术辅助居民参与社区设计

10.4.1 基地

我们选择映秀镇民居设计竞赛来探索参数化辅助社区设计的具体实现方法,图10-4是映秀镇新镇土地利用规划图,我们标注出一号地块在其中的位置和形状。

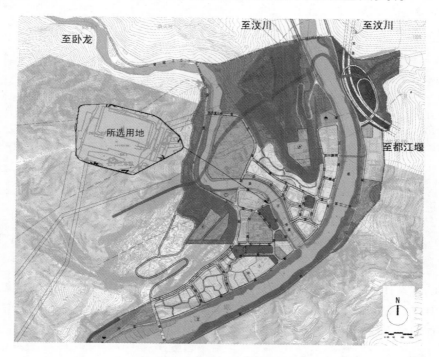

图10-4 所选地块在映秀镇新镇的位置和地块大致形状

任务书要求建筑以低层连排住宅为宜。

10.4.2 步骤一:由未来居民通过"动态地图"来共同决定方案的功能和布局

所有社区的功能大致分为两部分:居住功能和社区服务功能。

住宅的选址是一件因人而异的事情。有人看重交通的便捷性多一点,有人看重外在景观质量多一点;有人看中环境的安静、不容易被打扰更多一点。住在家居办公(Small Office Home Office, SOHO)型住宅里的人,乐于临近道路;花店老板则希望门口有片小花园。有时可能会有矛盾,特别是同时具有多方面优越性的地块,如靠近沿河步行道的地块,许多居民都会去选择。在本设计的1万 m² 多的小地块中,大约会有60~70户居民入住,而通常一个多层为主的小区会有超过1 000户,如此多的意见应该如何整理和协调呢?

在设计中,引入了 Adobe Lifecycle Designer 的互联网表单技术,使有意向购买此地住宅的居民确定对自己住宅的选址。同时,采用动态网页技术,将一份在 Flash 中制作的动态 2D 地图插入到 Designer 表单中,让居民可以在此动态 2D 地图上,通过点击图标,比较直观地表达自己对未来住宅选址的设想。动态网页部分的编程是由软件学院的黄橙同学完成的。

社区服务功能在我国应比在发达国家受到更多的重视,因为我国仍然是以自行车和步行出行为主的国家,许多居民不能依靠汽车去使用比较远离社区的城市服务功能。目前,建筑师主要根据 2002 版居住区设计规范和与之大同小异的地方规范来布置社区服务设施。其实,规范只是比较基础的硬性要求,零点调查公司每年针对我国多个城市居民对社区的满意度进行调查,发现在许多方面居民的满意度并不高,如图 10-5 所示。

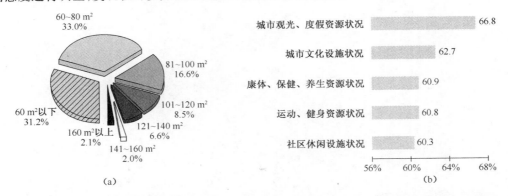

图 10-5　零点调查公司调查得到的 2005 年我国多个城市的居民对不同服务设施的满意程度

注:(a)第一居所面积;(b)城市居民认为满足度较低的休闲娱乐设施

因此,本设计主张从方案设计之初就邀请居民对社区服务内容及位置提出想法。在动态地图的一侧,我们设置了常见功能的图标,用户可以把图标拖动到地图中的特定位置,与前面的个人住家选址一道设置在以动态网页技术实现的 2D 地图上(图 10-6)。

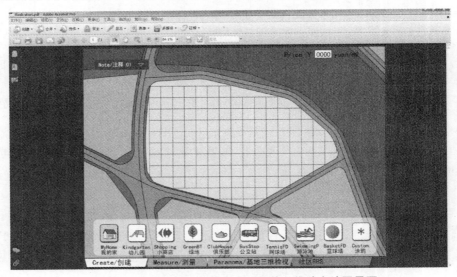

图 10-6　供居民提出功能布局设想的二维动态地图界面

Flash 2D 地图可通过电子邮件发给市民,然后由市民用免费的 Adobe Acrobat Reader(需要 9.0 以上的版本)软件打开。居民在图上指定特定功能的方法如下:

① 点击"创建"面板,可以看到"我的家"、"幼儿园"、"小商店"、"绿地"等功能键。

② 用鼠标左键点击功能键,功能键从白色变成浅红色。

③ 在图上选定一个方框,按下鼠标左键,说明居民认为该地应该设这种功能。例如,如果居民想在河边某处定居,应先按下"我的家"按钮,然后在河边选好一块地,再按下鼠标左键。

④ 完成后,发现该处的黄色小块已经变成"我的家"图标,同时下方"我的家"功能键又恢复为白色。这时地图右上角会显示出住宅大致每平方米的价格。如果需要更改,可在该方块上点击鼠标右键,则该方块又复原为空白方块。

其过程如图 10-7 所示。

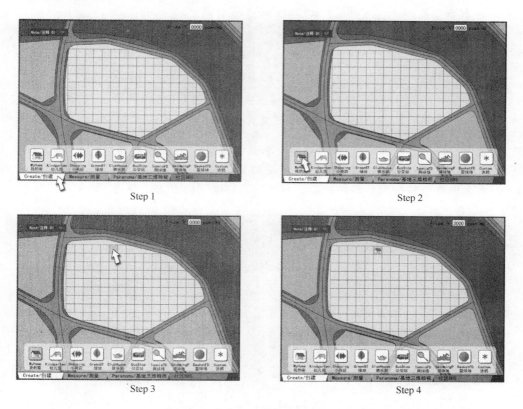

图 10-7 软件操作步骤

假设由张三完成的一份动态二维地图如图 10-8,它可通过电子邮件再返回给建筑师。

由于居民可能会选址在同样的地块,因此"动态地图"遵循"先来后到"的顺序性,例如李四在张三之后选择,则已被张三选中的方格,呈现出"灰色",李四就不能再去选择。

当小区未来的居民都做出自己的选择后,建筑师可通过"动态地图"所提供的统计功

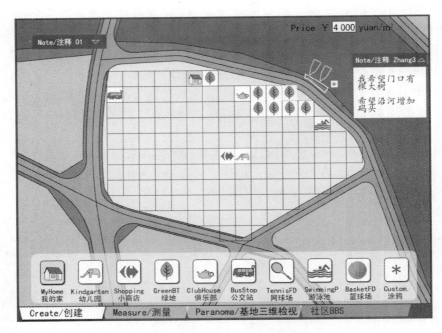

图 10-8　由张三完成的动态二维地图

能,遵循"少数服从多数"的原则,确定主要公共服务设施的布局方案。如图 10-9 显示了幼儿园位置的选择。在选择位置时,目前是借鉴麦克哈格的"千层饼叠图法",采用目视判断,将来也许会转变到采用模拟退火算法等模糊数学的方法求解。

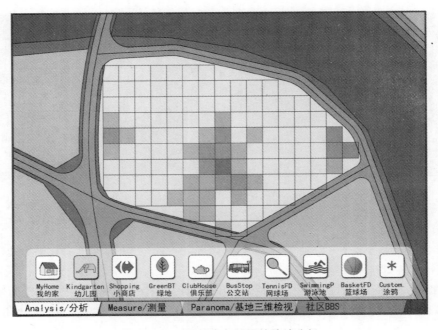

图 10-9　对居民参与结果的统计分析

最终得到的公共设施分布的一个可能结果如图 10-10 所示,它代表了居民选择的平均和折中的状态。

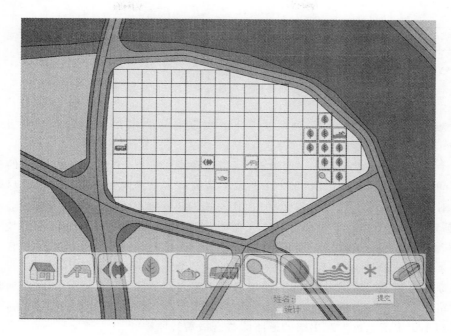

图 10-10 居民选择的平均和折中结果

10.4.3 步骤二:生成可扩展性高的路网系统

路网划分通常都是社区设计的第一步,因为它塑造了社区的空间和功能组织框架。在这里,我们把它放在第二步,是担心过早地引入"路网"会限制居民的想法。

方格网路网是最常见的形式,它的参数有两组,一组横向长度(X1,X2,X3,…)和一组纵向长度(Y1,Y2,Y3,…),如图 10-11 所示。

虽然用方格网作为社区路网是可行的,但局限也不少:不容易适应地形,有时候比较绕远,尤其是居民内更乐于采用"通而不畅"的路网,不希望方格网路网将过境交通引入小区内部。

以参数化方法设计的路网,具有比普通方格网更强的灵活性和普适性。通过不同的参数

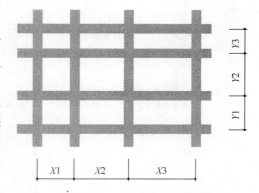

图 10-11 方格形路网和两组长度参数

选择,它可扩展为不同的具体形态,以适应各种不同的功能和空间要求。

"最短线方法"可能具有解决这个问题的潜力——图 10-12 显示了几种不同的路网,如六边式、自由多边形式、发散树枝形式(簇状)等。

它们从表面上看是完全不同的,但都有一个共同的基础,即它们都是划分二维平面

图 10-12　多种不同外在表现形式的"最短线"路网

全长最短的路径。这些线条，被称为"最短线"；这样的图形整体，被称为"维诺图"（Voronoi Diagram）。

笛卡尔在其《哲学原理》一书中提出太阳系是由漩涡（Vortices）组成的，他的论述展示了空间可以分解为一些凸域，每一个凸域都是围绕一个固定的星体形成的。尽管笛卡尔没有对这些凸域给出确切的定义，但是其内在的思想我们可以这样理解：对于一个空间 M，假定其中存在着一个结点集 S，S 中的任意一个结点都可以对其周围环境——属于空间 M 的点集，施加影响。对于空间 M 中的一组点集，在 S 的所有结点中，它们受某一结点 p 的影响最为强烈，那么这组点集就构成了结点 p 的一个作用域。

在那些自然形成的城市中，不少道路近似于符合这样的"最短线"。如斯图加特大学轻型建筑研究所的 Schaur E. 曾著有《非规划的聚落》（*Non-Planned Settlements*）一书，书中提到不少聚落里被人踩出来的道路即符合最短线原则[1]。

我们如果用单纯的维诺图作为路网，大致结果如图 10-13 所示。

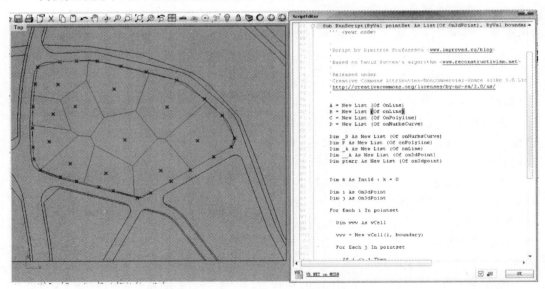

图 10-13　单纯采用维诺图作为路网的一个可能结果

注：右侧为实现维诺图的脚本

---

[1]　Schaur E. 1991. Non Planned Settlements：Characteristic Features_Path Systems, Surface Subdivision, IL39[C]. Stuttgart：University of Stuttgart.

虽然这样无层次的路网也能把整个地块分割为小块,但其中有许多令人困惑的交叉口,不利于形成整体上的"可意向性",居民在其中容易迷路,也不利于交通的组织。

观察绿色植物叶片的叶脉,就会发现叶脉呈现出"层次感",可分为枝状的主脉和网状的小脉,这样的结构料想是经过了自然选择的结果,与单纯均匀网格相比应具有某些方面的竞争优势(图 10-14)。

图 10-14   绿色植物的叶脉呈枝状与网状相结合的网格

于是,我们有必要为"混合型网络系统"设计一套"主脉",它应尽量满足下面三个主要的假设。

假设一:主脉与区外的每条道路都相连,并只有一个出入口,出入口应该远离道路交叉口;主脉应大致与区外道路相垂直,这是兼顾交通和管理方便的结果。

假设二:主脉只有 T 字形交叉口,而没有十字形交叉口,这主要是为了满足"通而不畅"的要求。

假设三:主脉应尽可能临近于居民所选择的各项公共设施,且不从居民选出的公共设施位置中穿过去。

如果遵照下面的步骤绘图,可以比较容易实现上面这三条假设:

① 取任何一条道路(Road 01),从道路的某点(Location 01)开始绘制一条与道路呈特定夹角(Angle 01)的直线。

② 从另一条道路(Road 02)的某点(Location 02)开始绘制与道路呈特定夹角(Angle 02)的直线。

③ 上述两条直线相交得到交点甲(Intersection01 /02)。

④ 在另外两条道路上,重复步骤①②③,得到交点乙(Intersection03 /04)。

⑤ 用直线连接交点甲和交点乙。

我们在安装了 Grasshopper 插件的 Rhinoceros 软件上实现了上面步骤的参数化设计,其图形化界面如图 10-15 所示。

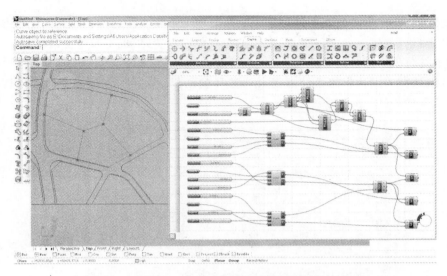

图 10-15　用 Grasshopper 图形化界面实现关系的设定

　　这个图形化组织中，偏下部分的三个"Cluster"，是七个节点合在一起的简略形式。我们由这套关系，通过设定不同的参数，不难得到许多组不同的交通"主脉"方案，如图10-16所示。

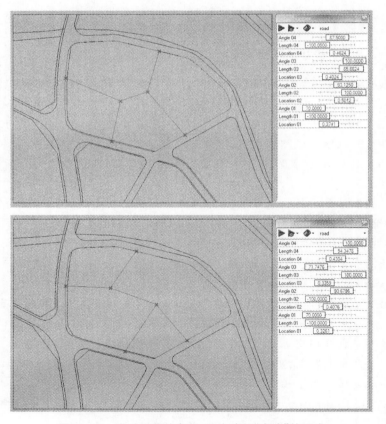

图 10-16　通过不同的参数，设定路网"主脉"的形式

我们将"居民选择的平均和折中结果"与图 10-16 叠加起来,得到比较适于居民对公共设施布置考虑的路网,如图 10-17 所示。

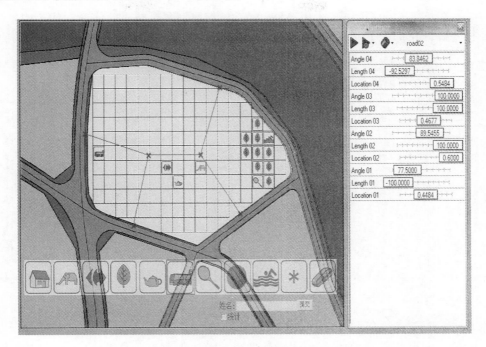

图 10-17　得到适于公共设施布局方案的主路网

我们在上面这个主脉的基础上,再对细分的部分进行维诺分割,形成一种类似于绿色植物叶片的枝状与网状结合的划分,其在 Grasshopper 中的连接线图如图 10-18 所示。

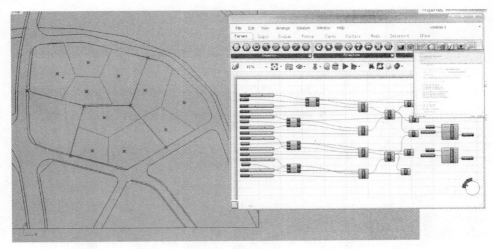

图 10-18　得到相互叠合的次级路网(符合维诺图最短线原则划分)
　　　　　与主路网(符合居民对公共设施设想的统计安排)

其中右侧方框里的 Voronoi 2D 代表了图 10-13 中的脚本,通过比较图 10-18 和图 10-13,我们认为图 10-18 是相对"现实"的路网方案。

我们在 ArcView GIS 中,采用 Axwoman 插件对这套路网系统的空间句法的各项指标进行分析,如图 10-19 所示。

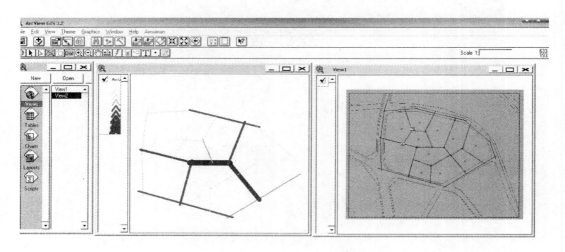

图 10-19　在 Axwoman 插件中对复合路网的集成度进行分析

Integration(集成度)的结果可用于辅助确定道路的宽度。从图 10-20 可以看出,我们的分级路网结构上的区分是比较明显的。

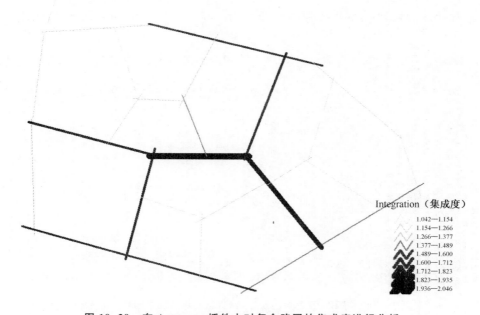

图 10-20　在 Axwoman 插件中对复合路网的集成度进行分析

我们根据集成度的大小来辅助确定道路宽度,如表 10-2 所示:

表 10-2 集成度与道路宽度的关系

集成度	1~1.3	1.3~1.5	1.5~1.7	1.7~1.8	1.8~1.9	1.9~2.0
道路宽度(m)	6	7	10	10	11	11
车行道宽度(m)	4×1	4×1	3.5×2	3.5×2	3.5×2	3.5×2

导入 Catia 软件,并按照表 10-2 将道路加上宽度后,大致如图 10-21 所示。

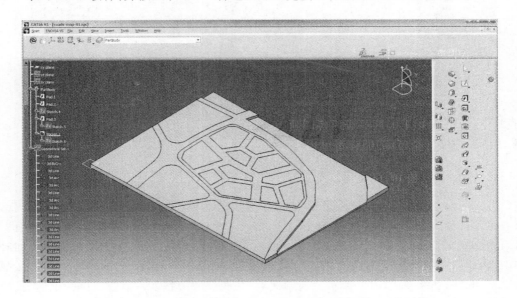

图 10-21 在 Catia 软件中按表 10-2 中数据为道路赋予宽度属性

10.4.3 步骤三:定制符合居民个性的住宅

不同的居民,对住宅的需求是不同的。前面提到过有些参数是确定的,有些参数是半确定或不确定的。

(1)确定的参数,比如,居民对住宅功能的要求。需要几层住宅,住宅需要几个卫生间,厨房采用开敞式或封闭式,主卧与浴室间采用木门或玻璃门,住宅的总面积控制在多少平方米,需不需要餐厅,需不需要佣人房,二层需不需要小阳台,建筑主要采用何种构造:砖混结构或钢结构。这些参数可让居民通过直接地回答 Adobe Designer 表单的问题而被确定下来(图 10-22)。

(2)半确定和不确定的参数,比如,住宅体现出的整体风格,住宅的房型安排等。为了确定这些因素,可能需要先了解特定住宅主人的"气质"。

所谓"气质",在心理学中,是指人的一种个性心理特征,包括人的认识、情感、言语、行动中,心理活动发生时力量的强弱、变化的快慢和均衡程度等稳定的动力特征。主要表现在情绪体验的快慢、强弱、表现的隐显以及动作的灵敏或迟钝方面。它与日常生活中人们所说的"脾气"、"性格"、"性情"等含义相近。

图 10-22　映秀镇民居重建项目居民问卷调查表

公元前 4 世纪,古希腊著名医生希波克拉底提出四种体液的气质学说。他认为人体内有四种体液:血液(来自拉丁语 Sanguis)、黏液(来自希腊语 Phlegma)、黄胆汁(来自希腊语 Chole)和黑胆汁(来自希腊语 Melanoschole)。人的气质也从这出发而被分为四种类型:胆汁质(兴奋型)、多血质(活泼型)、黏液质(安静型)、抑郁质(抑制型)。直率、热情、精力旺盛、情绪易于冲动、心境变换剧烈等,是胆汁质的特征。活泼、好动、敏感、反应迅速、喜欢与人交往、注意力容易转移、兴趣容易变换等,是多血质的特征。安静、稳重、反应缓慢、沉默寡言、情绪不易外露、注意稳定难于转移、善于忍耐等,是黏液质的特征。孤僻、行动迟缓、体验深刻、善于觉察别人不易觉察到的细小事物等,是抑郁质的特征。这四种气质类型的名称曾被许多学者所采纳并一直沿用至今。我们先假设,对不同气质的居民来说,他们特别喜欢的住宅整体风格和内部安排是不同的。本着"摸着石头过河"的态度,设计先从技术出发,完成必不可少的参数化设计方法的探索,而今后,有必要对居民的居住行为与气质间的关系做出细致、全面的调研,求证这样的假设是否可信。

本方案采用 TPMS(T-Think Psychology Measurement Scales)心理测试软件,它是由西安天行信息科技公司开发的心理测试工具。TPMS 可对多方面进行测试,对气质的测试采用如下三种方法:

① 卡特尔 16 种人格因素问卷,由美国伊利诺伊州立大学人格及能力研究所雷蒙德·卡特尔教授编制。

② 艾森克人格问卷(Eysenck Personality Questionnaire, EPQ),是由英国心理学家艾森克(H. J. Eysenck)夫妇编制的一种人格测量工具。

③ 我国心理学家陈会昌编写的气质问卷,这套问卷比较适于我国的文化气氛,共有60 道题目。

这三种方法,都可提供一个人占主导的气质类型的评价,我们主要采用这一结论来控制个性化设计。

此外,住宅的功能也影响住宅的内部布局和形态,如普通的常住型住宅、暂住型住宅、兼作办公的住宅、前店后寝型住宅、花园型住宅等等。

为了管理参数的方便,我们常采用 Excel 将可能的参数先统计出来,用不同的颜色表示出这些参数的来源,如表 10-3 所示。

Catia 的图形工作界面如图 10-23 所示。

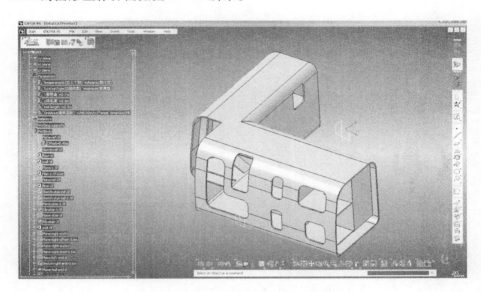

图 10-23 在 Catia 中的图形工作界面

图 10-24 是一段控制不同尺度立面的开窗规律的脚本。

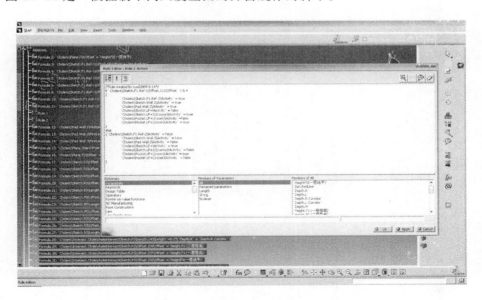

图 10-24 在 Catia 中的 Rules(规则)工作界面

表10-3 控制方案的主要参数项目

Class (参数群)	Item (细分项)	Parameters Name (参数名称)	Type (数据类型)	Note (注释)	来源于居民直接回答问卷	来源于动态地图	来源于心理测试	来源于由其他内容进行的推理	由规范或控规决定
							Origin/参数的来源		
Location		lx,ly,lz	Length	住宅位置的 x,y,z 坐标		Dynamic Map			
Angle		a1,a2	Angle	用角度控制住宅的外形和朝向					
Population	Master	Main-N	Real	家中的人丁数量:有几个男孩,女孩;父母是否一块居住					
	Kids	Boy-N, Girl-N							
	Parents	Grandpa-N, Grandma-N							
Function Type		Ordinary, Soho, Drugstore, Holiday, Garden	String	住宅类型:普通型,兼作办公型,假日型,前店后寝型,花园型	Questionnaire			Discussion	
Total Area		Ta	Area	房屋总面积					
Average Price		Ap	Double	房屋单价					
Total Price		Tp	Double	房屋总价					
Story Height		sh1,sh2	Length	楼层高度					
Room Depth		rd11,rd12, rd21,rd22, rd31,rd32	Length	建筑进深		Dynamic Map			

续表 10-3

Class（参数群）	Item（细分项）	Parameters Name（参数名称）	Type（数据类型）	Note（注释）	来源于居民直接回答问卷	来源于动态地图	来源于心理测试	来源于由其他内容进行推理	由规范或控规决定
Room Area	F1 left	stair1-a, b1-a, k1-a, k2-a, g1-a	Area	各类房间的面积				Discussion	
	F1 right	l-a, lib-a, s1-a, be1-a							
	F2 left	stair2-a, b3-a, be4-a, be5-a, be6-a							
	F2 right	l2-a, be3-a, b2-a, be2-a							
Temperament		Choleric, Sanguine, Phlegmatic, Melancholic	String	住宅主人的气质：胆汁质、多血质、黏液质、抑郁质			Psychology Measurement		
Facing Of Windows		af1	Angle	住宅窗户的朝向					
Check		GreenRatio, PlotRatio, SunDist	Double	规划检查项目，如容积率、绿地率、建筑密度、日照间距等					Code and Regulation

　　将表 10-3 中的参数与图形连接起来,并调整参数,可以获得下面这些具有差异性的住宅设计方案(图 10-25～图 10-27)。

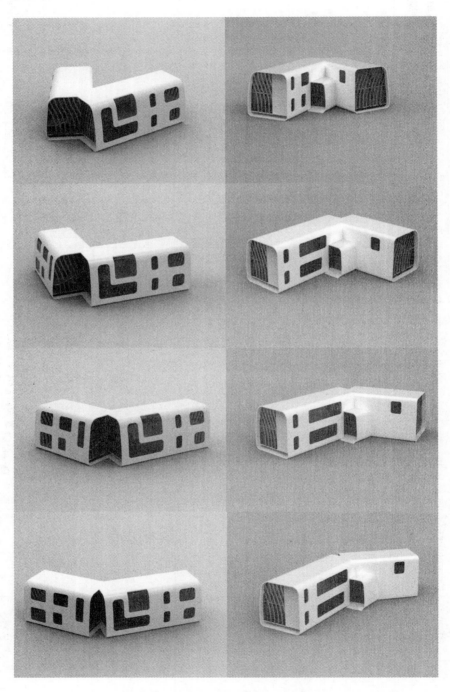

图 10-25　因住宅在组团中位置不同而产生的差异(由 a1,a2 参数控制)
注:建筑两厢之间的夹角分别为 60°、90°、110°、135°

图 10-26　因家庭人数、房屋总价等因素产生的差异

（由 Main-N，Boy-N，Girl-N，Grandpa-N，Grandma-N，Ta，Ap，Tp 等参数控制）

注：建筑总面积 Ta 分别为 220 m²、245 m²、310 m²、380 m²

图 10-27　因主人气质的不同而产生的建筑风格差异

注:主人气质分别为胆汁型、多血型、黏液型、抑郁型

10.4.4　步骤四：塑造丰富多彩的社区空间

社区空间由居民选择而自然形成，图 10-28 反映了其中一种可能的结果：方案中，没有两栋建筑是完全相同的，就像自然界中没有两片树叶是完全相同的。

图 10-28　居民通过选择形成的社区方案

10.4.5　结论

从图 10-28 中我们可以看出，整个方案相对于自上而下设计的社区方案来说，具有更灵活、自然的整体效果。而且，因为任何局部都是由居民提供的"参数"所决定的，反映了居民的意愿和性格，所以这样的自然造型是更舒适宜人的。

10.5　本章小结

本章以映秀镇社区重建项目为例，讲解了参数化设计方法在居民参与自然造型方面的运用。居民各不相同的选择，带来了城市的自然造型，通过动态地图、心理测试和问卷调查，可以把居民的这些情况总结成参数；采用 Grasshopper 和 Catia 等软件，将这些参数转化为图形，指导建设。这种方法提高了居民参与的程度，也产生了超过丰富居民生活本身的优美的自然形式。

11 总结与展望

11.1 总结

本书是关于城市自然造型和参数化设计方法的研究,它可分为三个部分:

第一部分是关于城市的自然形研究——这部分探讨传统城市的自然形。如中世纪基督教城市、伊斯兰城市和中国传统城市的自然形,当代自然形城市设计方法的综述。这部分所述的方法并不局限于参数化设计和数字设计方法,也包括传统的设计方法和"不是设计方法的设计方法",并扩展性地介绍了自然造型的几何基础。

第二部分是针对参数化设计技术的研究——这部分包括参数化设计的研究综述,参数化设计思想的演变,"参数化软件生态圈"的概念,各类参数化软件等内容。

第三部分是探讨如何用参数化设计方法来解决自然形城市设计中的具体问题——包括如何在参数化绘图软件中利用草图,如何将复杂曲面模型数字化,如何表达和处理城市三维地形,如何用分析和模拟软件研究城市交通、环境等各方面的自然规律,如何使城市设计顺应于广大市民的需求等。换言之,就是如何去对待"城市所在的天然环境"、"建筑师的艺术创造"和"居民个性化选择"这三种在自然形城市设计中起决定性的因素。

本书所引用的在 PhotoModeler 和 Catia 中重建盖里波士顿儿童博物馆、青岛理工大学校园地形设计、Holcim 竞赛方案"与鸟有约"、映秀镇居民参与社区设计,都是笔者亲历亲为,过程比较清楚。这四个例子中,上面三种因素占的分量是不同的,因此在设计方法、过程、采用的软件等方面有较多的不同。

从这四个例子可以看出,城市自然形的参数化设计"有法而无定法"。并不能准备几个固定的模子,任何实际问题都套用进去,而需要建筑师举一反三,根据实际问题的需要重新拟定准确可靠的设计方法和步骤。也没有任何软件(即使庞大复杂昂贵如 Catia)是"完全足够"的,参数化城市设计需要一个开放的"软件生态圈"的支持。

11.2 讨论

我们也看到过一些介绍参数化设计实际应用的文章,不少出自于当代最伟大的设计事务所和学校。总的来说,很多读者已经对参数化设计和自然形态有了一些模糊感觉,但仍会有困惑,例如,"自然形和'自然',自然形式与生态效果之间到底有怎样的关系"?"参数化设计一定能提高工作效率么?它真的那么有利于修改吗?"

这些问题都是很好的问题,在这里做些"释疑",供探讨。

11.2.1 城市设计中的自然形式与设计的生态效果之间的关系

以目前的情况看,有些自然形式的确具有积极的生态效果。这些积极的例子可参考笔者的《复杂曲面建筑的理性构思》。

但有些自然形式可能并不环保——如赫尔佐格设计的国家体育场模仿鸟巢的自然形式,可这个自然造型几乎没有起到任何诸如节约钢材、促进通风、改善热环境等方面的生态作用。它需要一大片水面相陪衬,也没有起到增加城市密度的节地功能。

不过,还是应该用历史和发展的眼光看待这个问题,虽然"鸟巢"仍有很多不足,但它毕竟促进了很多问题的解决:促使新的国产高强度钢材的诞生,促使建设部第一次使用Catia,锻炼了队伍,积累了经验,这些是今后得以设计更节能、环保建筑的技术基础。如果因为鸟巢被"否定"而一再重复机械造型,这些收获也难以获得。

自然形式是新生的形式,我们不能因为当代的自然形式暂时未能起到较好的实际生态效果就又回到机械造型的老路上去。自然界本身有许多优秀的设计,既漂亮又节约,如果我们的设计还不能同时实现漂亮和节约,那也应努力实现其中一项(甚至其中一部分);可以不让它中标,但为了未来,不必太求全责备。

11.2.2 参数化设计是否一定能提高设计工作效率

简单说,答案也许是肯定的,不过有先决条件。

如果用爬山来比喻传统设计和参数化设计方法的特点,那么传统设计始终是在均匀地爬缓坡;而参数化设计则是先爬陡坡,然后再下坡。虽然从长远来看,参数化设计一定能大幅度提高工作效率,但初期反而不如传统方法容易上手、效率高。

目前的参数化模型只对已做过考虑的关系、一些特定的关系修改起来比较简单,或者对几何模型做拓扑变换非常简单;但对没有预先考虑过而又非拓扑变形的,修改就不那么简单了——这是它的局限性。

参数化设计也需要一段比较长的练习时间。这里说一则故事:国王请画家画马,画家说请给我一年时间准备。过了一年,画家拿着毛笔在宣纸上挥毫泼墨,只用 5 分钟就画好了一匹骏马。国王很喜欢但也很奇怪,说:"你能 5 分钟画好马,为什么要让我等上一年呢?"画家于是取出厚厚的一堆练习的废稿,越早画的马越难看,国王于是明白了:台上一分钟,台下十年功。

11.3 思考与展望

希伯克利特曾说:"人生短暂,而艺术悠远。"路易·康(Louis Kahn)也曾说:"任何建筑物只是奉献给建筑艺术的一件祭品。"本书探讨自然形城市参数化设计方法的内容,只是关于这两个主题最直接、粗浅、显性的一部分。希望比较实在地使读者多了解一些城市自然造型和参数化设计的知识和经验,对日常工作有所帮助。

任何人刚开始接触参数化设计的时候,都会碰到很多繁琐复杂的问题,也会觉得苦恼,因而需要一些能鼓励前进的东西。

除了哈迪德(Hadid)、巴尔蒙德(Balmond)的参数化设计作品常常令人精神振奋以外,我们知道地球上的一切生命,它们的 DNA(RNA)都是由完全相同的 A,G,C,T(U)四种碱基通过不同的排列组合而形成的,生物学家正在为破译由这四个字母所写成的生命诗篇中蕴含的微言大义而努力。我们可以这样理解,生命本身就是高度参数化的。

今天的参数化城市自然形设计,不论实际工程也罢,软件本身也罢,与生命体或自然生态系统相比,尚显得稚嫩简单,可以说仍在襁褓之中,但此方法体现出的"艺术"与"技术"结合的思路,具有生命力,其前景也值得被谨慎地乐观估计。

参考文献

·中文文献·

[1] 俞孔坚,李迪华.2003.景观设计:专业学科与教育[M].北京:中国建筑工业出版社.

[2] 比尔·希利尔.2005.场所艺术与空间科学[J].世界建筑,(11):24-34.

[3] 比尔·布莱森.2005.万物简史[M].严维明,陈邕,译.南宁:接力出版社.

[4] 比尔·希利尔.2008.空间是机器——建筑组构理论[M].杨滔,张佶,王晓京,译.北京:中国建筑工业出版社.

[5] 彼得·绍拉帕耶.2007.当代建筑与数字化设计[M].吴晓,虞刚,译.北京:中国建筑工业出版社.

[6] 伯努瓦·曼德勃罗.1998.大自然的分形几何学[M].陈守吉,凌复华,译.上海:上海远东出版社.

[7] 布宁,萨瓦连斯卡娅.1992.城市建设艺术史:20世纪资本主义国家的城市建设[M].黄海华,译.北京:中国建筑工业出版社.

[8] 蔡良娃.2006.信息化空间观念与信息化城市的空间发展趋势研究[D].天津:天津大学.

[9] 蔡曙山.2001.哲学家如何理解人工智能——塞尔的"中文房间争论"及其意义[J].自然辩证法研究,17(11):18-22.

[10] 常明山.2003.面向大规模定制产品规划关键技术的研究[D].天津:天津大学.

[11] 陈超萃.2003.由层次网络方法解读城市形态[J].城市规划汇刊,(6):72-75.

[12] 陈大钢.2004.神工鬼斧——3D模型的最优化建立[M].北京:机械工业出版社.

[13] 陈力,关瑞明.2000.城市空间形态中的人类行为[J].华侨大学学报(自然科学版),21(3):296-301.

[14] 陈前虎.2000.浙江小城镇工业用地形态结构演化研究[J].城市规划汇刊,(6):48-55.

[15] 陈苏柳,徐苏宁.2008.城市形态的双向组织思想演变研究[J].华中建筑,26(6):8-11.

[16] 陈涛.2005.城市形态演变中的人文与自然因素研究[D].北京:清华大学.

[17] 陈彦光,黄昆.2002.城市形态的分形维数:理论探讨与实践教益[J].信阳师范学院学报(自然科学版),15(1):62-67.

[18] 陈彦光,罗静.2006.城市形态的分维变化特征及其对城市规划的启示[J].城市发展研究,13(5):35-40.

[19] 陈彦光.2003.中国的城市化水平有多高?——城市地理研究为什么要借助分形几何学[J].城市规划,27(7):12-17.

[20] 陈彦光.2003.自组织与自组织城市[J].城市规划,27(10):17-22.

[21] 陈泳.2003.近现代苏州城市形态演化研究[J].城市规划汇刊,(6):62-71.

[22] 陈泳.2006.当代苏州城市形态演化研究[J].城市规划学刊,(3):36-44.

[23] 陈勇.1997.城市空间评价方法初探——以重庆南开步行商业街为例[J].重庆建筑大学学报,19(4):38-46.

[24] 程云杉,戴航.2008.最柔的奥运建筑——弗雷·奥托与慕尼黑奥林匹克中心屋顶[J].建筑师,(3):74-80.

[25] 储茂东,王录仓.1998.过境公路与城市形态互动互扰机制研究——以甘肃省酒泉市为例[J].经济地理,18(4):90-93.

[26] 褚智勇,王晓川,罗奇.2006.建筑设计的材料语言[M].北京:中国电力出版社.

[27] 崔悦君.2006.进化式建筑[J].世界建筑导报,(3):5-6.

[28] 大师系列丛书编辑部.2006.尼古拉斯·格雷姆肖的作品与思想[M].北京:中国电力出版社.

[29] 戴春来.2002.参数化设计理论研究[D].南京:南京航空航天大学.

[30] 戴松茁.2005."密集/分散"到"紧凑/松散"——可持续城市形态和上海青浦规划再思考[J].时代建筑,(5):90-95.

[31] 迪特马尔·赖因博恩.2009.19世纪与20世纪的城市规划[M].虞龙发,等,译.北京:中国建筑工业出版社.

[32] 杜春兰.1998.地区特色与城市形态研究[J].重庆建筑大学学报,20(3):26-29.

[33] 杜怡曼,贾顺平.2002.国外城市交通微观模拟系统简介[J].铁路计算机应用,(7):1-4.

[34] 段汉明,李传斌,李永妮.2000.城市体积形态的测定方法[J].陕西工学院学报,16(1):5-9.

[35] 段进,比尔·希列尔,等.2007.空间研究3:空间句法与城市规划[M].南京:东南大学出版社.

[36] 段进,李志明,卢波.2003.论防范城市灾害的城市形态优化——由SARS引发的对当前城市建设中问题的思考[J].城市规划,27(7):61-63.

[37] 段进,邱国潮.2008.国外城市形态学研究的兴起与发展[J].城市规划学刊,(5):34-42.

[38] 段进,邱国潮.2009.空间研究5:国外城市形态学概论[M].南京:东南大学出版社.

[39] 段进.1999.城市空间发展论[M].南京:江苏科学技术出版社.

[40] 段鹏琦,杜玉生,肖淮雁.1984.偃师商城的初步勘测和发掘[J].考古,(6):488-504,509.

[41] 方可.1999.探索北京旧城居住区有机更新的适宜途径[D].北京:清华大学.

[42] 方裕.2004.中国GIS产业发展的10年[J].地理信息世界,2(5):36-39.

[43] 房国坤,王咏,姚士谋.2009.快速城市化时期城市形态及其动力机制研究[J].人文地理,(2):40-43,124.

[44] 费尔南多(Fernando R).2006.GPU精粹——实时图形编程的技术、技巧和技艺[M].姚勇,王小琴,译.北京:人民邮电出版社.

[45] 费移山,王建国.2004.高密度城市形态与城市交通——以香港城市发展为例[J].新建筑,(5):4-6.

[46] 冯建逵.1992.关于风水理论的探索与研究[M]//王其亨.风水理论研究.天津:天津大学出版社.

[47] 冯健.2003.杭州城市形态和土地利用结构的时空演化[J].地理学报,58(3):343-353.

[48] 付已榕.2005.无限的空间——莫比乌斯住宅之挑战[J].新建筑,(6):85-87.

[49] 傅刚,费菁.2000.都市村庄[M].天津:天津大学出版社.

[50] 高岩.2008.参数化设计——更高效的设计技术和技法[J].世界建筑,(5):28-33.

[51] 高岩.2008.参数化设计出现的背景——KPF资深合伙人拉尔斯·赫塞尔格伦访谈[J].世界建筑,(5):22-27.

[52] 葛剑雄.1998.中国古代的地图测绘[M].北京:商务印书馆.

[53] 谷凯.2001.城市形态的理论与方法——探索全面与理性的研究框架[J].城市规划,25(12):36-41.

[54] 顾朝林,陈振光.1994.中国大都市空间增长形态[J].城市规划,18(6):45-50.

[55] 郭绍禧,关亚骥,陆学华.1989.计算机模拟[M].徐州:中国矿业大学出版社.

[56] 郭振江. 2006. 德国沃尔夫斯堡费诺科学中心[J]. 时代建筑,(5):113-118.

[57] 郝允祥,陈遐举,张保洲. 1988. 光度学[M]. 北京:北京师范大学出版社.

[58] 何流,崔功豪. 2000. 南京城市空间扩展的特征与机制[J]. 城市规划汇刊,(6):56-60.

[59] 何子张,邱国潮,杨哲. 2007. 基于空间句法分析的厦门城市形态发展研究[J]. 华中建筑,25(3):106-108,121.

[60] 侯鑫. 2004. 基于文化生态学的城市空间理论研究——以天津、青岛、大连为例[D]. 天津:天津大学.

[61] 胡绍学. 2003. 住区:半岛第一章[M]. 北京:中国建筑工业出版社.

[62] 黄光宇. 2006. 山地城市学原理[M]. 北京:中国建筑工业出版社.

[63] 矶崎新. 2004. 未建成/反建筑史[M]. 胡倩,王昀,译. 北京:中国建筑工业出版社.

[64] 计学闰,王力. 2004. 结构概念和体系[M]. 北京:高等教育出版社.

[65] 贾富博. 1984. 城市规划与城市形态的新趋向[J]. 城市规划研究,(2):16-19.

[66] 简·雅各布斯. 2006. 美国大城市的死与生[M]. 金衡山,译. 北京:译林出版社.

[67] 江斌,黄波,陆锋. 2002. GIS环境下的空间分析和地学视觉化[M]. 北京:高等教育出版社.

[68] 江晓原. 1996. 《周髀算经》——中国古代唯一的公理化尝试[J]. 自然辩证法通讯,18(3):43-48,80.

[69] 姜东成. 2007. 元大都城市形态与建筑群基址规模研究[D]. 北京:清华大学.

[70] 姜世国,周一星. 2006. 北京城市形态的分形集聚特征及其实践意义[J]. 地理研究,25(2):204-213.

[71] 姜旭. 2004. 长春火车站站北轴心地区城市形态塑造[D]. 大连:大连理工大学.

[72] 金秋野,王又佳. 2008. 读图时代的左手设计[J]. 建筑师,(4):29-33.

[73] 金秋野. 2009. 理念与谎言[J]. 建筑师,(1):96-100.

[74] 凯文·墨菲,查尔斯·大卫夏弗. 2006. 心理测验——原理和应用[M]. 张娜,杨艳苏,徐爱华,译. 上海:上海社会科学院出版社.

[75] 凯依(Kaye B H). 1994. 分形漫步[M]. 徐新阳,译. 沈阳:东北大学出版社.

[76] 柯布西埃. 1981. 走向新建筑[M]. 吴景祥,译. 北京:中国建筑工业出版社.

[77] 柯林·罗,弗瑞德·科特. 2003. 拼贴城市[M]. 童明,译. 北京:中国建筑工业出版社.

[78] 克里斯·米尔斯. 2004. 建筑模型设计——制作和使用建筑设计模型的参考指南[M]. 尹春生,译. 北京:机械工业出版社.

[79] 克罗基乌斯. 1982. 城市与地形[M]. 钱治国,王进益,常连贵,译. 北京:中国建筑工业出版社.

[80] 乐民成. 1988. 彼得·艾森曼的理论与作品中呈现的句法学与符号学特色[J]. 建筑师,(30):184.

[81] 黎富煜. 1986. 任一坡面日照时间的确定[J]. 华南农业大学学报,7(1):35-42.

[82] 李本纲,陶澍. 2002. 道路交通噪声预测模型研究进展[J]. 环境科学研究,15(2):56-59.

[83] 李大夏. 1993. 路易·康[M]. 北京:中国建筑工业出版社.

[84] 李国平,张洋. 2001. 抚顺煤田区域的工业化与城市形态及结构演化研究[J]. 地理科学,21(6):511-518.

[85] 李和平. 1998. 山地城市规划的哲学思辨[J]. 城市规划,(3):52-53.

[86] 李加林. 1997. 河口港城市形态演变的理论及其实证研究——以宁波市为例[J]. 城市研究,(6):42-45.

[87] 李翔宁. 1999. 跨水域城市空间形态初探[J]. 时代建筑,(3):30-35.

[88] 李杨.2006.城市形态学的起源与在中国的发展研究[D].南京:东南大学.

[89] 李允鉌.2005.华夏意匠:中国古典建筑设计原理分析[M].天津:天津大学出版社.

[90] 李哲,曾坚,肖蓉.2005.一个实验建筑师的回归——坂茂及其作品解读[J].建筑师,(1):51-54.

[91] 理查德(Richard A W),等.2007.计算机辅助制造[M].3版.崔洪斌,译.北京:清华大学出版社.

[92] 理查德·罗杰斯,菲利普·古姆齐德简.2004.小小地球上的城市[M].仲德崑,译.北京:中国建筑工业出版社.

[93] 理查德·瑞杰斯特.2005.生态城市伯克利:为一个健康的未来建设城市[M].沈清基,沈贻,译.北京:中国建筑工业出版社.

[94] 利维希,塞西里亚.2002.弗兰克·盖里作品集[M].薛皓东,译.天津:天津大学出版社.

[95] 梁江,沈娜.2005.西安满城区城市形态演变的启示[J].城市规划,29(2):59-65.

[96] 梁进社,楚波.2005.北京的城市扩展和空间依存发展——基于劳瑞模型的分析[J].城市规划,29(6):9-14,32.

[97] 林炳耀.1998.城市空间形态的计量方法及其评价[J].城市规划汇刊,(3):42-45.

[98] 林宪德.2007.绿色建筑:生态·节能·减废·健康[M].北京:中国建筑工业出版社.

[99] 刘常富,何兴元,陈玮,等.2008.基于QuickBird和CITYgreen的沈阳城市森林效益评价[J].应用生态学报,19(9):1865-1870.

[100] 刘贵利.2002.城市生态规划理论与方法[M].南京:东南大学出版社.

[101] 刘金清,王光生,周砺,等.2007.分布式流域水文模型刍议[J].水文,27(5):21-24.

[102] 刘易斯·芒福德.1989.城市发展史:起源、演变和前景[M].倪文彦,宋俊岭,译.北京:中国建筑工业出版社.

[103] 罗小未,蔡琬英.1986.外国建筑历史图说[M].上海:同济大学出版社.

[104] 马克思·比尔.2005.勒·柯布西耶全集[M].牛燕芳,程超,译.北京:中国建筑工业出版社.

[105] 曼德勃罗.1998.大自然的分形几何学[M].陈守吉,凌复华,译.上海:上海远东出版社.

[106] 曼德勃罗.1999.分形对象:形、机遇和维数[M].文志英,苏虹,译.北京:世界图书出版公司.

[107] 毛敏康.1993."地形"与"地貌"辨异[J].山东师大学报(自然科学版),8(4):121-122.

[108] 孟祥旭.1998.参数化设计模型的研究与实现[D].北京:中国科学院计算技术研究所.

[109] 米格尔·鲁亚诺.2007.生态城市:60个优秀案例研究[M].吕晓惠,译.北京:中国电力出版社.

[110] 牟凤云,张增祥,谭文彬.2008.基于遥感和GIS的重庆市近30年城市形态演化特征分析[J].云南地理环境研究,20(5):1-5,43.

[111] 尼奥建筑师事务所.2005.霍夫多普汽车站[J].建筑与都市(中文版),(3):98-103.

[112] 尼尔·林奇,徐卫国.2006.涌现·青年建筑师作品[M].北京:中国建筑工业出版社.

[113] 宁森.1992.连云港城市用地形态的历史发展[J].城市规划汇刊,(1):39-46.

[114] 诺里斯,威尔伯.1978.结构分析[M].陈东义,许崇尧,译.台南:正言出版社.

[115] 欧几里得.2003.几何原本[M].兰纪正,等,译.西安:陕西科技出版社.

[116] 欧金明,王如松,阳文锐,等.基于CA的城市形态扩展多解模拟——以北京市东部平原区情景分析为例[J].城市环境与城市生态,20(1):5-8,20.

[117] 潘谷西,何建中.2005.营造法式解读[M].南京:东南大学出版社.

[118] 潘海啸.1999.城市空间的解构——物质性战略规划中的城市模型[J].城市规划汇刊,(4):18-24,79.

[119] 庞赟佶.2008.城市大气风场及污染物扩散的模拟研究[D].包头:内蒙古科技大学.

[120] 彭建,王仰麟,刘松,等.2004.景观生态学与土地可持续利用研究[J].北京大学学报(自然科学版),40(1):154-160.

[121] 彭立华,陈爽,刘云霞,等.2007.Citygreen模型在南京城市绿地固碳与削减径流效益评估中的应用[J].应用生态学报,18(6):1293-1298.

[122] 彭锐.2008.基于协同进化论的自行车与城市形态研究[D].昆明:昆明理工大学.

[123] 彭一刚.2008.建筑空间组合论[M].北京:中国建筑工业出版社.

[124] 皮特·戈曼.1993.智慧之神:毕达哥拉斯传[M].石定乐,译.长沙:湖南文艺出版社.

[125] 齐康.1982.城市的形态(研究提纲初稿)[J].南京工学院学报,(3):14-27.

[126] 齐康.1997.城市环境规划设计与方法[M].北京:中国建筑工业出版社.

[127] 钱明权,吴明.1994.城市形状、格局与其道路网结构型式的分析[J].中国市政工程,(1):20-22.

[128] 钱学森.1985.关于建立城市学的设想[J].城市规划,(4):26-28.

[129] 钱学森.2005.一个科学新领域——开放的复杂巨系统及其方法论[J].城市发展研究,12(5):1-8.

[130] 邱奎宁.2003.IFC标准在中国的应用前景分析[J].建筑科学,19(2):62-64.

[131] 尚廓.1992.中国风水格局的构成、生态环境和景观[M]//王其亨.风水理论研究.天津:天津大学出版社.

[132] 邵波,洪明.2005.对平原地区城市形态特征与结构及其规划对策的探讨[J].经济地理,25(4):499-505.

[133] 沈轶.2005.站在机器时代与数字时代的交叉口——细读仙台媒体中心[J].新建筑,(5):61-63.

[134] 盛选禹,唐守琴,等.2006.CATIA:有限元分析命令详解与实例[M].北京:机械工业出版社.

[135] 施法中.1994.计算机辅助几何设计与非均匀有理B样条[M].北京:北京航空航天大学出版社.

[136] 世界环境与发展委员会.1997.我们共同的未来[M].王之佳,等,译.长春:吉林人民出版社.

[137] 疏良仁.1997.城市形态构成与特征塑造——以北海市为例[J].城市规划汇刊,(6):57-61.

[138] 斯蒂芬·欧文,霍普·哈斯布鲁克.2004.景观建模——景观可视化的数字技术[M].杜鹏飞,孙傅,译.北京:中国建筑工业出版社.

[139] 斯塔夫里阿诺斯.2005.全球通史——从史前史到21世纪[M].吴象婴,梁赤民,王昶,译.北京:北京大学出版社.

[140] 苏英姿.2004.表皮,NURBS与建筑技术[J].建筑师,(4):85-88.

[141] 苏毓德.1997.台北市道路系统发展对城市外部形状演变的影响[J].东南大学学报,27(3):46-51.

[142] 孙晖,梁江.2002.大连城市形态历史格局的特质分析[J].建筑创作,(Z1):12-15.

[143] 孙施文.2007.现代城市规划理论[M].北京:中国建筑工业出版社.

[144] 孙守迁,孙凌云.2006.计算机辅助草图设计技术研究现状与展望[J].中国机械工程,17(20):2187-2192.

[145] 孙云芳.2005.长三角地区城市形态构成及演变探讨——以湖州市为例[J].城市规划,29(7):42-46.

[146] 塔克·朗兰特.2001.从黏土到铜雕——人体雕塑工作室指南[M].王立非,等,译.南京:江苏美术出版社.

[147] 谭遂,杨开忠,谭成文.2002.基于自组织理论的两种城市空间结构动态模型比较[J].经济地理,(3):12-16.

[148] 唐纳德·沃特森,艾伦·布拉斯特,罗伯特·谢卜利.2006.城市设计手册[M].刘海龙,郭凌云,俞孔坚,等,译.北京:中国建筑工业出版社.

[149] 陶松龄,陈蔚镇.2001.上海城市形态的演化与文化魅力的探究[J].城市规划,25(1):74-76.

[150] 汪坚强.2004.近现代济南城市形态的演变与发展研究[D].北京:清华大学.

[151] 汪尚拙,薛皓东.2003.彼得·埃森曼作品集[M].天津:天津大学出版社.

[152] 王承慧.1999.中等城市中心区空间形态浅析[J].城市规划汇刊,(1):66-68,24.

[153] 王翠萍.1998.北魏洛阳城的空间形态结构及布局艺术[J].西北建筑工程学院学报,(3):39-43.

[154] 王富臣.2002.城市形态的维度:空间和时间[J].同济大学学报(社会科学版),13(1):28-33.

[155] 王建国.1994.常熟城市形态历史特征及其演变研究[J].东南大学学报,24(6):1-5.

[156] 王建国.1994.城市空间形态的分析方法[J].新建筑,(1):29-34.

[157] 王金岩,梁江.2005.中国古代城市形态肌理的成因探析[J].华中建筑,23(1):154-156.

[158] 王科奇.2005.激进形式的探索——拓扑与分形[J].建筑科学,21(4):62-67.

[159] 王宁.1996.组合型城市形态分析——以浙江省台州市为例[J].经济地理,16(2):32-37.

[160] 王农.1999.城市形态与城市文化初探[J].西北建筑工程学院学报,(3):25-29.

[161] 王弄极.2005.用建筑书写历史——北京天文馆新馆[J].包志禹,译.建筑学报,(3):36-41.

[162] 王其亨,张慧.2008.平地起蓬瀛,城市而林壑——中国古代城市的生命精神[J].天津大学学报(社会科学版),10(1):9-13.

[163] 王其亨.1992.风水理论研究[M].天津:天津大学出版社.

[164] 王青.2002.城市形态空间演变定量研究初探——以太原市为例[J].经济地理,22(3):339-341.

[165] 王松涛,祝莹.2000.三峡库区城镇形态的演变与迁建[J].城市规划汇刊,(2):68-74.

[166] 王望.2007.城市形态拓扑研究的另一视角——元胞自动机及多主体仿真模型[J].建筑与文化,(5):84-85.

[167] 王晓玲.2008.卡塔尔石油综合体,多哈,卡塔尔[J].世界建筑,(5):46-53.

[168] 王益澄.2000.港口城市形态与布局规律——以浙江省沿海港口城市为例[J].宁波大学学报(理工版),13(4):49-54.

[169] 王颖.2000.传统水乡城镇结构形态特征及原型要素的回归[J].城市规划汇刊,(1):52-57,44.

[170] 威廉·马什.2006.景观规划的环境学途径[M].朱强,黄丽玲,俞孔坚,译.北京:中国建筑工业出版社.

[171] 威廉·米切尔.2001.伊托邦——数字时代的城市生活[M].吴启迪,乔非,俞晓,译.上海:上海科技教育出版社.

[172] 维特鲁威.1986.建筑十书[M].高履泰,译.北京:中国建筑工业出版社.

[173] 邬建国.2000.景观生态学——格局、过程、尺度与等级[M].北京:高等教育出版社.

[174] 吴葱.2004.在投影之外:文化视野下的建筑图学研究[M].天津:天津大学出版社.

[175] 吴良镛.1991.从"有机更新"走向新的"有机秩序"——北京旧城居住区整治途径(二)[J].建筑学报,(2):7-13.

[176] 伍时堂.2000.地狱厨房新传[J].世界建筑,(10):72-74.

[177] 武进.1990.中国城市形态:结构、特征及其演变[M].南京:江苏科学技术出版社.

[178] 希尔(Hill F S).2006.计算机图形学——用 OpenGL 实现[M].2 版.罗霄,等,译.北京:清华大学出版社.

[179] 相秉军,顾卫东.2000.苏州古城传统街巷及整体空间形态分析[J].现代城市研究,(3):26-27.

[180] 熊国平,杨东峰.2009.20 世纪 90 年代以来长三角城市形态演变的机制分析[J].华中建筑,27 (11):78-80.

[181] 熊国平.2005.90 年代以来中国城市形态演变研究[D].南京:南京大学.

[182] 徐喜辰.1987.公社残留与商周的初期城市形态[J].文史哲,(6):7-11.

[183] 徐小东,徐宁.2008.地形对城市环境的影响及其规划设计应对策略[J].建筑学报,(1):25-28.

[184] 徐煜辉.2000.秦汉时期江州(重庆)城市形态研究[J].重庆建筑大学学报(社科版),(1):37-41.

[185] 亚历山大.1986.城市并非树形[J].严小婴,汪坦,译.建筑师,(24):72-76.

[186] 阎亚宁.2001.中国地方城市形态研究的新思维[J].重庆建筑大学学报(社科版),2(2):60-64,87.

[187] 杨东援,韩皓.2001.道路交通规划建设与城市形态演变关系分析——以东京道路为例[J].城市规划汇刊,(4):47-50.

[188] 杨娇,赵炜.2000.信息时代城市空间的变迁[J].南方建筑,(1):78-80.

[189] 杨柳.2008.风水思想与古代山水城市营建研究[D].重庆:重庆大学.

[190] 杨滔.2006.空间句法:从图论的角度看中微观城市形态[J].国外城市规划,21(3):204-213.

[191] 杨滔.2008.从空间句法角度看可持续发展的城市形态[J].北京规划建设,(4):93-100.

[192] 杨荫凯,金凤君.1999.交通技术创新与城市空间形态的相应演变[J].地理学与国土研究,15(1):44-47,80.

[193] 伊东丰雄建筑设计事务所.2005.建筑的非线性设计——从仙台到欧洲[M].慕春暖,译.北京:中国建筑工业出版社.

[194] 伊恩·伦诺克斯·麦克哈格.2006.设计结合自然[M].芮经纬,译.天津:天津大学出版社.

[195] 伊丽莎白(Elisabete A D S).2003.区域 DNA——区域规划中的人工智能[J].朱玮,译.国外城市规划,18(5):3-8.

[196] 伊塔洛·卡尔维诺.2006.看不见的城市[M].张宓,译.南京:译林出版社.

[197] 佚名.2008.投资上亿元 上海将建国内最大地震实验台[J].生命科学仪器,6(7):13.

[198] 于尔格·兰.2006.道萨迪亚斯和人居环境科学[M]//唐纳德·沃特森,艾伦·布拉斯特,罗伯特·谢卜利.城市设计手册.北京:中国建筑工业出版社.

[199] 于云瀚.2007.风水观念与古代城市形态[J].文史知识,(2):92-97.

[200] 俞孔坚,李迪华,刘海龙,等.2005."反规划"途径[M].北京:中国建筑工业出版社.

[201] 喻铁军,戴冠中.1989.指定闭环特征值的最优控制系统参数化设计[J].控制与决策,(4):18-22.

[202] 袁烽.2005.建成与未建成——矶崎新的中国之路[J].时代建筑,(1):38-45.

[203] 原广司.2003.世界聚落的教示 100[M].于天祎,刘淑梅,马千里,译.北京:中国建筑工业出版社.

[204] 曾健,陈锦昌.2009.LS 文法绘制分形树的参数化设计[J].计算机与数字工程,37(1):124-127.

[205] 詹姆斯·斯蒂尔.2004.当代建筑与计算机——数字设计革命中的互动[M].徐怡涛,唐春燕,译.北京:中国水利水电出版社.

[206] 张春阳,孙一民,冯宝霖.1995.多种文化影响下的西江沿岸古城镇形态[J].建筑学报,(2):35-38.

[207] 张鸿辉,尹长林,曾永年,等.2008.基于 SLEUTH 模型的城市增长模拟研究——以长沙市为例[J].遥感技术与应用,23(6):618-624.

[208] 张建龙,谢镇宇.1999.在控制性规划阶段中引入城市形态规划——嘉兴市秀洲区新区规划浅析[J].城市规划汇刊,(6):73-76,80.

[209] 张立磊.2008.山地地区城市公园地形设计研究[D].重庆:西南大学.

[210] 张鹏举.1999.小城镇形态演变的规律及其控制[J].内蒙古工业大学学报,18(3):229-233.

[211] 张尚武.1995.城镇密集地区城镇形态与综合交通[J].城市规划汇刊,(1):35-37.

[212] 张延生.2004.中西古典理想城市的形态比较[D].郑州:郑州大学.

[213] 张永和.1991.采访彼德·埃森曼[J].世界建筑,2(2):70-73.

[214] 张勇强.2001.城市形态网络拓扑研究——以武汉市为例[J].华中建筑,19(6):58-60.

[215] 张愚,王建国.2004.再论"空间句法"[J].建筑师,(3):33-44.

[216] 张宇,王青.2000.城市形态分形研究——以太原市为例[J].山西大学学报(自然科学版),23(4):365-368.

[217] 张宇峰,赵荣义.2007.均匀和不均匀热环境下热感觉、热可接受度和热舒适的关系[J].暖通空调,37(12):25-31.

[218] 张宇星.1995.空间蔓延和连绵的特性与控制[J].新建筑,(4):29-31,41.

[219] 赵辉,王东明,谭许伟.2007.沈阳城市形态与空间结构的分形特征研究[J].规划师,23(2):81-83.

[220] 赵济.1995.中国自然地理[M].3版.北京:高等教育出版社.

[221] 赵童.2000.国外城市土地使用——交通系统一体化模型[J].经济地理,20(6):79-83,128.

[222] 郑天祥,黄就顺.1986.澳门的城市形态与城市规划[J].经济地理,6(4):272-277.

[223] 郑莘,林琳.2002.1990年以来国内城市形态研究述评[J].城市规划,26(7):59-64,92.

[224] 钟坚成.2008.实时渲染中HDR技术的研究与应用[D].杭州:浙江大学.

[225] 钟正基.2007.《考工记》车的设计思想研究[D].武汉:武汉理工大学.

[226] 周启鸣,刘学军.2006.数字地形分析[M].北京:科学出版社.

[227] 周维钧.1993.厦门城市形态与结构布局[J].城市规划,(3):32-36,62.

[228] 周霞,刘管平.1999.风水思想影响下的明清广州城市形态[J].华中建筑,17(4):57-58.

[229] 朱力.2003."道法自然"与尚曲——有机造型及其在当代建筑设计中的意义[D].北京:中央美术学院.

[230] 朱蓉.2006.集体记忆的城市——城市形态构建的时间观与价值取向[J].华中建筑,24(1):62-65,72.

[231] 邹怡,马清亮.1993.乡镇形态结构演变的动力学原理[M]//国家自然科学基金会材料工学部,等.小城镇的建筑空间与环境.天津:天津科学技术出版社.

·外文文献·

[1] Anne V M. 1997. Urban morphology as an emerging interdisciplinary field[J]. Urban Morphology, 25(12):36-41.

[2] Batstra B, Arie G, Camilo P, et al. 2007. Spacefighter:the Evolutionary City(Game:)[M]. Barcelona:Actar Coac Assn of Catalan.

[3] Batty M, Longley P A. 1994. Fractal Cities:a Geometry of Form and Function[M]. London:Academic Press.

[4] Benoit M. 1967. How long is the coast of Britain? Statistical self-similarity and fractional dimension[J]. Science, 156(3775):636-638.

[5] Bernard T. 2000. The architectural paradox[M]//Michael K H. Architecture Theory since 1968.

Cambridge:The MIT Press.

[6] Bruce L. 2001. Digital Gehry:Material Resistance, Digital Construction[M]. Basel:Birkhäuser Basel.

[7] Christopher L, Sam J. 2008. Renewale type and the urban plan[J]. Architectural Design, 78(2): 128-131.

[8] Chuihua J C, Jeffrey I, Rem K, et al. 2001. Great Leap Forward[M]. Cologne:Taschen Press.

[9] Chuihua J C, Jeffrey I, Rem K, et al. 2002. The Harvard Design School Guide to Shopping / Harvard Design School Project on the City[M]. Cologne:Taschen Press.

[10] Cynthia C D, Stan A. 2006. Tracing Eisenman:Peter Eisenman Complete Works[M]. London: Thames and Hudson.

[11] Dennis R S. 2002. Digital surface representation and constructability of Gehry's architecture [D]. Cambridge:Massachusetts Institute of Technology.

[12] Diana A. 2000. Design versus non-design[M]//Michael K H. Architecture Theory since 1968. Cambridge:The MIT Press.

[13] Frei O. 1984. IL32:lightweight structures in architecture and nature[C]. Institut fur Leichte Fla-chentra-werke.

[14] Gauthiez B. 2004. The history of urban morphology[J]. Urban Morphology, (8):71-98.

[15] Geoffrey B. 1990. Emerging Concepts in Urban Space Design[M]. London:Van Nostrand Rein-hold.

[16] Gilliland J,Gauthier P. 2006. The study of urban form in Canada[EB/OL]. (2006-01-02). ht-tp://www. urbanform. org/pdf/gauthier-gilliland2006. pdf.

[17] Greg L, Sarah W, et al. 2006. Tracing Eisenman:Complete Works[M]. New York:Rizzoli.

[18] Greg L. 1998. Folds, Bodies and Blobs:Collected Essays[M]. New York:Princeton Architectural Press.

[19] Greg L. 1999. Animate Form[M]. New York:Princeton Architectural Press.

[20] Heinz R, Sharad J. 1994. Louis I. Kahn:Complete Work 1935—1974[M]. Boston:Birkhäuser.

[21] Julius G F. 2004. Greenway planning in the United States:its origins and recent case studies[J]. Landscape and Urban Planning, 68(2-3):321-342.

[22] Karin W. 1985. Architekten Heute:Portrait Frei Otto[M]. Berlin:Quadriga Verlag J. Severin.

[23] Kealy L,Simms A. 2008. The study of urban form in Ireland[EB/OL]. (2008-03-18). http://www. urbanform. org/pdf/kealy-simms2008.

[24] Klaus B, Manfred G, Oliver T. 2008. Form, force, performance:multi-parametric structural de-sign[J]. Architectural Design, 78(2):20-25.

[25] Krüger M, Vieira A P. 1989. Scaling relative asymmetry in space syntax analysis. [EB/OL]. (1989-09-06). http://www. ces. uc. pt.

[26] Mark D M, Nicholas S. 2001. Cloak-and-dagger theory:manifestations of the mundane in the space of eight Peter Eisenman houses[J]. Environment and Planning B:Planning and Design, 28 (1):73-78.

[27] Michael B. 1995. New ways of looking at cities[J]. Nature, 377(19):574.

[28] Mike S. 2006. Towards a programming culture in the design arts[J]. Architectural Design, 76

(4):5-11.

[29] MVRDV, et al. 2005. KM3:Excursions on Capacities[M]. Barcelona:Actar Coac Assn of Catalan.

[30] Ohin H. 2006. Tokyo 2050:fiber city[J]. Japan Architect, (63):7-11.

[31] Peter T. 2008. Engineering ecologies[J]. Architectural Design, 78(2):96-101.

[32] Philip D. 1999. Jorn Utzon Sydney Opera House[M]//Beth D, Denis H, Mark B, et al. City I-cons. London:Phaidon Press, Ltd.

[33] Rem K, Bruce M. 1998. S, M, L, XL[M]. New York:Monacelli Press.

[34] Rem K. 1997. Delirious New York:a Retroactive Manifesto for Manhattan[M]. New York: Monacelli Press.

[35] Rem K. 2004. Content[M]. Cologne:Taschen Press.

[36] Schaur E. 1991. Non Planned Settlements:Characteristic Features_Path Systems, Surface Subdi-vision, IL39[C]. Stuttgart: University of Stuttgart.

[37] Stefano B, et al. 2001. Mutations[M]. Barcelona:Actar Coac Assn of Catalan.

[38] Sturani M L. 2003. Urban morphology in the Italian traditon of geographical studies [J]. Urban Morphology, 7(1):40-42.

[39] Takeo I, Satoshi M, Hidehiko T. 1999. Teddy:a sketching interface for 3D freeform design[J]. ACM Siggraph 99, (21):409-416.

[40] Wallace D, Jakiela M J. 1993. Automated product concept design:univying aesthetics and engi-neering[J]. Computer Graphics and Applications, IEEE, 13(4):66-75.

[41] Whitehand J W R. 2007. Conzenian Urban Morphology and Urban Landscapes[R]. Istanbul: Proceedings 6th International Space Syntax Symposium.

[42] Winy M, et al. 1998. Farmax[M]. Rotterdam:Nai010 Publishers.

[43] Winy M, Grace L, MVRDV. 2007. Skycar City:a Pre-emptive History[M]. Barcelona:Actar Coac Assn of Catalan.

[44] Winy M, MVRDV. 1999. Metacity/Datatown[M]. Rotterdam:Nai010 Publishers.

[45] Xuejin C, Sing B K, Yingqing X, et al. Sketching reality:realistic interpretation of architectural designs[J]. ACM Transactions on Graphics, V(N):1-21.

[46] Zaha H. 2006. Kartal-pendik masterplan[J]. Global Architecture Document, (99):116-119.

[47] Zhang J. 2008. Urbanisation in China in the age of reform[J]. Architectural Design, 78(5): 32-35.

Conzen M P. 2001. The study of urban form in the United States[J]. Urban Morphology, (5):46-52.

Darin M. 1998. The study of urban form in France[J]. Urban Morphology, (2):39-42.

Hofmeister B. 2003. The study of urban form in Germany[J]. Urban Morphology, (11):21-27.

Larkham P J. 2006. The study of urban form in Great Britain[J]. Urban Morphology, (5):61-71.

Marzot N. 2002. The study of urbarn form in Italy [J]. Urban Morphology, (6):36-42.

Putman S H. 1991. Integrated Urban Models[M]. London: Pion Ltd.

Siksna A. 2006. The study of urban form in Australia[J]. Urban Morphology, (4):56-62.

Vilagrasa J I. 1998. The study of urban form in Spain[J]. Urban Morphology, (2):34-38.

福曼(R. Forman),戈德罗恩(M. Godron). 1990.景观生态学[M].肖笃宁,等,译.北京:科学出版社.

·其他文献·

［ 1 ］American Forests. 2009. CITYgreen［EB/OL］. http：//www. americanforests. org /productsand-pubs /citygreen /.

［ 2 ］Anon. 2000. ESRI ArcView GIS 3. 2 Help Files［Z］.

［ 3 ］Anon. 2009. FDS＋Evac［EB/OL］. http://www. vtt. fi /proj /fdsevac /fdsevac_ examples. jsp? lang＝en.

［ 4 ］Anon. 2013. NaOH game development［EB/OL］. http://imaginecup. com /MyStuff /MyTeam. aspx? zTeamID＝9454.

［ 5 ］Anon. 2013. Rhino3DE：developable：architecture by Frank Gehry［EB/OL］. http://www. rhino3. de /design /modeling /developable /architecture /index. shtml.

［ 6 ］Ansys. 2009. Fluent for catia V5：computational fluid dynamics（CFD） software［EB/OL］. http：//www. ansys. com /products /ffc /.

［ 7 ］army. mil/＋ Hec-1&cd ＝ 2&hl ＝ zh-CN&ct ＝ clnk&gl ＝ cn&st _ usg ＝ ALhdy29s9qzh12n9DeJ6vCg8gTMFTilZjw.

［ 8 ］Autodesk. 2009. Ecotect5. 5 help files［Z］.

［ 9 ］Autodesk. 2013. Maya help files［EB/OL］. http：//www. maya. com /.

［10］Baunetz. 2009. Ranking of offices［EB/OL］. http：//www. baunetz. de /.

［11］Caligari Corporation. 2008. TrueSpace7. 6：comparison chart with other software［EB/OL］. http：//www. caligari. com /products /.

［12］Christopher. 2009. Tectonic thinking after the digital revolution［EB/OL］. http：//www. andrew.

［13］cmu. edu /course /48-305 /ppts /tectonic_thinking02. ppt.

［14］Dassault System. 2009. CATIA-esign excellence for product success［EB/OL］. http：//www. 3ds. com /cn /products /catia /welcome /.

［15］EOS Company. 2013. PhotoModeler scanner：main features ［EB/OL］. http：//www. photomodeler. com /products /pm-scanner. htm.

［16］EOS System Company. 2008. PhotoModeler 6 help file［EB/OL］. http：//www. photomodeler. com /downloads /default. htm.

［17］EPA. 2009. SWMM 5. 0 user's manual［EB/OL］. http：//eng. odu. edu /cee /resources /model / mbin /swmm /win /epaswmm5_manual. pdf.

［18］Gallega. 2009. CFD-winair export［EB/OL］. http：//www. ecotect. com /node /1568.

［19］Google. 2008. Google sketchup pro 6［EB/OL］. http：//sketchup. google. com /.

［20］Google. 2009. Sketchup［EB/OL］. http：//sketchup. google. com /.

［21］Heidi E, Paul F, Andy G. 2009. Greenway for America［EB/OL］. http：//www. umass. edu / greenway.

［22］IBM公司. 2009. IBM 的知识与技术帮助建筑业联结过去和将来［EB/OL］. http：//www-900. ibm. com /cn /smb /industries /other /othcon_ibmknow_c. shtml.

［23］Informatix. 2009. Piranesi［EB/OL］. http：//www. informatix. co. uk /piranesi /index. shtml.

［24］ISUF. 2010. History of ISUF and the study of urban form［EB/OL］. http：//www. urbanform. org /gen /history. html.

［25］James L，Mark W N，Jason I H，et al. 2013. DENIM：an informal sketch-based tool for early stage web design［EB/OL］. http：//guir. berkeley. edu/denim/.

［26］John R. 2009. No person who is not a great sculptor or painter，can be an architect. If he is not a sculptor or painter，he can only be a builder［EB/OL］. http：//quotationsbook. com/quote/2857/.

［27］Meteodyn. 2009. UrbaWind small wind［EB/OL］. http：//www. meteodyn. com/medias/File/UrbaWind%20small%20wind. pdf.

［28］Natalya T. 2006. ATI research［C］//Mittring M. Advanced Real-Time Rendering in 3D Graphics and Games. SIGGRAPH 2006 Course 26.

［29］Ohin H. 2006. Fiber city 2050/Tokyo 2050［EB/OL］. http：//www. fibercity2050. net/eng/fibercityENG. html.

［30］Richard R. 2009. Parc bit［EB/OL］. http：//www. richardrogers. co. uk/work/all_projects/parcbit.

［31］Ron R. 2008. Ron resch home page［EB/OL］. http：//www. ronresch. com/.

［32］Rose E. 2008. Polish pavilion for Shanghai Expo 2010［EB/OL］. http：//www. dezeen. com/2008/01/06spolish-pavilion-for-shanghai-expo-2010/

［33］Stahovich T F. 1999. Learnlt：a system that can learn and reuse design strategies［R］. Proceedings of the 1999 ASME Design Engineering Technical Conferences.

［34］Tamasoft C. 2008. Pepakura designer［EB/OL］. http：//www. tamasoft. co. jp/pepakura-en/.

［35］The Hydrologic Engineering Center（HEC）. 2009. Hec-1 download［EB/OL］. http：//www. hec. usace.

［36］Wikipedia. 2008. Bui Tuong Phong［EB/OL］. http：//en. wikipedia. org/wiki/Bui_Tuong_Phong.

［37］Wikipedia. 2008. Oren-nayar reflectance model［EB/OL］. http：//en. wikipedia. org/wiki/Oren-Nayar_diffuse_model.

［38］Wikipedia. 2008. Phong reflection model［EB/OL］. http：//en. wikipedia. org/wiki/Phong_shading#Phong_reflection_model.

［39］Wikipedia. 2008. USGS DEM［EB/OL］. http：//en. wikipedia. org/wiki/USGS_DEM.

［40］Wikipedia. 2009. Mike She［EB/OL］. http：//en. wikipedia. org/wiki/MIKE_SHE.

［41］Wikipedia. 2009. Mike Urban［EB/OL］. http：//en. wikipedia. org/wiki/MIKE_URBAN.

［42］Wikipedia. 2013. ESRI［EB/OL］. http：//en. wikipedia. org/wiki/ESRI.

［43］Wikipedia. 2013. Geometry information system［EB/OL］. http：//en. wikipedia. org/wiki/Geographic_information_system.

［44］Wikipedia. 2013. MapInfo［EB/OL］. http：//en. wikipedia. org/wiki/Mapinfo.

［45］William B. 2009. Auguries of innocence［EB/OL］. http：//www. online-literature. com/blake/612/.

［46］Wolfgang E L. 2003. Fractals and fractal architecture［EB/OL］. http：//www. iemar. tuwien. ac. at/frac-l_architecture/subpages/01Introduction. html.

［47］国家质量技术监督局. 2010. 工业自动化系统与集成产品数据表达与交换 GB/T 16656—2010［S］.

［48］维基百科. 2009. 脚本语言［EB/OL］. http：//zh. wikipedia. org/wiki/%E8%84%9A%E6%9C%AC%E8%AF%AD%E8%A8%80.

［49］维基百科.2009.用户界面［EB/OL］. http://zh. wikipedia. org/wiki/％E7％94％A8％E6％88％
　　　　B7％E7％95％8C％E9％9D％A2.

［50］佚名.2004.树的量化和丛化［J］.世界建筑导报,(Z1):154-157.

［51］佚名.2013.中国大百科全书在线［EB/OL］. http://www.cndbk.com/EcphOnLine/.

［52］中华人民共和国建设部.1999.城市规划基本术语标准 GB/T 50280—98［S］.

［53］中华人民共和国建设部.1999.城市用地竖向规划规范 CJJ83—99［S］.

图片来源

图 1-1   源自:马克思·比尔.2005.勒·柯布西耶全集[M].牛燕芳,程超,译.北京:中国建筑工业出版社;马国馨.1989.丹下建三[M].北京:中国建筑工业出版社.

图 1-2   源自:Jiang J, Kuang X. 2008. The taxonomy of contemporary Chinese cities (we make cities):a sampling[J]. Architectural Design, 78(5):16-21.

图 1-3   源自:Christopher. 2009. Tectonic thinking after the digital revolution[EB/OL]. http://www. andrew. cmu. edu /course /48-305 /ppts /tectonic_thinking02. ppt.

图 1-4   源自:王振飞,王鹿鸣.2007.朱家角"新江南水乡"城市设计方案[Z].荷兰:贝尔拉格建筑研究所.

图 1-5   源自:Christopher. 2009. Tectonic thinking after the digital revolution[EB/OL]. http://www. andrew. cmu. edu /course /48-305 /ppts /tectonic_thinking02. ppt.

图 1-6   源自:伊东丰雄建筑设计事务所编.2005.建筑的非线性设计——从仙台到欧洲[M].慕春暖,译.北京:中国建筑工业出版社.

图 1-7   源自:作者绘制.

图 2-1   源自: ISUF. 2010. 17th Conference international seminar on urban form [EB/OL]. http://www. isuf2010. de /.

图 2-2   源自:齐康.1982.城市的形态(研究提纲初稿)[J].南京工学院学报,(3):14-27.

图 3-1   源自:NASA. 2008. Earth's night[EB/OL]. http://www. nasa. gov /vision /earth /lookingatearth /NIGHTLIGHTS. html.

图 3-2 至图 3-4   源自:Julius G F. 2004. Greenway planning in the United States:its origins and recent case studies[J]. Landscape and Urban Planning, 68(2-3):321-342.

图 3-5   源自:俞孔坚,李迪华,刘海龙,等.2005."反规划"途径[M].北京:中国建筑工业出版社.

图 3-6、图 3-7   源自:孙施文.2007.现代城市规划理论[M].北京:中国建筑工业出版社.

图 3-8   源自:唐纳德·沃特森,艾伦·布拉特斯,伯特·谢卜利.2006.城市设计手册[M].刘海龙,郭凌云,俞孔坚,等译.北京:中国建筑工业出版社.

图 3-9   源自:Batstra B, Arie G, Camilo P, et al. 2007. Spacefighter:the Evolutionary City(Game:)[M]. Barcelona:Actar Coac Assn of Catalan Arc.

图 3-10　源自:GoogleEarth. Loacation:"菊儿胡同";吴良镛.2009.菊儿胡同[EB/OL].
http://www.qyinfo.cn/st/ztzl/jz/juer.htm.

图 3-11　源自:Ohin H. Fiber city 2050[EB/OL]. http://www.fibercity2050.net/
eng/fibercityENG.html.

图 3-12　源自:Ohin H. 2006. Tokyo 2050:fiber city[J]. Japan Architect,(63):7-11.

图 3-13　源自:米格尔·鲁亚诺.2007.生态城市:60个优秀案例研究[M].吕晓惠,译.
北京:中国电力出版社.

图 3-14、图 3-15　源自:理查德·瑞杰斯特.2005.生态城市伯克利:为一个健康的未来
建设城市[M].沈清基,沈贻,译.北京:中国建筑工业出版社.

图 3-16　源自:米格尔·鲁亚诺.2007.生态城市:60个优秀案例研究[M].吕晓惠,译.
北京:中国电力出版社.

图 3-17　源自:矶崎新.2004.未建成/反建筑史[M].胡倩,王昀,译.北京:中国建筑工业
出版社.

图 3-18、图 3-19　源自:理查德·罗杰斯,菲利普·古姆齐德简.2004.小小地球上的城
市[M].仲德崑,译.北京:中国建筑工业出版社.

图 3-20 至图 3-22　源自:Zaha H. 2006. Kartal-pendik masterplan[J]. Global Archi-
tecture Document,(99):116-119.

图 3-23　源自:崔悦君.2000.进化式建筑[J].叶子,译.世界建筑导报,(3):5-6.

图 3-24、图 3-25　源自:Malcolm M, Jon R. 2008. Urban Design Futures[M]. New
York:Routledge.

图 3-26、图 3-27　源自:伊东丰雄建筑设计事务所.2005.建筑的非线性设计——从仙台
到欧洲[M].慕春暖,译.北京:中国建筑工业出版社.

图 3-28、图 3-29　源自:Greg L, Sarah W, et al. 2006. Tracing Eisenman:Complete
Works[M]. New York:Rizzoli.

图 3-30　源自:伍时堂.2000.地狱厨房新传[J].世界建筑,(10):72-74.

图 3-31　源自:汪尚拙,薛皓东.2003.彼得·埃森曼作品集[M].天津:天津大学出版社.

图 3-32 至图 3-33　源自:作者拍摄.

图 3-34、图 3-35　源自:Christopher L, Sam J. 2008. Renewable type and the urban
plan[J]. Architectural Design, 78(2):128-131.

图 3-36 至图 3-39　源自:王小玲.2008.卡塔尔石油综合体,多哈,卡塔尔[J].世界建
筑,(5):46-53.

图 3-40　源自:佚名.2004.树的量化和丛化[J].世界建筑导报,(Z1):154-157.

图 3-41、图 3-42　源自:Peter T. 2008. Engineering ecologies[J]. Architectural De-
sign, 78(2):96-101.

图 3-43　源自:李哲,曾坚,肖蓉.2005.一个实验建筑师的回归——坂茂及其作品解读
[J].建筑师,(1):51-54.

图 3-44　源自:沈轶.2005.站在机器时代与数字时代的交叉口——细读仙台媒体中心
[J].新建筑,(5):61-63.

图 3-45   源自：作者拍摄.

图 3-46   源自：李苏萍，田阳. 2007. 巴比伦塔的新衣[J]. 室内设计与装修，(3)：20-22.

图 3-47   源自：Ateliers J N. 2008. Guggenheim museum, Tokyo[J]. Lotus International，(135)：30-33.

图 3-48   源自：MVRDV, et al. 2005. Km3：Excursions on Capacity[M]. Barcelona：Actar Coac Assn of Catalan Arc.

图 3-49   源自：Winy M, Grace L, MVRDV. 2007. Skycar City：a Pre-emptive History[M]. Barcelona：Actar Coac Assn of Catalan Arc.

图 3-50   源自：MVRDV. 2000. 世博会荷兰馆照片[EB/OL]. http：//bbs. far2000. com/viewthread. php? tid=58444.

图 4-1   源自：Batstra B, Arie G, Camilo P, et al. 2007. Spacefighter：the Evolutionary City(Game：)[M]. Barcelona：Actar Coac Assn of Catalan Arc.

图 4-3 至图 4-5   源自：GoogleEarth 软件截图.

图 4-6   源自：原广司. 2003. 世界聚落的教示 100[M]. 于天祎，刘淑梅，马千里，译. 北京：中国建筑工业出版社.

图 4-7   源自：Wikipedia. 2009. Nazca_lines[EB/OL]. http：//en. wikipedia. org/wiki/Nazca_lines.

图 4-8   源自：Wikipedia. 2009. Priene[EB/OL]. http：//en. wikipedia. org/wiki/Priene.

图 4-9 至图 4-13   源自：Geoffrey B. 1990. Emerging Concepts in Urban Space Design[M]. London：Van Nostrand Reinhold.

图 4-14   源自：克罗吉乌斯. 1982. 城市与地形[M]. 钱治国，王进益，常连贵，译. 北京：中国建筑工业出版社.

图 4-15   源自：杨效雷. 2004. "河图"、"洛书"非点阵之图考[J]. 南开学报(哲学社会科学版)，(3)：73-77；王怀. 1995. 河图洛书试析[J]. 周易研究，(3)：52-59.

图 4-16   源自：朱力. 2003. "道法自然"与尚曲——有机造型及其在当代建筑设计中的意义[D]. 北京：中央美术学院.

图 4-17   源自：李哲. 2005. 生态城市美学的理论建构与应用性前景研究[D]. 天津：天津大学；李允鉌. 2005. 华夏意匠：中国古典建筑设计原理分析[M]. 天津：天津大学出版社.

图 5-1   源自：John M. 1987. Sir Banister Fletcher's：a History of Architecture[M]. London：Butler Tanner and Dennis.

图 5-2   源自：程大锦(Francis D K). 2005. 建筑：形式、空间和秩序[M]. 刘从红，译. 天津：天津大学出版社.

图 5-3   源自：刘育东. 1999. 建筑的涵义——在电脑时代认识建筑[M]. 天津：天津大学出版社.

图 5-4   源自：Greg L. 1999. Animate Form[M]. New York：Princeton Architectural

Press.

图 5-5　源自：John M. 1987. Sir Banister Fletcher's：a History of Architecture[M]. London：Butler Tanner and Dennis.

图 5-6　源自：Beth D, Denis H, Mark B, et al. 1999. City Icons[M]. London：Phaidon Press, Ltd.

图 5-7　源自：李允鉌.2005.华夏意匠：中国古典建筑设计原理分析[M].天津：天津大学出版社.

图 5-8　源自：作者在 OriginPro7.5 中绘制.

图 5-9　源自：Beth D, Denis H, Mark B, et al. 1999. City Icons[M]. London：Phaidon Press, Ltd.

图 5-10、图 5-11　源自：Frei O. 1984. IL32：Lightweight Structures in Architecture and Nature[C]. Institut fur Leichte Flachentra-werke；Karin W. 1985. Portrait Frei Otto[M]. Berlin：Quadriga Verlag J. Severin；Frei O, et al. 1973. Tensile Structures；Design, Structure, and Calculation of Buildings of Cables, Nets, and Membranes[M]. Cambridge：The MIT Press.

图 5-12　源自：Frei O. 1984. IL32：Lightweight Structures in Architecture and Nature [M]. Institut fur Leichte Flachentra-werke.

图 5-13　源自：作者遵循施法中《计算机辅助几何设计与非均匀有理 B 样条》的方法，在 3DsMAX7.0 中绘制.

图 5-14　源自：作者在 3DsMAX7.0 中绘制.

图 5-15　源自：利维希，塞西里亚.2002.弗兰克·盖里作品集[M].薛皓东，译.天津：天津大学出版社.

图 5-16　源自：Wikipedia. 2009. Mandelbrot set [EB/OL]. http：//en. wikipedia. org/wiki/Mandelbrot_set.

图 5-17　源自：GoogleEarth 软件截屏.

图 5-18　源自：Wolfgang E L. 2003. Fractals and fractal architecture[EB/OL]. http：//www. iemar. tuwi-en. ac. at/fractal _ architecture/subpages/ 01Introduction. html.

图 5-19　源自：孙博文.2004.分形算法与程序设计——用 VisualBasic 实现[M].北京：科学出版社.

图 5-20　源自：凯依(Kaye B H).1994.分形漫步[M].徐新阳，等译.沈阳：东北大学出版社.

图 5-21　源自：罗宏宇，陈彦光.2002.城市土地利用形态的分维刻画方法探讨[J].东北师大学报(自然科学版),34(4)：107-113.

图 5-22 至图 5-27　源自：Wolfgang E L. 2003. Fractals and fractal architecture[EB/ OL]. http：//www. iem-mar. tuwien. ac. at/fractal _ architecture/subpages/ 01Introduction. html.

图 5-28　源自：孙博文.2004.分形算法与程序设计——用 VisualBasic 实现[M].北京：科学出版社.

图 5-29、图 5-30　源自：Klaus B, Manfred G, Oliver T. 2008. Form, force, perform-ance：multi-parametric structural design［J］. Architectural Design，78（2）：20-25.

图 5-31　源自：付已榕. 2005. 无限的空间——莫比乌斯住宅之挑战［J］. 新建筑，（6）：85-87.

图 5-32　源自：维基百科. 2013. 柯尼斯堡七桥问题［EB/OL］. http：//zh. wikipedia. org/wiki/%E6%9F%AF%E5%B0%BC%E6%96%AF%E5%A0%A1% E4%B8%83%E6%A1%A5%E9%97%AE%E9%A2%98.

图 5-33　源自：Greg L. 1999. Animate Form［M］. New York：Princeton Architectural Press.

图 5-34　源自：作者在 3Ds MAX 7 软件中绘制.

图 5-35　源自：保罗·拉索. 1998. 图解思考——建筑表现技法［M］. 2 版. 邱贤丰，刘宇光，译. 北京：中国建筑工业出版社.

图 5-36 至图 5-38　源自：Bill H. 1999. Space is the Machine：a Configurational Theory of Architecture［M］. London：Cambridge University Press.

图 6-1　源自：Bruce L. 2001. Digital Gehry：Material Resistance，Digital Construction［M］. Basel：Birkhäuser Basel.

图 6-2　源自：大师系列丛书编辑部. 2006. 尼古拉斯·格雷姆肖的作品与思想［M］. 北京：中国电力出版社.

图 6-3　源自：Anon. 2009. A. MAD Ltd［EB/OL］. http：//www. i-mad. com/.

图 6-4　源自：Sergio A G. 2006. Parametric constructs computational design for digit-al fabrication［D］. Cambridge：Massachusetts Institute of Technology.

图 6-5、图 6-6　源自：作者在 Catia V5R17 软件中绘制.

图 6-7　源自：Anon. 2009. A. MAD Ltd［EB/OL］. http：//www. i-mad. com/.

图 6-8　源自：作者在 Catia V5R17 软件中绘制.

图 6-9　源自：佚名. 2008. 241 分形面砖［M］//塞西尔·巴尔蒙德. 异规. 李寒松，译. 北京：中国建筑工业出版社.

图 6-10 至图 6-13　源自：作者在 Catia V5R17 软件中绘制.

图 6-14　源自：作者在 Rhinoceros 4. 0 SR4 中绘制.

图 6-15 至图 6-17　源自：作者在 Rhinoceros 及 Grasshopper 中绘制.

图 6-18　源自：Grasshopper 软件的截图.

图 6-19　源自：作者在 Rhinoceros 及 Grasshopper 中绘制.

图 6-20 至图 6-27　源自：作者在 Catia V5R17 上绘制.

图 6-28　源自：Graphisoft. 2009. ArchiCAD［EB/OL］. http：//www. aecbytes. com.

图 6-29　源自：EA. 2009. Spore introduction［EB/OL］. http：//spore. ea. com. tw/.

图 6-30　源自：作者绘制.

图 7-1　源自：Anon. 2009. Frank Gehry sketch of the Disney Concert Hall［EB/OL］.

http：//www. meadedesigngroup. blogspot. com.

图 7-2　源自：Wacom Company. 2009. Cintiq 12WX-overview［EB／OL］. http：//www. wacom. com /cintiq /cintiq-12wx. php.

图 7-3　源自：彼得·绍拉帕耶. 2007. 当代建筑与数字化设计［M］. 吴晓，虞刚，译. 北京：中国建筑工业出版社.

图 7-4　源自：孙守迁，孙凌云. 2006. 计算机辅助草图设计技术研究现状与展望［J］. 中国机械工程，17(20)：2187-2192.

图 7-5　源自：Xuejin C，Sing B K，Yingqing X，et al. 2008. Sketching reality：realistic interpretation of architectural designs[J]. ACM Transactions on Graphics V(N)：1-21.

图 7-6　源自：Takeo I，Satoshi M，Hidehiko T. 1999. Teddy：a sketching interface for 3D freeform design[J]. ACM Siggraph，(21)：409-416.

图 7-7　源自：Xuejin C，Sing B K，Yingqing X，et al. 2008. Sketching reality：realistic interpretation of architectural designs[J]. ACM Transactions on Graphics V(N)：1-21.

图 7-8　源自：Bruce L. 2001. Digital Gehry：Material Resistance，Digital Construction［M］. Basel：Birkhäuser Basel；Dennis R S. 2002. Digital surface representation and constructability of Gehry's architecture[D]. Cambridge：Massachusetts Institute of Technology.

图 7-9　源自：Apsom Company. 2009. MicroScrib G2 digitizer［EB／OL］. http：//www. apsom. com /micr-oscribeg23d. html.

图 7-10　源自：罗兰之家. 2009. PICZA LPX-250 三维实体激光扫描仪［EB／OL］. http：//www. roland. org. cn /r-olandzhijia /product2. asp？id＝57.

图 7-11　源自：作者绘制.

图 7-12 至图 7-15　源自：Bruce L. 2001. Digital Gehry：Material Resistance，Digital Construction［M］. Basel：Birkhäuser Basel

图 7-16、图 7-17　源自：作者绘制.

图 7-18　源自：利维希，塞西利亚. 2002. 弗兰克·盖里作品集［M］. 薛浩东，译. 天津：天津大学出版社.

图 7-19　源自：EOS System Company. 2008. PhotoModeler 6 help file［EB／OL］. http：//www. photomodeler. com /downloads /default. htm.

图 7-20　源自：作者制作及拍摄.

图 7-21 至图 7-25　源自：作者在 PhotoModeler 及 Catia 软件中绘制.

图 7-26　源自：作者在 3ds max 中绘制.

图 7-27　源自：作者导入 AutoCAD 线框显示.

图 7-28、图 7-29　源自：Desktop Factory. 2009. Desktop factory 125ci 3D printer［EB／OL］. http：//www. Desktop Factory 125ci 3D Printer.

图 7-30 至图 7-32　源自：尼奥建筑师事务所. 2005. 霍夫多普汽车站［J］. 建筑与都市(中文版)，(3)：98-103.

图 8-1　　　源自：GoogleEarth 软件截图；刘易斯・芒福德. 1989. 城市发展史：起源、演变和前景[M]. 倪文彦，宋俊岭，译. 北京：中国建筑工业出版社.

图 8-2、图 8-3　源自：伊恩・伦诺克斯・麦克哈格. 2006. 设计结合自然[M]. 芮经纬，译. 天津：天津大学出版社.

图 8-4　　　源自：王其亨. 1992. 风水理论研究[M]. 天津：天津大学出版社.

图 8-5　　　源自：杨柳. 2005. 风水思想与古代山水城市营建研究[D]. 重庆：重庆大学.

图 8-6　　　源自：中新社. 2008. 中国科技部在渝启动跨座式单轨交通装备研发项目[EB/OL]. http：//news. cctv. com /china /20080227 /100075. shtml.

图 8-7　　　源自：吴葱. 2004. 在投影之外：文化视野下的建筑图学研究[M]. 天津：天津大学出版社.

图 8-8　　　源自：姚宏韬. 2000. 场地设计[M]. 沈阳：辽宁科学技术出版社.

图 8-9　　　源自：周启鸣，刘学军. 2006. 数字地形分析[M]. 北京：科学出版社.

图 8-10　　源自：PhotoModeler. 2009. Main features[EB/OL]. http：//www. photomodeler. com /products /pm-scanner. htm.

图 8-11、图 8-12　源自：斯蒂芬・欧文，霍普・哈斯，布鲁克. 2004. 景观建模——景观可视化的数字技术[M]. 杜鹏飞，孙傅，译. 北京：中国建筑工业出版社.

图 8-13　　源自：Wolfgang E L. 2003. Fractals and fractal architecture[EB/OL]. http：// www. iemar. tuwien. ac. at /fractal _ architecture /subpages /01Introduction. html.

图 8-14 至图 8-22　源自：作者在 ArcView GIS 中绘制.

图 8-23　　源自：作者绘制.

图 8-24 至图 8-26　源自：作者在 ArcView GIS 中绘制.

图 9-1　　　源自：作者绘制.

图 9-2　　　源自：Brian C. 2009. Map of complexity science[EB/OL]. http：//www. art-sciencefactory. com /complexity-map_feb09. html.

图 9-3　　　源自：NASA. 2004. NASA uses a "sleuth" to predict urban land use[EB/OL]. http：//www. nasa. gov /centers /goddard /news /topstory /2004 /0322sleuth. html.

图 9-4　　　源自：伊恩・伦诺克斯・麦克哈格. 2006. 设计结合自然[M]. 芮经纬，译. 天津：天津大学出版社.

图 9-5　　　源自：Linehan J, Meir G, John F. 1995. Greenway planning：developing a landscape ecological network approach[J]. Landscape and Urban Planning, 33(1-3)：179-193.

图 9-6　　　源自：Google Earth；作者在 ArcView 和 Axwoman 中绘制.

图 9-7、图 9-8　源自：Axwoman 的分析结果.

图 9-9、图 9-10　源自：段进，希列尔，等. 2007. 空间研究 3：空间句法与城市规划[M]. 南京：东南大学出版社.

图 9-11　　源自：作者在 EcoTect 中绘制.

图 9-12   源自：Wikipedia. 2009. Mike SHE[EB/OL]. http：//en. wikipedia. org/wiki/
MIKE_SHE.

图 9-13   源自：彭立华,陈爽,刘云霞,等.2007.Citygreen 模型在南京城市绿地固碳与削
减径流效益评估中的应用[J].应用生态学报,18(6):1293-1298.

图 9-14   源自：Wikipedia. 2008. Phong reflection model[EB/OL]. http：//en. wikipe-
dia. org/wiki/Phong_shading♯Phong_reflection_model.

图 9-15   源自：William D. 2008. Per-pixel displacement mapping with distance func-
tions[EB/OL]//Randima F, Matt P. GPU Gems 2：Programming Tech-
niques for High-Performance Graphics and General-Purpose Computation.
ftp：//download. nvidia. com/developer/GPU_Gems_2/GPU_Gems2_
ch08. pdf.

图 9-16、图 9-17   源自：Klaus B, Manfred G, Oliver T. 2008. Form, force, perform-
ance：multi-parametric structural design [J]. Architectural Design, 78(2)：
20-25.

图 9-18   源自：Michael H, Achim M. 2008. Membrane spaces[J]. Architectural De-
sign, 78(2):74-79.

图 9-19   源自：Dennis R S. Digital surface representation and constructability of Ge-
hry's architecture [D]. Cambridge：Massachusetts Institute of Technology.

图 9-20   源自：Anon. 2013. Rhino 3 DE：developable：architecture by Frank Gehry
[EB/OL]. http：//www. rhino3. de/design/modeling/developable/architec-
ture/index. shtml.

图 9-21、图 9-22   源自：Mike S. 2006. Towards a programming culture in the design
arts[J]. Architectural Design, 76(4):5-11.

图 9-23   源自：Rose E. 2008. Polish pavilion for Shanghai Expo 2010 [EB/OL]. http：//
www/dezeen. com/2008/01/06/polish-pavilion-for-shanghai-expo-2010/.

图 9-24   源自：EASY Inc. 2008. EasyForm, EasySan, EasyCut, EasyBeam, EasyVol
[EB/OL]. http：//www. technet-gmbh. de/chinese/Frame-main/specializa-
tion/arch_engineering/flyer/easy_flyer_05-02. pdf.

图 9-25   源自：Ingeborg M R. 2006. Calculus-based form：an interview with Greg
Lynn[J]. Architectural Design, 76(4):88-95.

图 9-26   源自：SCI-Arc G. 2008. Blobwall pavilion[EB/OL]. http：//www. arcspace.
com/exhibitions/blobwall/blobwall. html.

图 9-27   源自：Mike S. 2006. Building without drawings：automason ver 1. 0[J]. Ar-
chitectural Design, 76(4):46-51.

图 9-28、图 9-29   源自：作者及谭晓鸽、刘伟、朴龙虎、黄伟据相关资料设计、整理、计算、
绘图.

图 10-1   源自：方可.1999.探索北京旧城居住区有机更新的适宜途径[D]. 北京：清华
大学.

图10-2　源自:王鹿鸣,王振飞.2007.诺克斯事务所的非标准化建筑进程[J].时代建筑,(6):128-133.

图10-3　源自:作者绘制.

图10-4　源自:映秀镇民居设计竞赛组委会提供.

图10-5　源自:零点研究咨询集团与《商务周刊》杂志联合编制发布的《2005 中国城市宜居指数报告》,基于 2005 年对全国 31 个城市 3 434 名普通居民的入户问卷调查和 15 个城市 1 607 名投资者的电话调查.

图10-6 至图10-28　源自:作者绘制或拍摄.

表格来源

表 2-1 源自：作者根据段进,邱国潮.2008.国外城市形态学研究的兴起与发展[J].城市规划学刊,(5):34-42;Gauthiez B. 2004. The history of urban morphology [J]. Urban Morphology, (8):71-98 整理绘制.

表 2-2 源自：谷凯.2001.城市形态的理论与方法——探索全面与理性的研究框架[J].城市规划.25(12):36-41.

表 3-1 源自：作者根据第 3 章内容绘制.

表 4-1 源自：作者根据 Batstra B, Arie G, Camilo P, et al. 2007. Spacefighter:the Evolutionary City(Game:)[M]. Barcelona:Actar Coac Assn of Catalan 内容整理制表.

表 4-2 源自：作者根据第 4 章内容绘制.

表 6-1 源自：作者绘制.

表 6-2 源自：作者根据 RhinoScript101 整理绘制.

表 6-3 源自：作者绘制.

表 7-1、表 7-2 源自：作者搜集各厂商资料整理绘制.

表 8-1 源自：刘贵利.2002.城市生态规划理论与方法[M].南京:东南大学出版社.

表 8-2 源自：徐小东,徐宁.2008.地形对城市环境的影响及其规划设计应对策略[J].建筑学报,(1):25-28.

表 8-3、表 8-4 源自：克罗基乌斯.1982.城市与地形[M].钱治国,王进益,常连贵,译.北京:中国建筑工业出版社.

表 8-5 源自：作者绘制.

表 9-1 源自：作者根据 Brain C. 2013. Map of Complexity Science[M]. Vienna:The Austrian Institute of Technology Press 绘制.

表 9-2 源自：潘海啸.1999.城市空间的解构——物质性战略规划中的城市模型[J].城市规划汇刊,(4):18-24,79.

表 9-3 源自：赵童.2000.国外城市土地使用——交通系统一体化模型[J].经济地理,20(6):79-83,128.

表 9-4 至表 9-7 源自：作者绘制.

表 10-1 源自：作者与计算机专业黄橙共同拟定.

表 10-2 源自：作者绘制.

表 10-3 源自：作者绘制.

致谢

　　做设计或研究,感觉就像吕克·贝松的电影"碧海蓝天"里早年间去地中海海底捞宝藏的潜水者,没有氧气瓶,深呼吸后一个猛子扎下去,阳光渐渐从身边消逝,在盐水里睁大眼睛,隐约才能看见闪闪发亮的珍珠或金币,有时候快用指尖触到,却因为窒息而不得不浮上海面。

　　我感谢曾坚老师,即使是带着疲倦与挫折回到陆地的时候,他也让我感到一份奢侈的温暖,让我有勇气再次潜下去。我有时候也担心如果没有了曾坚老师的理解,事情会变得如何艰难? 我常常望着曾坚老师辛勤工作的侧影,觉得十分感动。

　　本书只是未来建筑大海的一滴水,而没有这一滴,大海并不会干涸。所以,我谨以最深的诚意感谢让这滴水有机会融入到未来建筑海洋的人,感谢孙编辑、徐编辑,感谢每位读者。

　　感谢 Lulu,Zfcloud,Neil,Daily,Li Guoqin,Zheng Mao'en,Jin Xiaojun,Tina。

　　感谢父母、小鸽。